U0314670

"双高建设"新型一体化教材

金属矿地下开采

Underground Mining of Metal Mines

主　编　汤　丽

副主编　文义明　林吉飞

北　京

冶金工业出版社

2023

内 容 提 要

本书介绍了金属矿地下开采的相关知识、开拓方法以及采矿方法。全书共分 10 章，主要介绍了金属矿床的工业特征、金属矿床地下开采基本原则、金属矿床地下开拓方法、开拓井巷工程、矿山地面总图布置、采矿方法、空场采矿法、充填采矿法、崩落采矿法和采矿方法选择等。

本书为高职高专院校金属与非金属矿开采技术、矿山智能开采技术、矿物加工技术、地质勘探技术、安全管理技术、工程测量等相关专业的教学用书，也可供采矿领域从事生产、技术、管理等工作的人员参考。

图书在版编目（CIP）数据

金属矿地下开采／汤丽主编 . —北京：冶金工业出版社，2023.3
"双高建设"新型一体化教材
ISBN 978-7-5024-9459-9

Ⅰ.①金… Ⅱ.①汤… Ⅲ.①金属矿开采—地下开采—高等职业
教育—教材 Ⅳ.①TD853

中国国家版本馆 CIP 数据核字（2023）第 050391 号

金属矿地下开采

出版发行	冶金工业出版社	电 话	（010）64027926
地　　址	北京市东城区嵩祝院北巷 39 号	邮　编	100009
网　　址	www.mip1953.com	电子信箱	service@ mip1953.com

责任编辑　杨盈园　美术编辑　彭子赫　版式设计　郑小利
责任校对　王永欣　责任印制　禹　蕊
北京印刷集团有限责任公司印刷
2023 年 3 月第 1 版，2023 年 3 月第 1 次印刷
787mm×1092mm　1/16；15 印张；359 千字；225 页
定价 46.00 元

投稿电话　（010）64027932　投稿信箱　tougao@cnmip.com.cn
营销中心电话　（010）64044283
冶金工业出版社天猫旗舰店　yjgycbs.tmall.com
（本书如有印装质量问题，本社营销中心负责退换）

前　言

金属矿床开采是冶金采矿工业的重要组成部分。大多数国家的经济发展都高度依赖于金属矿产资源的开采与利用。现代冶金采矿业也是我国社会经济发展的支柱产业和居民赖以生存的重要组成部分。从21世纪全球发展战略的视角来审视世界矿业，可以清楚地看到矿业与其他传统产业一样，在现代科学技术突飞猛进地推动下，正逐步走向现代化。为适应矿业快速发展的形势，国家需要大批具有现代采矿技术和采矿专业技能的人才。"金属矿地下开采"是高职高专院校金属与非金属矿开采技术、矿山智能开采技术等专业的一门主干专业课，编写本书显得至关重要。

本书是根据教育部高职高专院校培养高素质技术技能人才的要求，为满足金属与非金属矿开采技术、矿山智能开采技术等专业岗位能力的需求而编写的新型一体化教材。针对金属与非金属矿开采技术、矿山智能开采技术等专业人才培养要求，本书以采矿工艺为主线，合理安排各章节先后叙述顺序，以顺应章节之间的逻辑关系，并以典型金属非金属矿床传统的地下开采技术为重点，删除旧教材中过时的或弃用的开拓方法和采矿方法，增加了新工艺和新方法，通过现行矿山实例，使教材内容更紧密结合生产实际；增加了现代化采矿设备与先进管理知识，引导学生在未来的专业工作中自如地运用新设备、新工艺。作者在编写过程中还充分考虑了高职高专教学特点，注重学科知识的系统性与"必须"而"够用"相结合的原则，尽可能体现采矿生产情景的实用性原则，体现了"工学结合""校企结合"的高等职业技术教育课程改革的成果。

本书由长期从事采矿专业教学及多年从事矿山技术与管理工作的人员共同编写，昆明冶金高等专科学校汤丽担任主编，文义明、林吉飞担任副主编，汤丽负责全书统稿和校稿。具体的编写分工为：第1章和第2章由汤丽、彭芬兰编写；第3章由汤丽、文义明、卢萍编写；第4章由林吉飞、董娟编写；第5章和第6章由汤丽编写；第7章由文义明、汤丽编写；第8章由肖卫国、林吉飞编写；第9章由肖卫国、汤丽编写；第10章由文义明编写。

　　本书参考了一些资料文献，在此谨向这些资料文献的作者表示感谢！

　　本书不足之处，恳请读者批评指正。

编　者

2022 年 11 月

目　　录

1 金属矿床的工业特征

采矿工作的对象是矿床，其产品是矿石。金属矿床地下开采，就是根据矿床的工业特征，遵循矿床开采的基本原则，从金属矿床内部有计划有步骤地将矿石采掘出来的生产过程。

矿床的概念包含地质和技术经济两个方面含义。就地质含义而言，矿床应理解为由矿体和与矿体在空间上、成因上有联系的围岩及构造等所组成的综合地质体；就技术经济含义而言，矿床是指在地壳中由于地质作用形成的，并在质和量上均适合于工业规模开采和利用的有用矿物聚集体。金属矿床是指含有金属矿物的矿床。

1.1 矿石与围岩及其工业特性

1.1.1 矿体与围岩、矿石与废石

矿体是指在空间上具有一定位置、形状和大小的矿石聚集体，是构成矿床的基本单位。而矿体周围的岩石就称为围岩。矿体与围岩的界线有的明显，可肉眼区别；有些则是渐变的，要根据化学分析才能圈定出有价值矿体范围。

凡是地壳内的矿物集合体，按现代技术经济水平，能以工业规模从中提取国民经济所必需的金属或矿物产品的称为矿石。对于不含有用成分或有用成分含量过低当前不宜作为矿石开采的围岩或矿体中的夹石，总称为废石。

矿石与废石的概念是相对的，它是随着国民经济的发展水平而改变。一般来说，划分矿石与废石的界限取决于下列因素：

(1) 国家的社会制度及所规定的技术经济政策。

(2) 矿床的赋存条件及矿石储量。

(3) 矿床开采和矿石加工的技术水平。

(4) 当地的经济和地理条件等。

在采矿工业中，常把矿床中未开采的矿石称为原矿石；采出的纯矿石与混入的废石的综合称为采出矿石。

1.1.2 金属矿床的工业指标

衡量某种地质体是否可以作为矿床、矿体或矿石的指标，或用来划分矿石类型及品级的指标称为矿床工业指标。以下是常用的矿床工业指标。

(1) 矿石品位。金属和大部分非金属矿石品级，一般用矿石品位来表征。品位是指矿石中有用成分（元素或矿物）的含量，一般用质量分数（%）表示，对于金、铂等贵金属则用 g/t 或 g/m³ 表示，它是衡量矿石质量的一个重要指标。有开采利用价值的矿产资

源，其品位必须高于边界品位（圈定矿体时对单个样品有用组分含量的最低要求）和最低工业品位（在当前技术经济条件下，矿物的采收价值等于全部成本，即采矿利润率为零时的品位），而且有害成分含量必须低于有害杂质最大允许含量（对产品质量和加工过程起不良影响的组分允许的最大平均含量）。

（2）边界品位。是区分矿石与废石（或称岩石）的临界品位，矿床中高于边界品位的块段为矿石，低于边界品位的块段为废石。在计算地质储量的时候经常用到。很显然，边界品位定得越高，矿石量也就越少。因此，边界品位是一个重要参数，它的取值将通过矿石量及其空间分布影响矿山的生产规模、开采寿命和矿山开采计划。在一定的技术经济条件下，就一给定矿床而言，存在着一个使整个矿山的总经济效益达到最大的最佳边界品位。

（3）最低工业品位。是指在按边界品位圈定的矿体范围内，合乎工业开采要求的平均品位的最低值。也就是说，根据目前工业技术水平，当矿石的品位低于某个数值时，便没有利用的价值，则这一数值的矿石品位称为最低工业品位，或者说用边界品位圈定的矿体或矿体中某个块段的平均品位，必须高于最低工业品位才有开采价值，否则无开采价值。

（4）最小可采厚度。最小可采厚度是在技术可行和经济合理的前提下，为最大限度利用矿产资源，根据矿区内矿体赋存条件和采矿工艺的技术水平而决定的一项工业指标。也称可采厚度或最小可采厚度，用真厚度衡量。

（5）夹石剔除厚度。也称最大允许夹石厚度，是开采时难以剔除，圈定矿体时允许夹在矿体中间合并开采的非工业矿石（夹石）的最大真厚度或应予剔除的最小厚度。厚度大于或等于夹石剔除厚度的夹石，应予剔除，反之，则合并于矿体中连续采样估算储量。

（6）最低工业米百分值。对一些厚度小于最低可采厚度，但品位较富的矿体或块段，可采用最低工业品位与最低可采厚度的乘积，即最低工业米百分值作为衡量矿体在单工程及其所代表地段是否具有工业开采价值的指标。最低工业米百分值，简称米百分值或米百分率，也表示为 m·g/t（米·克/吨）值。高于这个指标的单层矿体，其储量仍列为目前能利用（表内）储量。最低工业米百分值指标实际上就是利用矿体开采时高贫化率为代价来换取那些高品位资源的回收利用。

1.1.3　金属矿石的种类

金属矿石指含有金属成分的矿石。根据所含金属种类、品位高低及化学成分等不同，金属矿石可作如下分类。

（1）按所含金属种类不同可分为：

1）黑色金属矿石，如铁、锰、铬等；

2）有色金属矿石，如铜、铅、锌、铝、锡、钼、镍、锑、钨等；

3）贵重金属矿石，如金、银、铂等；

4）稀有金属矿石，如铌、钽、铍等。

只含一种金属成分的为单一金属矿石，含两种以上金属成分的为多金属矿石。

（2）按所含金属品位高低可分为：贫矿和富矿。如以磁铁矿石为例：含铁品位大于55%为平炉富矿；含铁品位在 50%～55%为高炉富矿；含铁品位在 30%～50%为贫矿。贫矿石必需经过选矿才能进行冶炼加工。

（3）按所含化学成分的组成可分为：

1）自然金属矿石，该类矿石中金属成分以单一元素的形式存在，如金、银、铂、铜等；

2）氧化矿石，是指所含矿物的化学成分为氧化物、碳酸盐和硫酸盐的一类矿石，如磁铁矿（Fe_3O_4）、赤铁矿（Fe_2O_3）、白铅矿（$PbCO_3$）、软锰矿（MnO_2）等；

3）硫化矿石，指矿石中所含矿物的化学成分为硫化物，如黄铜矿（$CuFeS_2$）、方铅矿（PbS）、闪锌矿（ZnS）、辉钼矿（MoS_2）等；

4）混合矿石，指矿石中含有前三种矿物中的两种以上的混合物。

1.1.4 矿石与围岩的工业特性

从矿石与围岩的性质中，对矿床开采影响较大的有以下一些工业特性。

（1）硬度。指矿岩抵抗工具侵入的性能，它与组成矿岩的颗粒硬度、形状、大小、晶体结构及颗粒间胶结物的情况有关。硬度影响凿岩效率，还直接影响矿岩的坚固性和稳固性。

（2）坚固性。它是指矿岩在综合外力作用下，抵抗破碎的性能。这种综合外力包括锹、镐、机械破碎及炸药爆破等作用下的力。矿岩坚固性，常用坚固性系数 f 值表示。f 相当于普氏硬度系数，是反映矿岩的极限抗压强度、凿岩速度、炸药消耗量等综合指标的平均值。但目前国内常用矿岩的极限抗压强度来表示，即

$$f = \frac{R}{10} \tag{1-1}$$

式中　R——矿岩单轴极限抗压强度，MPa。

（3）稳固性。指矿石或岩石在一定暴露面积下和一定暴露时间内不自行垮落的性能。矿岩的稳固性与坚固性既有联系又有区别。一般在节理发育、构造破碎地带，矿岩的坚固性虽好，但其稳固性却大为下降。因此两者的概念不能混同。矿岩的稳固性对确定地压管理方法和选择采矿方法有重大影响。根据矿岩的稳固程度，可分为以下 5 种情况。

1）极不稳固的。在掘进巷道或开辟采场时，在顶板和两帮无支护的情况下，不允许有暴露面积，否则可能产生片帮或冒落现象。在掘进巷道时，须用超前支护方法进行维护。

2）不稳固的。在这类矿石或岩石中，允许有较小的不支护暴露空间，一般允许的暴露面积在 $50m^2$ 以内。

3）中等稳固的。允许不支护的暴露面积为 $50 \sim 200m^2$。

4）稳固的。允许不支护的暴露面积为 $200 \sim 800m^2$。

5）极稳固的。不需支护的暴露面积在 $800m^2$ 以上。

（4）结块性。指采下的矿石在遇水和受压后，经过一定的时间结成整块的性质。一般可能使矿石结块的因素有：

1）矿石中含有黏土质物质，受湿及受压后黏结在一起；

2）高硫矿石遇水后，由于矿石表面氧化，形成硫酸盐薄膜，受压后连结在一起。

矿石的结块性对放矿、装车及运输等生产环节，均可造成很大的困难，甚至影响某些采矿方法的顺利使用。

（5）氧化性。指硫化矿石在水和空气的作用下，发生氧化反应变为氧化矿石的性质。采下的硫化矿石，在井下或地面储存时间过长就要氧化。氧化后的矿石会降低选矿的回收率。

（6）自燃性。高硫矿石（含硫在 18%~20% 以上）具有自燃性。硫化矿石在空气中氧化，并放出热量，经过一定时间后，矿石温度升高，会引起地下火灾。具有自燃性的矿石，对采矿方法选择有特殊的要求。

（7）含水性。矿岩吸收和保持水分的性能，称为含水性。含水性随矿岩的孔隙度和节理而变化。它对放矿、运输、箕斗提升及矿仓储存等均有很大的影响。

（8）碎胀性。矿岩在破碎后，碎块之间有较大的空隙，其体积比原岩体积要增大，这种性质称为碎胀性。破碎后的体积与原岩体积之比，称为碎胀系数（或松散系数）。碎胀系数的大小，主要取决于破碎后矿岩的块度和形状。一般坚硬矿岩的碎胀系数为 1.2~1.6。

1.2　矿体埋藏要素与矿床分类

1.2.1　矿体埋藏要素

金属矿床的埋藏要素，通常是指矿体的走向及走向长度、延深、埋深、形状、倾角和厚度等。

1.2.1.1　矿体走向和走向长度

矿体层面与水平面的交线称为走向线，走向线两端所指的方向即矿体走向，用方位角表示。走向长度是指矿体在走向方向上延伸的长度。分为投影长度和矿体在某阶段水平的长度。不同标高水平上矿体走向长度是变化的，因此提及走向长度时，必须指明是矿体的哪个阶段水平上的走向长度。

1.2.1.2　矿体埋深及延深

矿体埋藏深度是指从地表至矿体上部边界的垂直距离。矿体的延伸深度是指矿体的上部边界至矿体的下部边界的垂直距离或倾斜距离（称为垂高或斜长），矿体的延伸深度和埋藏深度如图 1-1 所示。按矿体的埋藏深度可分为浅部矿体和深部矿体。深部矿体埋藏深度一般大于 800m。矿床埋藏深度和开采深度对采矿方法选择有很大影响。当开采深度超过 800m，井筒掘进、提升、通风、地温等方面，将带来一系列的问题，地压控制方面可能会遇到各种复杂的地压现象，如岩爆、冲击地压等。目前，我国地下开采矿山的开采深度多属浅部开采范围，世界上最深的矿井南非姆波尼格金矿，其开采深度已达 4350m。

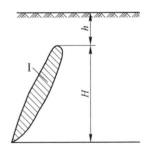

图 1-1　矿体的延伸
深度和埋藏深度
I —矿体；h —埋藏深度；
H —延伸深度（垂直高度）

1.2.2　金属矿床分类

金属矿床的矿体形状、厚度及倾角，对于矿床开拓和采矿方法的选择有直接影响。因此，金属矿床的分类，一般按其形状、倾角和厚度 3 个因素进行分类。

1.2.2.1 按矿体的形状分类

常见矿体形状，如图1-2所示。

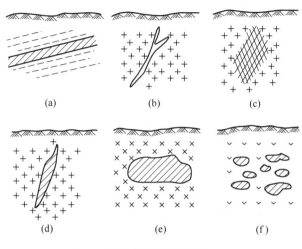

图1-2 矿体形状

（a）层状矿床；（b）脉状矿床；（c）网脉状矿床；（d）透镜状矿床；（e）块状矿床；（f）巢状矿床

A 层状矿体

这类矿床大多是沉积和沉积变质矿床，如赤铁矿、石膏矿、锰矿、磷矿、煤系硫铁矿等，见图1-2（a）。这类矿体产状一般变化不大，矿物成分组成比较稳定，埋藏分布范围较大。

B 脉状矿体

这类矿床大多是在热液和气化作用下矿物质充填在岩体的裂隙中而形成的矿体，见图1-2（b）和（c）。根据有用矿物充填裂隙的情况不同，有的呈脉状、有的呈网状。矿脉埋藏要素不稳定，常有分枝复合等现象，矿脉与围岩接触处常有蚀变现象。此类矿体多见于有色金属、稀有金属矿体。

C 块状矿体

如图1-2（d）~（f）所示，这类矿体主要是热液充填，接触交代，分离和气化作用形成的。其特点是矿体形状不规则，大小不一，大到有上百米的巨块或不规则的透镜体，小到仅几米的小矿巢；矿体与围岩的接触界线不明显。此类矿体常见于某些有色金属矿（铜、铅、锌等）、大型铁矿及硫铁矿等。

开采脉状和块状矿体时，由于矿体形态变化较大，巷道的设计与施工应注意探采结合，以便更好地回收矿产资源。

1.2.2.2 按矿体倾角分类

矿体倾角是指矿体中心面与水平面的夹角，矿体的水平厚度和垂直厚度如图1-3所示。

（1）水平和近水平（微倾斜）矿体。一般是指倾角为0°~5°的矿体，这类矿体开采时，各种有轨或无轨设备均可直接进入采场作业。

（2）缓倾斜矿体。一般是指倾角为5°~30°的矿体。这类矿体采场运搬通常用电耙，个别情况下也有采用自行设备或胶带运输机。

（3）倾斜矿体。通常是指倾角为 30°～55° 的矿体。这类矿体常用溜槽或爆力运搬，有时还用底盘漏斗解决采场运搬。

（4）急倾斜矿体。一般是指倾角大于 55° 的矿体。这类矿体开采时，矿石可沿底盘自溜，利用重力运搬。薄矿脉用留矿法开采时，倾角一般应大于 60°。

矿体倾角是指矿体中心面与水平面的夹角。矿体按倾角分类，主要是便于选择采矿方法，确定和选择采场运搬方式和运搬设备。矿体倾角对开拓方法选择也有重要影响。矿体的倾角常有变化，所以一般所说的倾角常指平均倾角。

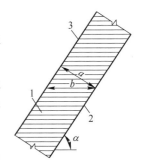

图 1-3　矿体的水平厚度和垂直厚度

1—矿体；2—矿体下盘；
3—矿体上盘；
a—垂直厚度；b—水平厚度；
α—矿体倾角

应该指出的是，随着无轨设备和其他机械设备的推广应用，按矿体倾角分类的界限，必然发生相应的变化。因此，这种分类方法只是相对的。同时，在能利用矿石自重实现重力运搬的条件下，为提高效率，也开始普遍应用大型机械设备（如铲运机等）装运矿石。

1.2.2.3　按矿体厚度分类

矿体厚度是指矿体上、下盘间的垂直距离或水平距离。前者称垂直厚度或真厚度，后者称水平厚度（见图 1-3）。开采微倾斜、缓倾斜和倾斜矿体时矿体厚度常指垂直厚度，而开采急倾斜矿体时常指水平厚度。两者之间有以下的关系式：

$$a = b\sin\alpha \tag{1-2}$$

式中　　a——矿体的垂直厚度，m；

　　　　b——矿体的水平厚度，m；

　　　　α——矿体倾角，(°)。

矿体厚度对于采矿方法选择、采准巷道布置以及凿岩工具和爆破方式的选用都有很大的影响。

由于矿体厚度常有变化，因此常用平均厚度表示。矿体按厚度分类如下。

（1）极薄矿体。厚度在 0.8m 以下。开采这类矿体时，不论其倾角多大，掘进巷道和回采都要开掘围岩，以保证人员及设备所需的正常工作空间。

（2）薄矿体。厚度为 0.8～4m。回采可以不开采围岩，但厚度在 2m 以下，掘进水平巷道需开掘围岩。手工开采缓倾斜薄矿体时，4m 是单层回采的最大厚（高）度。开采薄矿体一般采用浅孔落矿。

（3）中厚矿体。厚度为 4～15m。开采这类矿体时，掘进巷道和回采可以不开采围岩。对于急倾斜中厚矿体可以沿走向全厚一次开采。

（4）厚矿体。厚度为 15～40m。开采这类急倾斜矿体时，多将矿块的长轴方向垂直于走向方向布置，即所谓垂直走向布置，如图 1-4（b）所示。开采这类矿体多用中深孔或深孔落矿。

（5）极厚矿体。厚度大于 40m。开采这类矿体时，矿块除垂直走向布置外，有时在厚度方向还要留走向矿柱，如图 1-4（c）所示。

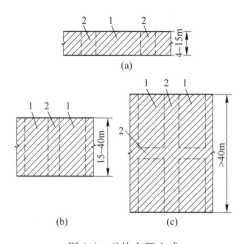

图 1-4　矿块布置方式

（a）矿块沿走向布置；（b）矿块垂直走向布置；（c）矿块垂直走向布置且留走向矿柱

1—矿房；2—矿柱

1.3　金属矿床的特点

由于成矿条件等原因，矿床地质条件较为复杂，往往给矿床开采带来不少困难，在开采过程中对这些情况应给予足够的重视。

（1）矿床赋存条件不稳定。由于成矿的原因，矿体形态常有变化。一个矿体，甚至两个相邻矿体，其厚度和倾角在走向和倾斜方向都会有较大的变化。脉状矿体常有分枝复合、尖灭等现象。沉积矿床常有无矿带和薄矿带出现。这些地质变化大多无规律可循，使探矿工作和开采工作复杂化。除了加强地质工作外，还要求采矿方法具有一定的灵活性，以适应地质条件的变化，并注意探采结合。

（2）矿石品位变化大。矿石的品位沿走向和倾斜方向上常有变化，有时变化幅度较大。例如铅锌矿床，可能在某些地区铅比较富集，另一些地区则锌比较富集。矿体中有时还出现夹石，这就要求在采矿过程中按不同条件（品位、品种、倾角、厚度）划分矿块，按不同矿石品种或品级进行分采，剔除夹石，并考虑配矿问题。

（3）地质构造复杂。在矿床中常有断层、褶皱、岩脉切入以及断层破碎带等地质构造，给采矿工作造成很大困难。例如，用长壁崩落法开采时，当出现断距大于矿体厚度的断层切断工作面，工作面就无法继续回采，必须另开切割上山，采场设备也要搬迁，这样既降低工效，又影响产量。有的矿山开采时，碰到大量地下水，有的是地下热水（温泉）、使开采非常困难。

（4）矿石和围岩坚固性大。除少数国家对坚固性较小的铁矿和磷灰岩矿采用连续采矿机直接破碎矿石外，绝大多数非煤矿岩都具有坚固性大的特点，因此凿岩爆破工作繁重，难于实现采矿工作的机械化和连续开采。

（5）某些矿床大量含水。矿岩的含水决定排水设备的能力，含水的矿岩在回采工作和溜矿工作中容易结块。地下暗河及地下溶洞水等地下水给开采带来极大的安全隐患。

　　地下采矿工作的另一特点是工作地点"流动"。一个矿块采完后，人员、设备又要移到另一个矿块去，而每个矿块又都要经过生产探矿、设计、采准、切割和回采等工序，这也体现了采矿工作的复杂性。

复习思考题

1-1　什么称为矿石、废石、围岩、夹石，矿石与废石是什么关系？

1-2　什么称为品位、边界品位、最低工业品位，如何表示？

1-3　什么称为原矿石、采出矿石？

1-4　矿石根据化学成分分为哪几类？

1-5　矿岩的稳固性与坚固性有什么关系？

1-6　矿体按稳固性如何分类？

1-7　什么是矿岩的碎胀性质，表示方法有哪些，如何计算？

1-8　矿床的埋藏要素指哪些，矿床按倾角与厚度如何分类？

1-9　矿体水平厚度与真厚度有什么关系？

2 金属矿床地下开采基本原则

2.1 矿床开采单元的划分

为了有计划、有步骤地开采矿床，必须对矿床从空间上划分成一定大小的开采单元，以作为设计和组织生产的基础。通常，开采缓倾斜、倾斜与急倾斜矿床时，将其划分成井田、阶段和矿块；开采水平或微倾斜矿床时，将其划分成井田、盘区和采区。矿块和采区就是最基本的开采单元。由于在矿块和采区内主要从事回采作业，故矿块和采区又称回采单元。

2.1.1 矿田和井田

划归一个矿山企业开采的矿床或其一部分，称为矿田；而在一个矿田范围内，划归一个矿井（或坑口）开采的矿床或其一部分，称作井田。矿田有时等于井田，有时包括几个井田。矿田和井田如图 2-1 所示。

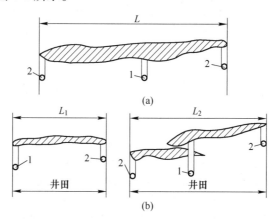

图 2-1 矿田和井田

（a）矿田（等于井田）；（b）矿田包括 2 个井田

1—主井；2—风井；L，L_1，L_2—井田长度

矿井（或坑口）是地下开采的矿山企业内部的独立生产经营单位。

井田尺寸是矿床开采中的一个重要参数。在倾斜和急倾斜矿体中，用沿走向长度 L 和沿倾斜长度（或垂直深度）H 来表示。在水平和微倾斜矿体中，则用长度 L 和宽度 B 来表示。

井田尺寸大小，一般应根据国民经济的需要、矿床的自然条件以及技术经济合理性作综合分析确定。如金属矿床范围不大、地表地形条件复杂，多数情况下就以矿床界限或地表地形条件作为井田的划界。开采一个很大的矿床时，则确定合理的井田范围应考虑以下因素：

（1）国家对基建时间和矿山规模的要求。

（2）矿床的勘探程度。

（3）矿床的埋藏特征。

（4）矿区地表地形条件以及基建和以后生产时期最佳的经济效果。

从保证一个井田有足够的储量并方便生产管理考虑，一般取矿体走向长度为 500～800m 至 1000～1500m，深度为 500～600m，划作一个井田是合理的。

2.1.2 阶段和矿块

2.1.2.1 阶段和阶段高度

在开采缓倾斜、倾斜和急倾斜矿体时，从井田中每隔一定的垂直距离掘进与走向一致的主要运输巷道，将井田在垂直方向上划分为一个长条形矿段，这个矿段就称为阶段。阶段沿走向以井田边界为限，沿倾斜以上下两个相邻的主要运输巷道为限，阶段和矿块的划分如图 2-2 所示。

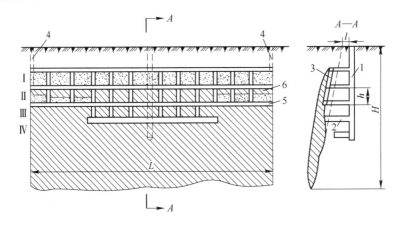

图 2-2 阶段和矿块的划分

Ⅰ—已采完阶段；Ⅱ—正在回采阶段；Ⅲ—开拓、采准阶段；Ⅳ—开拓阶段；

H—矿体垂直埋藏深度和延深；h—阶段高度；L—矿体的走向长度；

l—竖井至岩石移动界线的安全距离；

1—主井；2—石门；3—天井；4—出风井；5—阶段运输巷道；6—矿块

上下两个相邻的主要运输巷道底板之间的垂直距离，称为阶段高度。相邻两个主要运输巷道沿矿体的倾斜距离，称为阶段斜长。后者常在开采缓倾斜矿体时应用。

阶段高度的范围变化很大，应根据矿床的埋藏条件、矿石和围岩的稳固性以及采矿方法的要求等因素来确定。当开采缓倾斜矿体时，阶段高度一般小于 20～25m；开采急倾斜矿体时，通常为 40～60m，条件有利时可达 80～120m。

2.1.2.2 矿块

在阶段范围内，根据采矿方法的要求，沿走向每隔一定的距离掘进天井，连通上下相邻的阶段运输巷道，将阶段再划分成若干较小的块段，这个块段称为矿块。矿块是地下采矿最基本的回采单元，与采矿方法极为密切，它具有独立的通风及矿石运搬系统。

2.1.3 盘区和采区

2.1.3.1 盘区

当开采水平和微倾斜矿床时，若矿体的厚度没有超过允许的阶段高度，则在井田内可不再划分阶段。此时，为进行采矿工作，在井田内用沿走向的平行盘区运输巷道，将井田划分为长条形矿段，此矿段称为盘区（图2-3）。显然，盘区和阶段是属同一性质。盘区是以井田边界为其长度，以相邻两条盘区运输巷道之间的距离为其宽度。盘区宽度的大小主要取决于矿床的开采技术条件、所采用的采矿方法以及矿石运搬机械。

2.1.3.2 采区

在盘区中沿长度方向每隔一定距离掘进采区巷道，以连通相邻两条盘区运输巷道，将盘区再划分为若干独立的回采单元，这种单元称为采区（图2-3中6）。显然，采区又是与矿块同属一个等级范畴。采区的合理结构和参数，亦将在有关采矿方法中研究。

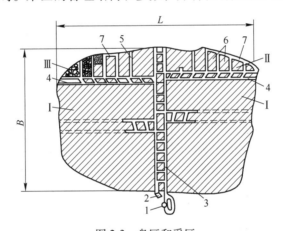

图 2-3　盘区和采区

Ⅰ—开拓盘区；Ⅱ—采准盘区；Ⅲ—回采盘区；

1—主井；2—副井；3—主要运输平巷；4—盘区运输巷道；5—采区巷道；6—采区；7—切割巷道

2.2　金属矿床开采顺序

在开采金属矿床时，不仅要将矿床从空间上划分成各级开采单元，而且要在采掘时间上遵循一定的开采顺序。

2.2.1　井田间开采顺序

当矿田内沿走向方向同时划分有几个井田时，各井田间的开采顺序可以是同时开采、依次开采或混合开采。混合开采是指矿田中随着新井田勘探工作的结束，相继投入生产。这时新井田的开采工作与早已投产的老井田的开采工作同时进行。对这三种开采顺序的选择，主要取决于：

（1）矿床的勘探程度。

（2）矿山年产量的大小。

（3）矿井基建投资的多少。

当矿田内沿倾斜方向划分井田时（图2-4），则一般采取自上而下的下行依次开采顺序或下行混合开采顺序，以有利于逐步勘探矿床的深部，减少初期的基建投资和基建时间。

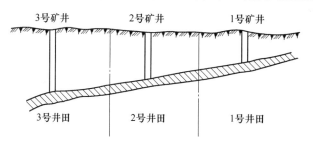

图 2-4　沿矿体倾斜划分矿田

2.2.2　阶段间开采顺序

井田中各阶段间的开采顺序，可以采用下行式或上行式。下行式是指先采上部阶段，后采下部阶段的自上而下逐个阶段开采的方式；上行式则相反。

在生产实践中，通常采用下行式开采顺序。这是由于下行式顺序具有很多优点：基建投资少，基建时间短，可以同时勘探深部矿床，安全条件好，适用的采矿方法范围广泛。

上行式开采顺序，仅在某些特殊条件下采用。如采缓倾斜矿床，地表无足够排弃的场地，利用深部采空区作排废或蓄水使用。

2.2.3　阶段内各矿块间开采顺序

阶段内各矿块间的开采顺序取决于阶段的回采方式。按回采工作相对主要开拓巷道（主井、平硐）的位置关系，可分为以下三种顺序：

（1）前进式开采。当阶段运输巷道掘进到一定距离之后，从靠近主要开拓巷道的矿块开始，逐个依次进行回采，回采推进方向是背离主要开拓巷道的（图2-5中Ⅰ）。这种开采顺序的优点是初期基建时间短，投产快；缺点是巷道维护费用高。

（2）后退式开采。当阶段运输巷道掘进到井田边界后，从井田边界的矿块开始，向主要开拓巷道方向依次进行回采（图2-5中Ⅱ）。这种开采顺序的优点是能较好地勘探矿床，井田的三级储量储备充足；但也存在着基建时间长、投产慢的缺点。

（3）混合式开采。是指开采初期采用前进式顺序，待阶段运输平巷掘到井田边界后，改为后退式顺序，或者保持既前进又后退同时开采。这种开采顺序能兼有上述两种开采顺序的优点，但生产管理比较复杂。

以上讨论的只是单翼回采或侧翼回采的情况。当主要开拓巷道位于井田中央时，在主要开拓巷道的两翼都可布置回采工作线，这时阶段内的矿块开采顺序就有双翼前进式或双翼后退式，如图2-5（a）所示。

双翼回采能形成较长的回采工作线，获得较高的产量，从而可以缩短阶段的回采时间，有利于地压管理，故在生产实践中应用最广。

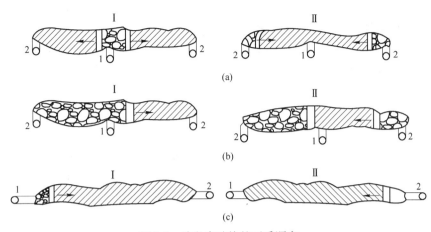

图 2-5　阶段中矿块的开采顺序

（a）双翼回采；（b）单翼回采；（c）侧翼回采

Ⅰ—前进式开采；Ⅱ—后退式开采；1—主井；2—风井

2.2.4　矿体间开采顺序

当矿床由彼此相距很近的矿脉（体）群组成，并采用矿脉分采时，开采其中一条矿脉，往往将影响邻近的矿脉。确定这种矿脉群的开采顺序，可以区别以下两种情况：

（1）矿脉倾角小于或等于围岩的移动角。当矿脉群的赋存条件处于这种情况时，应采取自上盘向下盘推进的开采顺序（图 2-6（a））。此时位于采空区下盘的矿脉，不会受到采动干扰。相反，若先采下盘的矿脉，则使上盘矿脉处在采空区引起的移动带内（图 2-6（b）），将给上盘矿脉的开采造成困难。

（2）矿脉倾角大于围岩的移动角。当矿脉群的赋存条件处于上述情况时，无论先采哪条矿脉，都会因采空区围岩移动而相互影响（图 2-6（c））。对此，应根据矿脉间的夹层厚度、上下盘围岩和矿石的稳固性、所用的采矿方法及相关技术措施等，具体确定其开采顺序。一般情况下，仍采用由上盘采向下盘，如果矿脉间夹层厚度不大，又采用充填法回采时，也可用由下盘采向上盘。

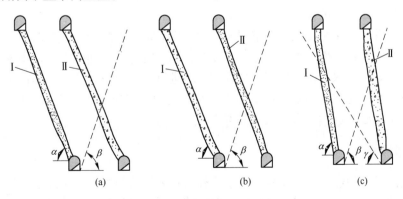

图 2-6　相邻矿体的开采顺序

（a）（b）矿体倾角小于或等于围岩移动角；（c）矿体倾角大于围岩移动角

α—矿体倾角；γ—下盘围岩移动角；β—上盘围岩移动角；Ⅰ，Ⅱ—相邻两条矿脉

必须指出，在同一个井田内的多个矿体间，往往存在着品位贫富不匀、厚薄不匀、大小不一以及开采条件难易不同等复杂条件。在这种情况下，确定矿体间的开采顺序，应注意贯彻贫富兼采、厚薄兼采、大小兼采及难易兼采的原则。否则，将破坏合理的开采顺序，并造成严重的资源损失。

2.3　矿床开采步骤和三级储量

开采金属矿床必须遵循的又一原则是，地下矿山工程应按计划逐步展开，并在时间上、空间上保持一定的超前关系，形成一定的储量储备，以保证矿山企业正常持续地进行生产。

2.3.1　矿床开采步骤

金属矿床地下开采一般分为开拓、采准、切割和回采 4 个步骤进行。这些步骤反映了不同的工作阶段。

（1）矿床开拓。是指从地面开掘一系列井巷通达矿体，使地面与矿体之间形成一个完整的通路，以建立提升、运输、通风、排水、供电、供水、供风、行人等系统。矿床开拓就是这些工程的总称；为开拓目的而掘进的巷道，称为开拓巷道。

（2）矿块采准。是指在已完成开拓工程的阶段（或盘区）内，掘进采准巷道，将阶段划分为矿块（或采区），并形成矿块（或采区）的行人、通风、凿岩、运搬等系统。为这一目的而掘进的巷道称为采准巷道。

（3）切割工作。是指在已完成采准工作的矿块（或采区）里，掘进切割、拉底巷道，辟大受矿漏斗等，为大规模落矿开辟自由面和补偿空间，为矿块（或采区）放矿创造良好的受矿条件。

（4）回采工作。是指在做好以上工作的矿块（或采区）里，直接进行大量采矿的工作。回采工作主要包括落矿、运搬和地压管理三项作业。

所谓落矿，是指利用凿岩爆破的方法将矿石从矿体中分离下来的过程；运搬，是指矿石自落矿地点移运到阶段运输巷道装载点进行装车的过程；地压管理，是指对采空区显现的地压采取抗衡或利用的措施。

上述矿床开采的 4 个步骤，在空间和时间上都必须密切配合。它们之间在基建时期可以是依次进行；在正常生产时期应是下阶段开拓和上阶段采切同时进行，由采掘技术计划平衡协调统一。为了保证矿山生产能持续均衡地进行，必须使开拓工作超前于采准，采准超前于切割，切割超前于回采，各工作阶段间的超前量应符合国家主管部门规定的标准。这就是矿山工作必须遵循的采掘工作基本方针。

2.3.2　三级储量

按照我国矿山的经验，矿床各个开采步骤间互为超前的关系，实际上是用获得一定的储量来实现的。因此，按开采准备程度、矿石储量可以划分为开拓储量、采准储量和备采储量三级，统称为三级储量。

（1）开拓储量。是指井田中已形成了完整的开拓系统，则为此开拓巷道所圈定的储量，称为开拓储量，如图 2-7 中所示的第Ⅰ～Ⅱ阶段所获得的储量。

（2）采准储量。它是开拓储量的一部分。凡是矿块（或采区）中完成了采矿方法所规定的采准工程，则该矿块（或采区）所获得的储量，称为采准储量。

（3）备采储量。它是采准储量的一部分。凡是矿块（或采区）中完成了采矿方法所规定的切割工程，并能立即开展回采工作的矿块（或采区）中储量，称为备采储量。

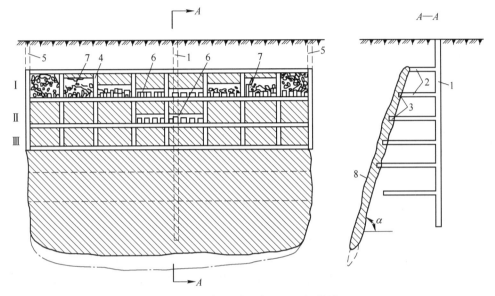

图 2-7　矿床开采的步骤和三级储量
1—主井；2—石门；3—阶段平巷；4—天井；5—排风井；6—漏斗及拉底；7—矿块；8—矿体

不同的采矿方法需完成不同的采准工程和切割工程，才能获得采准储量和备采储量。我国规定，三级储量是保证矿山正常生产的一项重要的指标。如矿山三级储量不足，将会影响产量的完成；反之，如保有的三级储量过多，不仅积压资金，而且也会使某些生产经营费用，如通风、巷道维护以及生产管理等费用增加，从而使产品成本增高。

2.3.3　三级储量计算

保有合理的三级储量，是保证矿山持续正常生产的基础。在矿山工作初期就必须提供。三级储量的定额是以三级储量的保有期限来体现的。三级储量保有期限，就是按规定的矿山年产量开采这 3 个级别的储量时，它们分别应该具有的生产期限。

我国地下矿山主管部门所规定的三级储量保有期限见表 2-1。

表 2-1　我国现行规定的三级储量保有期限定额　　　　　　　　（a）

储量类别	黑色金属矿山定额	有色金属矿山定额
开拓储量	3~5	>3
采准储量	1.5~2	1
备采储量	0.5~1	0.5

根据表 2-1 所列三级储量保有期限，可计算出各级储量。

2.3.3.1 开拓储量

开拓储量可表示为：

$$Q_k = \frac{At_k(1 - \gamma)}{k} \tag{2-1}$$

式中　A——矿井年产量，t/a；

　　　t_k——开拓储量的保有期限，a；

　　　γ——废石混入率，%；

　　　k——矿石回采率，%。

2.3.3.2 采准储量

$$Q_z = \frac{At_z(1 - \gamma)}{k} \tag{2-2}$$

式中　t_z——采准储量的保有期限，a。

2.3.3.3 备采储量

$$Q_b = \frac{At_b(1 - \gamma)}{k} \tag{2-3}$$

式中　t_b——备采储量的保有期限，a。

新建矿山移交生产时，式（2-1）~式（2-3）中的储量，应为投产时必需保有的三级储量。废石混入率和矿石回采率采用设计所取的指标，选厂年处理原矿石量按选厂设计能力计算。

生产矿山计算三级储量时，废石混入率和矿石回采率采用本矿山的实际指标。

新建矿山的设计实践中，根据式（2-1）~式（2-3）所计算出的各级储量（即按规定保有期限所要求的各级储量），在阶段地质平面图上大致圈定各级储量的计算范围；在生产矿山中则按正常生产时所完成的开拓、采准和切割所包含的各级储量范围，然后进行各级储量的试算。经计算所得结果，如符合规定的三级储量保有期限，则各级储量的圈定范围合理，即所完成的开拓、采准和切割工程符合三级储量平衡的要求。

2.4　矿石损失与贫化

2.4.1　矿石损失与贫化的概念

（1）矿石的损失。在开采过程中，由于种种原因使矿体中一部分矿石未采下来或已采下来而散失于地下未运出来，此现象称为矿石损失。损失的工业矿石量与工业矿石量之比，称为损失率。采出的工业矿石量与工业矿石量之比，称为回收率。二者均用百分数表示。损失率和回收率的和为1。

（2）矿石的贫化。开采过程中，由于采下的矿石中混入了废石，或由于矿石中有用成分形成粉末而损失，致使采出的矿石品位低于工业矿石的品位，此现象称为矿石的贫化。采出矿石品位降低值与原工业矿石品位的比值，称为贫化率。也用百分数来表示。

（3）岩石（废石）的混入。在矿床的开采过程中，由于技术原因，采出的矿石中不可能完全都是工业矿石，必有一部分废石混入到采出矿石中来，增加了采出矿石量，此现象称为岩石混入或混入岩石。混入的岩石量与采出的矿石量之比，称为废石混入率（混入废石率）。

2.4.2 矿石损失与贫化的计算

储量性质变化，如图 2-8 所示，圈定的工业矿石量为 Q（其品位 α），开采过程中只有部分工业矿石被采出，采出矿石量 Q'（其品位 α'）。采出的矿石中有部分废石 R（其品位 α''）混入到采出矿石中来，同时也有部分工业矿石 Q_s（其品位 α）损失掉。

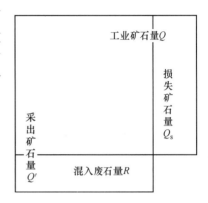

图 2-8 储量性质变化

2.4.2.1 损失贫化指标计算

（1）矿石损失率 q：

$$q = \frac{Q_s}{Q} \times 100\% = \frac{Q - Q''}{Q} \times 100\%$$

式中　q——损失率，%；

Q——工业矿石量，t；

Q_s——损失工业矿石量，t；

Q''——采出工业矿石量，t。

（2）矿石回收率 p：

$$p = \frac{Q''}{Q} \times 100\%$$

（3）矿石贫化率 ρ：

$$\rho = \frac{\alpha - \alpha'}{\alpha} \times 100\%$$

式中　α——工业矿石品位，%；

α'——采出矿石品位，%。

（4）废石混入率 γ：

$$\gamma = \frac{R}{Q'} \times 100\%$$

式中　R——混入废石（岩石）重量，t；

Q'——采出矿石量，t。

根据矿床开采过程中矿石量平衡

$$Q' = Q + R - Q_s$$

根据矿床开采过程中金属量平衡

$$Q'\alpha' = Q\alpha + R\alpha'' - Q_s\alpha$$

式中　α''——混入废石的品位，%。

将以上两式联立整理得

$$Q - Q_s = Q' - R$$
$$(Q - Q_s)\alpha = Q'\alpha' - R\alpha''$$

代入整理得
$$\frac{R}{Q'} = \frac{\alpha - \alpha'}{\alpha - \alpha''} \tag{2-4}$$

式（2-4）中左侧恰好为废石混入率：

$$\gamma = \frac{R}{Q'} \times 100\% = \frac{\alpha - \alpha'}{\alpha - \alpha''} \times 100\%$$

需要说明的是当混入的废石（围岩）品位为零时，在数值上废石混入率和矿石贫化率相等。

2.4.2.2 损失贫化计算

（1）矿石贫化率 ρ：

$$\rho = \frac{\alpha - \alpha'}{\alpha} \times 100\%$$

（2）废石（岩石）混入率：

$$\gamma = \frac{\alpha - \alpha'}{\alpha - \alpha''} \times 100\%$$

（3）矿石损失率：

$$q = \frac{Q_s}{Q} \times 100\% = \left(1 - \frac{\alpha' - \alpha''}{\alpha - \alpha''} \times \frac{Q'}{Q}\right) \times 100\%$$

（4）矿石回收率 p：

$$p = \frac{Q''}{Q} = \frac{Q - Q_s}{Q} = 1 - \frac{Q_s}{Q} = \frac{\alpha' - \alpha''}{\alpha - \alpha''} \times \frac{Q'}{Q} = \frac{Q'}{Q}(1 - \gamma) \times 100\%$$

2.4.3 减少矿石损失贫化的意义

在矿床开采过程中，由于地质、开采技术及生产管理等各种原因，不可能将井下的工业储量全部采出，并运至地面，从而产生矿石损失。

造成矿石损失的原因是多方面的，但主要还是地质因素、开采技术水平及生产管理水平的原因。产状复杂多变、受地质构造破坏多的矿床开采损失就要大些；采矿方法及回采工艺选用不当，可能造成较大的开采损失。

覆岩下放矿时，组织管理不善，也会引起大量矿石损失。此外，为保护井筒和地表，要留下保安矿柱，也是造成矿石损失的原因之一。矿石大量损失，直接引起矿山工业储量的减少，使摊到每吨采出矿石的基建费用增加，导致矿石成本增高。

在矿床开采过程中，由于上下盘围岩及矿体中的夹石被崩入采下的矿石中，覆岩下放矿时围岩混入采下的矿石中，以及高品位富矿及粉矿的丢失等原因，造成采出矿石品位降低。

废石混入采下的矿石，增加井下的运输费和提升费，进入选厂，又增加选矿加工费。原矿品位的降低，可能使选厂的金属（或有用成分）实收率降低，甚至使最终产品的品位降低。有些矿石，如高炉富铁矿、硫铁矿、磷矿等作为商品矿销售时，增加用户的外部运输费；如果围岩中含有害成分时，混入后会降低矿石的使用价值。

2.4.4 降低矿石损失贫化的措施

矿石的损失和贫化指标，表示地下资源的利用状况，是评价矿床开采是否合理的两项重要指标。

地下矿产资源是不能再生的,开采地下矿产时应尽可能地降低损失与贫化,更好地利用地下矿产资源,减少因矿石贫化损失而引起的经济损失。要降低矿石损失贫化,必须从地质、设计、管理等方面采取综合措施才能取得良好效果。

(1) 加强地质勘探工作,弄清矿床赋存规律及开采技术条件,给设计及生产部门提供确切的矿产体状、形状、品位及其变化规律等资料。

(2) 选择合理的采矿方法、结构参数及回采工艺。这就要求对矿山的岩体力学方面加强研究和测定,使设计的矿块尺寸、矿柱尺寸和地压管理方法建立在科学的基础上。特别是在新矿山投产后,矿体才开始被揭露,应尽快通过试验,找到最优的采矿方法及其合理的结构参数。从采矿方法角度降低损失贫化的措施。

(3) 在基建和生产过程中加强生产探矿,认真对矿体进行二次圈定,使采准切割、落矿的设计建立在可靠的地质资料基础之上。

(4) 合理选择矿体的开采顺序,及时回采矿柱,处理空场。

(5) 加强矿山的生产管理,建立有关的规章制度,成立专门管理机构,对矿石开采损失贫化进行经常性的监测、管理和分析研究,如覆岩下放矿的组织和管理、极薄矿脉开采时的采幅管理等。

(6) 合理采用新技术、新工艺和新设备。

2.5　矿床开采强度和矿井生产能力

2.5.1　矿床开采强度

矿床开采强度是衡量矿床开采快慢的一项指标。当井田范围和矿床埋藏条件一定时,矿床开采强度取决于开拓、采准和切割工作的连续性以及回采强度。

开采顺序对矿床开采强度也有较大影响。当井田以前进式开采时,以开拓、采准、切割工作速度对开采强度的影响为主;当井田以后退式开采时,则以回采工作速度的影响为主。

为了对类似条件下的矿床开采强度进行比较,通常采用回采工作年下降深度和开采系数两项强度指标。

2.5.1.1　回采工作年下降深度

这项指标是针对一定条件的矿床,按矿山测量人员年初及年终测定的数据、采出矿石量及矿体水平面积,推算确定的一年垂直下降距离。它是一个抽象的概念,不能反映下降深度的具体位置,但对比较验证矿山生产能力却是一项有用的指标。

年下降深度可按下列公式计算:

$$h = \frac{A(1-r)}{S\gamma K}$$

式中　h——年下降深度,m;

　　　A——矿井的生产能力,t/a;

　　　S——矿体水平面积,m^2;

γ——矿石体重，t/m^3；

r——废石总混入率，%；

K——矿石总回收率，%。

当其他条件相同，回采工作年下降深度随矿体厚度减少、倾角增大、同时开采的阶段数目增多而增大。采用高效率采矿方法，年下降深度增加。在一般情况下单阶段回采平均的年下降深度为 15~20m；双阶段回采平均为 20~30m。

必须指出：年下降深度是指整个矿体的下降深度，包括矿房与矿柱同时下降。但往往因矿柱回采工作复杂，拖延时间较长，影响年下降深度的确定。对于多个矿体，由于大小、形态不一，作单独计算或折合计算的结果波动幅度都较大。因此，正确选用年下降深度这项指标只适宜于矿体规整单一和厚大类型矿的矿床。

2.5.1.2　开采系数

矿山利用每平方米矿体水平面积上每年（或月）采出的矿石吨数，来作为矿床开采强度的评价指标。这种表示方法称为开采系数。它的表达式为

$$C_k = \frac{A}{S}$$

式中　C_k——开采系数，$t/(a \cdot m^2)$；

A——矿井年生产能力，t/a；

S——矿体水平面积，m^2。

这种表示方法，由于只牵涉面积一项参数，忽略了厚度与倾角的影响，故能适合形态比较复杂的矿体。

2.5.2　矿井生产能力

矿井生产能力是指矿井在正常生产时期，单位时间内采出的矿石量，一般以年采出矿石量计算，称为矿井年产量。有时也用日采出矿石量计算，称为矿井日产量。

如果矿山企业是由采选联合企业构成的，对于黑色金属矿山，上级主管机关是按年产矿石量下达生产任务的；对于有色金属矿山，则按年产金属量下达生产任务，此时矿山应将金属量换算为精矿量，并将精矿量换算为选厂日处理合格矿石量，再换算为矿井年产矿石量。

矿井生产能力，是矿床开采的主要技术经济指标之一。它决定矿井的基建工程量、主要生产设备类型、技术构筑物和其他建筑物的规模和类型、辅助车间和选冶车间的规模、职工人数等，从而影响基本建设投资和投资效果、企业的产品成本和生产经营效果。

矿井生产能力，是根据矿床地质条件、资源条件、技术经济条件，综合分析经济技术、安全和时间因素等确定的。它应具体地体现国家的技术经济政策，并最大限度满足国民经济发展的需要。

按技术可能性和经济合理性确定生产能力需考虑的因素：

（1）矿床开采自然条件：储量、品位、矿床产状及分布。

（2）市场需求。

（3）矿区开采技术经济条件：投资、水、电、设备供应、外部运输等。

在矿山企业设计中，确定矿井生产能力时，设计者可能遇到两种情况：

（1）上级领导机关，根据发展国民经济计划的需要和资源条件，在设计任务书中规定出矿山企业的生产能力。

（2）设计单位受上级领导机关委托确定生产能力，然后呈报上级领导机关批准，再下达设计单位。

在前一种情况下，设计者的任务是校验设计任务书规定的生产能力在技术上的可能性和经济上的合理性。在后一种情况下，设计者的任务是根据国家有关的技术经济政策，按技术上的可能性和经济上的合理性，确定矿井生产能力。两种情况确定生产能力的方法则是相同的。

在井田范围已定的条件下，矿床工业储量是一定的，而矿井服务年限随矿井生产能力的变化而不同。矿床工业储量、矿井生产能力和矿井服务年限之间，有下列关系：

$$A = \frac{QK}{T(1-r)}$$

式中　A——矿井生产能力，t/a；

　　　Q——矿床工业储量，t；

　　　T——矿井服务年限，a；

　　　K——矿石总回采率，%；

　　　r——废石总混入率，%。

随着开采技术的进步与开采强度的不断增大，经济合理的矿井服务年限也在不断变小。我国现阶段地下金属矿山的矿井生产能力和服务年限的参考值可见表2-2。

表2-2　矿井生产能力和服务年限参考值

矿山规模	矿井生产能力/万吨·年$^{-1}$		矿井服务年限/a
	黑色金属矿山	有色金属矿山	
特大型	>500	>300	>30
大型	200~500	>100	>20
中型	60~200	30~100	>15
小型	<60	<30	>10

2.6　金属矿床开采的要求

采矿工业与其他工业有别。首先，它的工作对象是岩体，作业环境和劳动条件较差，开采的矿体复杂多变，作业地点经常变动；其次，采矿工业所排放的各种废料对环境造成较大的污染，保护地下矿产资源和保护环境成为对采矿工业的特殊要求。在整个矿床开采过程中，需注意以下几点：

（1）确保开采工作的安全及良好的劳动条件。安全生产和良好的劳动条件是矿业工作者追寻的重要目标之一，是进行正常生产的前提。采矿工作是在复杂和困难的条件下进行的，因此，必须确保采矿工作人员的工作安全和良好的劳动条件，就显得非常重要。这是评价矿床开采方法好坏的重要标准。

（2）不断提高劳动生产率。由于采矿生产的复杂性和繁重性，目前生产每吨矿石的劳动消耗较大。因此，采用高效率的采矿方法、先进技术和工艺，不断提高机械化与自动化水平，充分调动采矿工作人员的工作积极性，同时加强矿山企业的科学管理，提高劳动生产率，显得更加重要。

（3）不断提高开采强度。提高矿床、井田、阶段、矿块的开采速度，有利于完成和超额完成生产任务，降低巷道的维修费用和生产管理费。同时，加快开采速度也是提高企业经济效益、改善安全条件的有效措施之一。

（4）减少矿石的损失和贫化。矿石的损失不仅浪费地下资源，而且还会增加矿石成本。矿石的贫化会增加矿石运输、提升和加工费用，会使选矿回收率和最终产品质量降低，使企业的金属产量降低。因此，在生产过程中减少矿石的损失和贫化，是提高矿山经济效益的基本措施之一。

（5）降低矿石成本。矿石成本是评价矿山开采工作的一项重要的综合性指标。在矿山生产中，减少材料和劳动消耗，提高劳动生产率，提高矿石产量与品位，加强生产管理，是降低矿石成本的主要途径。

（6）符合环境保护的要求，实现资源可持续发展。采矿工作往往会造成地表破坏，废石的堆放及废水的排放污染水源，废气的排放以及扇风机和空压机运转所产生的噪声污染，这些都违背保护生态环境的要求。由于环境污染已经越来越严重地威胁着人类的生存，在采矿设计时应尽量采取措施，防止或减少这些污染，实现矿产资源开发利用与环境保护的可持续发展，实现经济效益、社会效益、生态效益的统一。

（7）提高开采技术水平的要求。在矿山企业中应大力倡导采用先进科学技术，迅速提高开采技术水平和管理水平，以提高生产能力，改善劳动条件。对提高开采技术水平有以下几点要求：

1）实现或完善矿山基础生产过程的机械化或综合机械化。矿床开采的主要工作是井巷掘进和回采。实现井巷掘进的综合机械化，能提高掘进速度，改善劳动条件。回采的主要生产包括落矿、运搬和地压管理，实现回采过程的全部机械化对提高生产能力、减轻劳动强度、保证安全生产具有重要作用。

2）逐步实现工艺系统和主要生产环节的自动化。目前国外矿山在提升、运输、通风、压气、排水和破碎等设备方面的自动化程度已达到了相当高的水平，我国部分矿山也部分实现了自动化。今后矿山应推广国内外实现自动化的经验，逐步引进和发展开采工艺系统及主要生产环节的自动化。

3）研究组织管理的自动化。在矿山企业中，除逐步实现生产工艺设备的自动化运行外，还应研究组织管理的自动化。组织管理自动化是用技术手段收集和传送信息，使用电子计算机处理信息和决策，其中包括实施矿山工作计划、调度管理、矿山供应和产品销售的全部自动计算等。

复习思考题

2-1　矿床开采单元是如何划分的，矿田、井田、阶段、矿块的含义是什么？

2-2 试分析阶段中矿块的开采顺序与阶段的回采方式?

2-3 如何正确确定矿脉(体)群的开采顺序?

2-4 矿床开采步骤有哪些,各开采步骤间应遵循什么关系?

2-5 三级储量的含义是什么,与开采步骤间有何关系?

2-6 什么叫矿石损失与贫化?

2-7 矿井生产能力应该怎样确定?

2-8 矿床开采的基本要求是什么?

2-9 设某铜矿一个回采单元的工业储量为 87500t,在回采时有 14160t 工业储量未被采下,但却采下了 5560t 废石。在出矿过程中又有 150t 矿石散失,实际放出矿岩量为 78750t。工业储量中含铜品位为 1%采出铜矿石品位为 0.9%,并混入废石的铜品位为 0.3%。试计算该回采单元矿石损失率、金属回采率、废石混入率及矿石贫化率。

3 金属矿床地下开拓方法

3.1 矿床开拓概念

为了开发地下矿产资源，需从地表掘进一系列的井巷工程通达矿体，使地面与井下构成一个完整的提升、运输、通风、排水、供水、供电、供气（压气动力）、充填系统（俗称"矿山八大系统"），以便把人员、材料、设备、充填料、动力和新鲜空气送到井下以及将井下的矿石、废石、废水和污浊空气等提运和排除到地表。这些工作的总称称为矿床开拓，为开拓矿床而掘进的井巷工程，称为开拓井巷工程。

3.2 开拓巷道的基本概念

开拓巷道种类繁多，一般使用的有平硐、竖井、斜井、斜坡道、井底车场、石门、阶段运输平巷、溜井、充填井及各种硐室。各种开拓巷道的位置关系及开拓巷道各部分名称如图 3-1 所示。

（1）平硐：是具有一端通达地表出口的水平巷道，如图 3-1 中的 12 所示。轨道运输时，线路坡度一般为 3‰ ~ 5‰，以便列车运行和排水，运输线路旁边有人行道和各种管线。

平硐与隧道的区别在于，隧道具有两端通达地表的出口，平硐只有一端见光的地表出口。

（2）竖井：是指轴向与水平面垂直相交，并供提升矿石、废石、人员、设备、材料用的主要通道。如图 3-1 中 4 所示。它按其内部安装的提升容器类型不同又分为：罐笼井、箕斗井和混合井；而按其与地表之间是否有无可以直接见到光的出口，又分为明竖井和盲竖井。

（3）斜井：是指轴向与水平面成一定倾角的主要巷道，其功能与竖井相同，也有明斜井和盲斜井之分，如图 3-1 中 16 所示。按其井筒内提升的方式不同分为串车斜井和箕斗斜井。

竖井和斜井统称为井筒。作为提升用的井筒，井筒内一般装有提升运输的机械设备，如罐道、罐道梁和装载计量斗口等；但作为通风用的井筒，其井口都有通风设施和通风机械装置。

（4）斜坡道：是具有直通地表出口的倾斜通道，如图 3-1 中 6 所示。斜坡道主要供运行无轨设备或安装胶带运输机使用，内部不铺轨道，坡度比斜井小，运输线路方向变换较为灵活。

（5）井底车场：是指井筒与阶段运输巷道连接处各种运输路线和硐室的总称。它是连

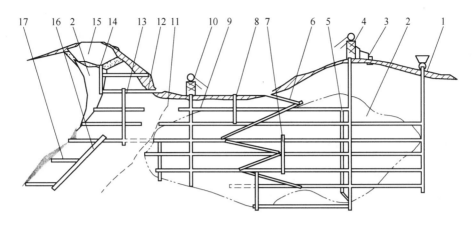

图 3-1 开拓巷道名称示意图

1—风井；2—矿体；3—选矿厂；4—箕斗提升井；5—主溜井；6—斜坡道；7，14—溜井；
8—充填井；9—阶段运输平巷；10—副井；11—大断层；12—主平硐；
13—盲竖井；15—露天采场；16—盲斜井；17—石门

接井下运输和井筒提升的枢纽。在井底车场范围内一般都设有储车线、行车线、调车线，除此以外还有水泵房、变电所、调度室、修理库等硐室。

竖井井底车场结构示意图，如图 3-2 所示。

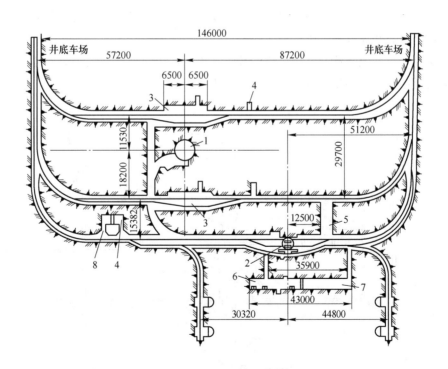

图 3-2 竖井井底车场布置图（单位：mm）

1—箕斗井井筒（主井）；2—罐笼井井筒（副井）；3—翻笼室；4—矿石样品储存室；
5—候罐室；6—水泵房；7—变电所；8—医疗站

（6）石门和阶段运输平巷：统称为阶段运输巷道。它们开在阶段水平内，是井底车场通到矿体的平面运输巷道。掘进在岩石中的，称为石门；接着石门沿矿体走向通到井田两端边界的，称为阶段运输平巷。这些巷道的主要作用是供平面运输、通风、行人等。

（7）溜井：是专门用于溜放矿石或废石的井筒，常采用垂直或急倾斜布置。

（8）充填井：主要是供下放充填料的井筒，常采用垂直布置或急倾斜布置。

这些井巷中，凡属于用来运输、提升矿石，不管有无地表出口，如主平硐、主提升井筒、主斜坡道、盲竖井、盲斜井等，均称为主要开拓巷道；而其他开拓巷道，如通风井、溜矿井、充填井、井底车场、阶段运输巷道等，在开采矿床时只起辅助开拓作用，则称为辅助开拓巷道。

为开拓矿床，一定空间内所布置的主要开拓巷道和辅助开拓巷道体系，称为矿床的开拓系统。需要注意的是：一个独立、完整的开拓系统，按照矿山安全生产的管理规定，除了能在井田的范围内实现运输、提升、通风、排水、供电、供风、供水、充填及行人等全部目的之外，还至少要有两个独立或通往地表的安全出口。

图3-3所示为竖井开拓系统立体示意图。它在井田中央布置主井、副井，两翼布置通风井；通过井底车场、石门、阶段运输平巷，建立起地表与矿体在不同平面之间的联系。矿石通过溜井下放至破碎硐室，转经箕斗提升至地表；人员、材料、设备及废石的提升则通过副井运行。全井田通风采用中央对角式通风系统，副井进风，两翼风井排出污风。井底车场起着连接竖井提升和阶段运输之间的交通枢纽作用。

完成这套开拓系统的整个工程，称为开拓工程。选用何种类型的主要开拓巷道进行开拓及开拓巷道在矿床内的布置方法，称为开拓方法。

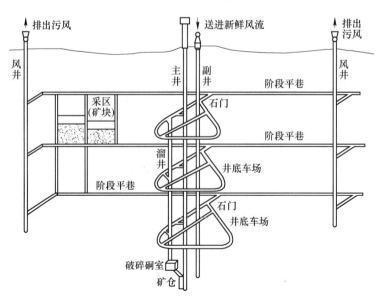

图3-3　竖井开拓系统立体图

3.3 矿床开拓方法的分类

综合国内外金属矿山采用的矿床地下开拓方法，可概括为两大类，即单一开拓法和联合开拓法。

开拓方法的分类详见表3-1。

表3-1 开拓方法分类

开拓方法		主要开拓巷道类型	典型开拓方法
单一开拓法	平硐开拓法	平硐	(1) 沿矿体走向平硐开拓法； (2) 垂直矿体走向下盘平硐开拓法； (3) 垂直矿体走向上盘平硐开拓法
	竖井开拓法	竖井	(1) 下盘竖井开拓法； (2) 上盘竖井开拓法； (3) 侧翼竖井开拓法； (4) 穿过矿体的竖井开拓法
	斜井开拓法	斜井	(1) 脉内斜井开拓法； (2) 下盘斜井开拓法； (3) 侧翼斜井开拓法
	斜坡道开拓法	斜坡道	(1) 螺旋式斜坡道开拓法； (2) 折返式斜坡道开拓法
联合开拓法	平硐与盲井联合开拓法	平硐、盲竖井 平硐、盲斜井	(1) 平硐与盲竖井联合开拓法； (2) 平硐与盲斜井联合开拓法
	竖井与盲井联合开拓法	竖井、盲竖井 竖井、盲斜井	(1) 明竖井与盲竖井联合开拓法； (2) 明竖井与盲斜井联合开拓法
	竖井与斜坡道联合开拓法	竖井、斜坡道	竖井与斜坡道联合开拓法

凡在一个开拓系统中只使用一种主要开拓井巷的开拓方法称为单一开拓法；在一个开拓系统中，同时采用两种或多种主要开拓井巷时称为联合开拓法。例如上部矿体采用平硐开拓，下部矿体采用盲竖井开拓，这就构成了联合开拓法。矿床开拓方法都以主要开拓井巷来命名。例如，主要开拓巷道为竖井时，称为竖井开拓法。

3.4 平硐开拓法

以平硐为主要开拓巷道的开拓方法称为平硐开拓法。当矿体全部或大部分位于当地地平面以上时，为节约基建费用和基建时间，广泛采用平硐开拓法。

平硐开拓法在我国矿山中应用较广，主平硐最长的达7000多米。这类长平硐开拓时，为缩短基建时间，常采取在平硐的中部位置开掘措施（斜、竖）井的办法进行多头掘进。云南锡业老厂锡矿主平硐长 5740m。美国亨德林钼矿，日产矿石 27000t，平硐长 15.8km，宽 5m，高 4.6m，在平硐内铺设了轨距为 1040mm 的双线。

用平硐开拓井田时，主平硐水平以上各个阶段所采出的矿石，通过溜井或提升设备下放到主平硐水平，通过电机车牵引矿车、汽车及胶带运输机将矿石运至地面。由于平硐直接与地表相通，故主平硐以上涌水一般采用自流方式，沿平硐排出，因此，平硐一般有 3‰~5‰ 的坡度，以利行车和自流排水。

根据地形条件，可以采用回风平硐通风，也可在山顶掘进通风天井机械通风。在设计长平硐时，为加快平硐施工速度，改善通风效果，一般在平硐中间有条件的地方开凿措施井，如中条山铜矿峪铜矿主平硐长 3600m，东川落雪铜矿平硐长 3400m，均在平硐中部开凿了措施井，通风效果良好。

平硐开拓法根据平硐与矿体位置的不同分为：沿矿体走向平硐开拓法、垂直矿体走向下盘平硐开拓法和垂直矿体走向上盘开拓法三种典型开拓方法。

3.4.1 沿矿体走向平硐开拓法

平硐开掘方向与矿体走向平行的平硐称沿脉平硐。根据其所在位置可分为脉外平硐和脉内平硐两类。

图 3-4 所示为下盘沿脉平硐开拓。根据地形和工业场地的条件，采用沿脉平硐开拓工程量最小，因为沿脉平硐实质上就是阶段运输平巷。

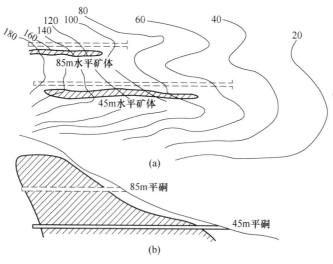

图 3-4　下盘沿脉平硐开拓方案（单位：m）
（a）坑内外对照图；（b）纵投影图

图 3-5 所示为脉内沿脉平硐开拓。主平硐及各阶段平硐都开掘在矿体内。上阶段部分矿石分别通过溜井 3、4、5 溜放到主平硐 1。人员、设备和材料升降由辅助盲竖井 2 担负。

这种开拓方法投资少、出矿快，并可起到勘探作用，所以多为小型矿山所采用。

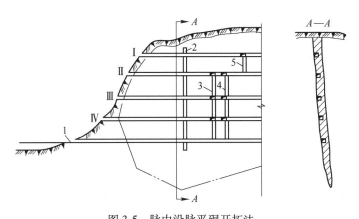

图 3-5 脉内沿脉平硐开拓法
Ⅰ~Ⅳ—上部阶段平硐；
1—主平硐；2—辅助盲竖井；3，4—主溜井；5—溜井

3.4.2 垂直矿体走向下盘平硐开拓法

当矿脉和山坡的倾斜方向相反时，则由下盘掘进平硐穿过矿脉开拓矿床，这种开拓方法称为下盘平硐开拓法。图 3-6 所示为我国某矿下盘平硐开拓法示意图。该矿在+598m 水平开掘主平硐 1，各阶段采下的矿石通过主溜井 2 放至主平硐水平，再用电机车运至硐外。人员、设备、材料由辅助竖井 3 提升至上部各阶段。为改善通风、人行、运出废石的条件，在+758m 和+678m 水平设辅助平硐通达地表。

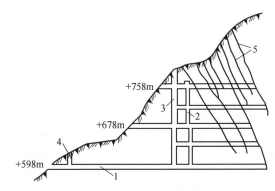

图 3-6 下盘穿脉平硐开拓方案
1—主平硐；2—主溜井；3—辅助竖井；4—入风井；5—矿脉

3.4.3 垂直矿体走向上盘平硐开拓法

当矿脉与山坡的倾斜方向相同时，则由上盘掘进平硐穿过矿脉开拓矿床，这种开拓方法称为上盘平硐开拓法。图 3-7 所示为上盘平硐开拓法示意图，图中 V_1、V_2 表示急倾斜矿脉。各阶段平硐穿过矿脉后，再沿矿脉掘沿脉巷道。各阶段采下来的矿石经溜井 2 溜放至主平硐 3 水平，并由主平硐运出地表。人员、设备、材料等由辅助竖井 4 提升至各个阶段。

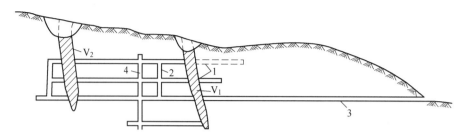

图 3-7　上盘穿脉平硐开拓法

1—阶段平巷；2—溜井；3—主平硐；4—辅助盲竖井

3.5　竖井开拓法

　　主要开拓巷道采用竖井的开拓方法称竖井开拓法。当矿体倾角大于 45° 或小于 15°，且埋藏较深时，常采用竖井开拓。由于竖井的提升能力较大，故常用于大中型矿井。竖井开拓法在矿床地下开采中被广泛采用。

　　竖井内的提升容器可以是罐笼或箕斗，或既有罐笼又有箕斗，井筒分别称为罐笼井、箕斗井和混合井。罐笼提升灵活性大，但生产能力低，箕斗井提升能力大，但不能提升人员和材料，装矿、卸矿系统复杂。一般认为，矿石年产量在 30 万吨以下，井深在 300m 左右时，采用罐笼提升；矿石年产量超过 50 万吨，深度大于 300m 时，通常采用箕斗提升；当开拓深度较大、地质条件复杂、施工困难时，为减少开拓工程量和适当减少井筒数目，可考虑采用混合井。

　　竖井根据其与矿体的位置的不同可分为：下盘竖井开拓法、上盘竖井开拓法、侧翼竖井开拓法和穿过矿体的竖井开拓法四种。

3.5.1　下盘竖井开拓法

　　图 3-8 所示为竖井位于矿体下盘岩石移动界线以外的下盘竖井开拓法。每个阶段从竖井向矿体开掘阶段石门通达矿体。这种开拓方法是竖井开拓中应用最多的方法。

　　下盘竖井井筒处于不受矿体开采影响的安全位置，不需留保护矿柱。其缺点是竖井越深，特别是矿体倾角较小时石门长度越大。

3.5.2　上盘竖井开拓法

　　图 3-9 所示为竖井位于矿体上盘岩石移动界线以外的上盘竖井开拓法。每个阶段从竖井向矿体开掘阶段石门，阶段石门穿过矿体后再在矿体或下盘岩石中开掘阶段运输平巷。

　　上盘竖井的缺点是一开始就要开掘很长的阶段石门，基建时间长，初期投资大。因此，上盘竖井开拓只有在下列条件下才考虑采用。

　　（1）地形特殊，下盘和侧翼难以布置工业场地。

　　（2）下盘围岩地质复杂，例如有大破碎带、溶洞、流砂层或涌水量很大的含水层等，无法布置工业场地。

（3）工业场地、选矿厂及外部运输线路都选在上盘方向，这样用上盘竖井在经济上可能是有利的。

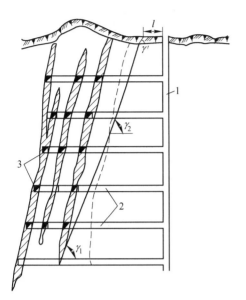

图 3-8　下盘竖井开拓示意图

1—下盘竖井；2—阶段石门；3—沿脉巷道；
γ_1，γ_2—下盘岩石移动角；γ'—表土层移动角；
l—下盘竖井至岩石移动界线的安全距离

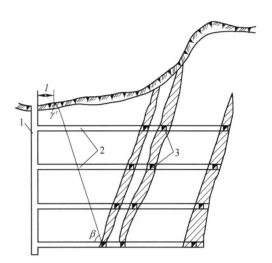

图 3-9　上盘竖井开拓方案

β—上盘岩石移动角；l—上盘竖井至岩石移动
界线的安全距离；γ'—表土层移动角；
1—上盘竖井；2—石门；3—沿脉巷道

3.5.3　侧翼竖井开拓法

侧翼竖井开拓法是将主竖井布置在矿体走向一端的端部围岩中的开拓方法，如图 3-10 所示。此时从竖井向矿体开掘阶段石门后只能单向掘进阶段运输平巷，故矿井的基建速度慢。侧翼竖井开拓一般在下列条件下采用：

（1）矿床的地质和地形条件只允许在侧翼布置竖井。

（2）矿体走向长度不大，地下运输费用的增加和开拓时间加长的缺点不突出。

（3）采用侧翼竖井时可使地下运输方向与地面运输方向一致，减少地面运输费用。

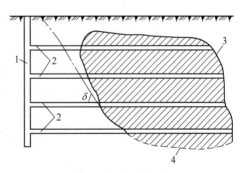

图 3-10　侧翼竖井开拓法

1—竖井；2—石门；3—矿体；
4—地质储量界线；δ—端部岩石移动角

3.5.4　穿过矿体竖井开拓法

当矿体倾角很小，平面投影面积很大时，可采用竖井穿过矿体开拓法。若采用下盘竖井开拓，则石门长度非常长，如图 3-11 所示。采用竖井穿过矿体方案需留保安矿柱。当矿体埋藏深度不大，矿体倾角很缓时，保安矿柱矿量不大，矿石损失有限。例如在开采水平及缓倾斜矿体时较广泛采用这种方法。

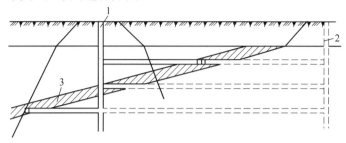

图 3-11　穿过矿体的竖井开拓法

1—穿过矿体的竖井；2—下盘竖井井位；3—保安矿柱

3.6　斜井开拓法

用斜井作为主要开拓巷道的开拓方法称为斜井开拓法。它主要适用于倾角 15°~45°的矿体，埋藏深度不大，表土不厚的中小型矿山。但采用胶带运输机的斜井可适用于埋藏较深的大型矿井，且可实现自动化。斜井开拓与竖井开拓相比具有施工简便，投产快等优点，但开采深度及生产能力受提升能力限制，不能太大。

斜井根据所用的提升容器，对倾角有不同的要求：胶带运输机不大于 18°，串车提升 25°~30°，箕斗和台车不小于 30°。但是倾角大的斜井施工和铺轨都很复杂，一般很少使用。斜井采用钢丝绳胶带输送机时，生产能力大，工艺系统简单，易于实现自动化。

斜井按其与矿体的相对位置，可分为脉内斜井开拓法、下盘斜井开拓法、侧翼斜井开拓法三种。

3.6.1　矿脉内斜井开拓法

矿脉内斜井开拓法是将斜井开掘在矿体内靠近底板的位置上，如图 3-12 所示。它适用于矿体倾角稳定，底板起伏不大，矿体厚度不大的缓倾斜矿体。

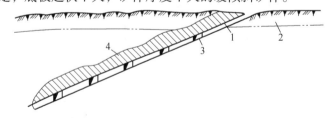

图 3-12　矿脉内斜井开拓法

1—脉内斜井；2—表土层；3—阶段平巷；4—矿体

该方法的优点是开拓工程量小，投产快，斜井可起到补充勘探作用，又可获得副产矿石。其缺点是必须在斜井的两侧留井筒保护矿柱，此外，当矿体倾角发生变化时，影响提升工作。

矿脉内斜井开拓一般在下列情况下才考虑采用：

（1）矿石价值不高的薄矿体。

（2）矿体稳固，下盘围岩不稳固，下盘斜井维护困难时。

（3）矿井急需在短期内投产。

（4）利用斜井进行补充勘探时。

3.6.2 下盘斜井开拓法

图 3-13 所示为将斜井布置在矿体下盘围岩中的下盘斜井开拓法。斜井通过阶段石门与矿体联系。石门长度视围岩稳固程度确定，要求斜井上部矿体开采时产生的矿山压力不致影响斜井的维护为宜，一般不小于 5m。考虑这段距离时，还应该考虑到斜井车场布置时与阶段运输平巷联系所需的距离。

当矿体倾角小于或等于所选用的提升容器要求的极限倾角时，斜井倾角与矿体倾角相同，反之，斜井必须成为伪倾斜开掘，如图 3-14 所示。

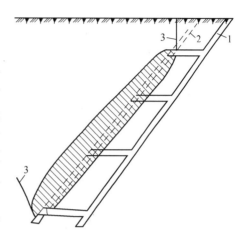

图 3-13　下盘斜井开拓法
1—主斜井；2—矿体侧翼辅助斜井；
3—岩石移动界线

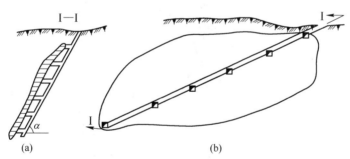

图 3-14　伪倾斜下盘斜井开拓示意图
（a）垂直走向投影图；（b）沿走向投影图

3.6.3 侧翼斜井开拓法

图 3-15 所示为将斜井布置在矿体侧翼端部岩石移动界线以外的侧翼斜井开拓法。这种开拓方法主要是用于矿体受地形或地质构造的限制，无法在矿体的其他部位布置斜井，特别是矿体走向不大时，侧翼式开拓有可能减少运输费用和开拓费用。

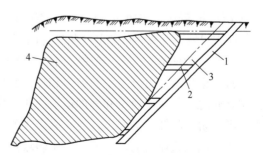

图 3-15　侧翼斜井开拓法
1—斜井；2—石门；
3—矿体侧翼岩石移动界线；4—矿体

3.7　斜坡道开拓法

随着无轨设备，如凿岩台车、铲运机、服务台车、矿用卡车等在地下矿山的大量使用，斜坡道在部分大中型矿山成为一种主要的开拓巷道。各种无轨车辆可以通过斜坡道直接从地表驶入地下，或从一个中段驶入另一个中段。

斜坡道是一种行走无轨设备的倾斜巷道。用斜坡道作为主要开拓巷道的开拓方法为斜坡道开拓法，如图 3-16 所示。斜坡道一般宽 4~8m，高 3~5m，坡度为 10%~15%。使用大型设备时斜坡道弯道半径大于 20m，使用中小型设备时大于 10m。路面结构根据其服务年限可以是混凝土路面或碎石路面。

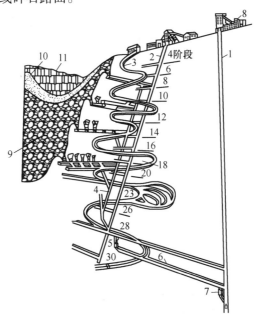

图 3-16　加拿大科里斯登镍矿斜坡道开拓方法示意图

1—主井；2—3 号斜井；3—斜坡道；4—主溜井；5—破碎硐室和矿仓；6—胶带运输机；

7—装载矿仓；8—选厂；9—崩落矿石；10—崩落的地表；11—远处的地表

根据运输线路不同，斜坡道分为螺旋式和折返式两种，如图 3-17 所示。与螺旋式斜坡道相比，折返式斜坡道具有容易开掘（测量定向容易，无路面外侧超高）、司机视野好、行车速度快而安全、车辆行驶平稳、轮胎磨损小、路面容易维护等优点，因此得到广泛采用。

根据斜坡道用途，可分为主斜坡道和辅助斜坡道。前者直通地表，作为无轨设备出入地表的主要通道，并兼做通风和辅助运输之用，属于开拓工程；后者是连接阶段间，供无轨设备在不同阶段间转移的通道，属于采准工程。是否需要设置主斜坡道，须视具体情况而定，有的采用无轨设备的矿山，不设主斜坡道，仅在阶段间设置辅助斜坡道。不设主斜坡道的矿山无轨设备通过副井拆解下放，井下组装。无轨设备的大修一般在井下进行，当设置主斜坡道时，无轨设备大修一般在地面进行，井下仅设简易无轨设备修理硐室进行小修和中修。

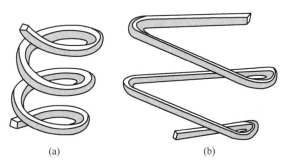

图 3-17 斜坡道类型
(a) 螺旋式；(b) 折返式

无轨运输的斜坡道，应设人行道或躲避硐室。行人的无轨运输水平巷道应设人行道。人行道的有效净高应不小于 1.9m，有效宽度不小于 1.2m。躲避硐室的间距在曲线段不超过 15m，在直线段不超过 30m。躲避硐室的高度不小于 1.9m，深度和宽度均不小于 1.0m。躲避硐室应有明显的标志，并保持干净、无障碍物。

除少量仅设置斜坡道作为矿石主运输通道的矿山外，大部分设有斜坡道的矿山，仅将斜坡道作为辅助开拓工程，与其他主要开拓井筒，如竖井、斜井等配合使用。

主要运送矿石的斜坡道坡度一般不大于 10%，运输人员、设备的斜坡道坡度一般不大于 15%，对于阶段间的辅助斜坡道坡度可适当加大，但必须满足无轨设备的爬坡能力要求（图 3-18、图 3-19）。

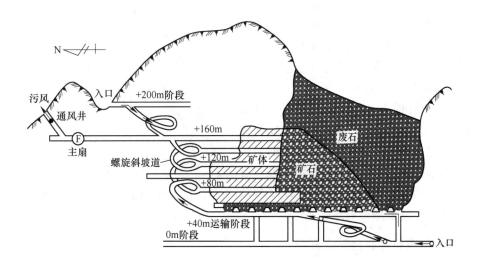

图 3-18 螺旋式斜坡道开拓法

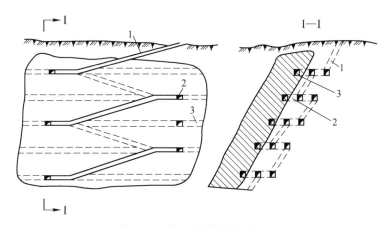

图 3-19 折返式斜坡道开拓法
1—斜坡道；2—石门；3—阶段运输巷道

3.8 联合开拓法

不少矿山根据矿床赋存条件、地形地貌特征、勘探程度、机械化程度、矿山生产能力等，因地制宜进行某些开拓方法的联合应用，即采用联合开拓方法。从理论上讲，只要平硐、竖井、斜井、斜坡道任意两种或两种以上联合使用，均构成联合开拓方式。

联合开拓法根据井筒类型的不同可分：为平硐与盲井（盲竖井、盲斜井）联合开拓法，明竖井与盲井（盲竖井、盲斜井）联合开拓法，竖井与斜坡道联合开拓法等。

3.8.1 平硐与盲竖井联合开拓法

平硐开拓的矿山，如果在平硐水平以下仍有矿体，则需要竖井进行下部矿床的开拓。图 3-20 所示为一个地平面以上矿体采用平硐开拓，平硐以下矿体采用盲竖井开拓，这种开拓方法称为平硐与盲竖井联合开拓法。

平硐与竖井联合开拓，可采用盲竖井，也可考虑采用明竖井。盲竖井开拓时，井筒和石门短，但需增掘地下调车场和卷扬机硐室工程；明竖井开拓时，井筒和石门的长度大，井口要安装井架，但掘进施工方便。在具体选择时，要根据地形地质和矿体赋存条件等进行比较，才能最终确定。

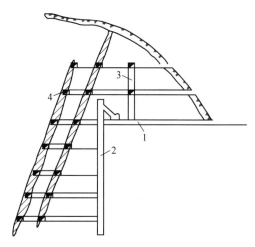

图 3-20 平硐与盲竖井联合开拓法
1—主平硐；2—盲竖井；3—溜井；4—沿脉巷道

3.8.2 平硐与盲斜井联合开拓法

这种开拓方法的适用条件为：地表地形为山岭地区，矿体上方无理想的工业场地；矿体倾角在 45°～55°之间，为盲矿体且赋存于地平面以下；如地平面以上有矿体，但上部矿体已开采结束，且形成许多老硐者。

这种方法的优点是可以减少上部无矿段或已采段的开拓工程量，缩短斜井长度，从而达到增加斜井生产能力的目的，同时石门长度可尽量压缩，从而缩短了基建时间。

平硐与盲斜井联合开拓法的运输系统如图 3-21 所示，矿石或废石经各阶段石门，由盲斜井提到+323m 平硐的井下车场，然后经平硐运出。

3.8.3 明竖井与盲竖井联合开拓法

明竖井与盲竖井联合开拓法，如图 3-22 所示，一般适用于矿体或矿体群倾角较陡，矿体一直向深部延伸，地质储量较丰富的矿山。另外，因明竖井或盲竖井的生产能力较大，所以中型或偏大型矿山多用这种方法。

明竖井与盲竖井联合开拓法的优点是：井下的各阶段石门都较短，尤其基建初期石门较短，因此可节省初期基建投资，缩短基建期；在深部地质资料不清的情况下，建设上部竖井，当深部地质资料搞清后，且矿体倾角不变时，可开掘盲竖井；两段提升能力适当，能使矿山保持较长时间的稳定生产。

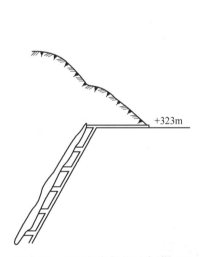

图 3-21　平硐与盲斜井联合开拓法

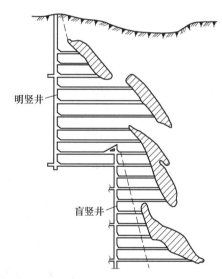

图 3-22　明竖井与盲竖井联合开拓法

此外，目前国内的竖井提升深度大多在 500~600m 左右，一般不超过 1000m，而且竖井深度越大，对提升设备功率要求也越大，并且下部石门越长。故当开采深度超过 500m 以上时，可考虑采用联合开拓法，即矿体上部用明竖井，下部改用盲竖井开拓。这样可缩短石门长度及开拓时间，但需设两段提升，多一段转运，易产生运输与提升的不协调现象。故在设计开拓方法时，尽量加大第一段竖井的开拓深度。

3.8.4 明竖井与盲斜井联合开拓法

如前所述，当上部地质资料清楚且矿体产状为急倾斜，上部采用竖井开拓是合理的。一旦得到深部较完善的地质资料，且深部矿体倾角变缓，则深部可采用盲斜井开拓，如图 3-23 所示。这样可使一期工程（上部竖井部分）和深部开拓工程（下部盲斜井部分）的

工程量得到最大限度压缩，缩短建
设时间，使开拓方案在经济上更为
合理。

3.8.5　斜坡道与竖井联合开拓法

斜坡道与竖井联合开拓法就是
以斜坡道和竖井作为主井联合开拓
矿体的方法，如图 3-24 所示。上部
矿体采用竖井开拓，下部矿体采用
折返式斜坡道开拓。斜坡道可采用
自行设备运输，也可采用带式运输
机。图 3-24 所示为竖井下部矿石系
采用带式运输机提升。

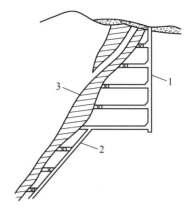

图 3-23　明竖井与盲斜井联合开拓法
1—竖井；2—盲斜井；3—矿体

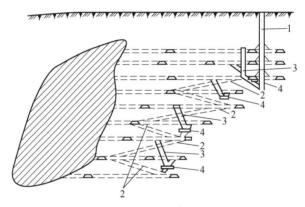

图 3-24　竖井与斜坡道联合开拓法
1—竖井；2—折返式斜坡道；3—溜井；4—破碎装载机组硐室

3.9　主要开拓方法评述

为了正确地选择开拓方法，必须了解各种主要开拓巷道的优缺点。现将各种主要开拓
方法的特点评述如下。

3.9.1　平硐与井筒（竖井和斜井）的比较

与井筒相比，平硐有下列优点：

（1）基建时间短。因为平硐施工简便，施工条件好，比竖井和斜井的掘进速度快
得多。

（2）基建投资少。平硐的单位长度掘进费用比井筒低得多，维护费用也少。用平硐开
拓时基建工程量小，没有井底车场巷道，硐口设施简单，不需建井架和提升机房，而且所
需重型设备少，所以投资费用省。

（3）排水费用低。因为坑内水可通过平硐排水沟自流排出，可减少大量的坑内排水

费用。

（4）矿石运输费用低。在单位长度内，平硐每吨矿石的运输费比井筒每吨矿石的提升费低得多。

（5）通风容易，通风费用低。平硐掘进时的通风比井筒容易，平硐开拓的通风费用往往比井筒开拓低。

（6）生产安全可靠。平硐的运输能力大，平硐运送人员和货载要比井筒安全可靠。

由于平硐存在以上许多优点，故埋藏在地平面以上的矿体或矿体的上部，只要地形合适，应尽量采用平硐开拓。根据我国生产实践，主平硐长度一般以4000m以下为宜。超过此长度时，应考虑采用其他开拓方法，否则有可能拖延基建时间。

3.9.2 竖井与斜井的比较

与斜井相比，竖井有以下特点：

（1）在基建工程量方面。斜井的长度比竖井长；但斜井开拓比竖井开拓的石门长度短。当矿体倾角较缓时，斜井的长度比竖井更长，但斜井开拓比竖井开拓的石门长度更短。斜井的井底车场一般比竖井的井底车场简单。

（2）在井筒装备方面。竖井井筒装备比斜井复杂，斜井内的管道、电缆、提升钢丝绳比竖井要长。

（3）在地压和支护方面。斜井承受的地压较大。当斜井穿过不良岩层时，围岩容易变形，维护费用较高。

（4）在提升方面。竖井的提升速度快，提升能力大，提升费用较低。斜井提升设备的修理费和钢丝绳磨损较大。

（5）在排水方面。斜井的排水管路较长，设备费、安装费和修理费较大，同时因摩擦损失消耗的动能较大，故斜井的排水费用比竖井要高。

（6）在施工方面。竖井比斜井容易实现机械化，采用的施工设备和装备较多，要求技术管理水平较高。斜井施工较简便，需要的设备和装备少。当斜井倾角较缓时，成井速度比竖井快。

（7）在安全方面。竖井井筒不易变形，提升过程中停工事故较少。斜井承受地压大，井筒易变形，提升盛器容易发生脱轨、脱钩等事故。

3.9.3 斜坡道与其他主要开拓巷道的比较

与竖井、斜井相比，斜坡道具有以下优点：

（1）矿体开拓快、投产早。可利用无轨设备掘进斜坡道和其他开拓巷道。如采用竖井和斜坡道平行施工，当斜坡道掘到矿体后，即使竖井尚未投入使用，可利用无轨设备通过斜坡道运出矿岩，因此，可加快矿体的开拓与采准工作，缩短矿山投产时间。

（2）斜坡道可代替主井或副井。当矿体埋藏较浅时，可不掘提升井，而采用自卸卡车由斜坡道出矿，此时整个矿体由斜坡道和通风井等构成完整的运输、通风系统。当矿体埋藏较深时，可考虑采用竖井开拓法并另设辅助斜坡道；此时利用竖井提升矿石，而斜坡道作为运送设备、材料、人员并兼作通风之用，即斜坡道起副井的作用。当用平硐开拓法时，上、下阶段巷道也可用斜坡道连通，此时可不掘设备井，即斜坡道起设备井的作用。

（3）节省大量钢材。采用斜坡道时，可取消轨道，因而节省了大量钢材。

（4）产量大，效率高。便于地下开采的综合机械化。无轨设备的效率高，可提高劳动生产率，降低采矿成本。

斜坡道的缺点是当无轨设备采用柴油机为动力时，排出的废气污染井内空气，故需加大矿井通风量致使通风费用增加。此外，无轨设备的投资大，维修工作量大，这些问题有待进一步研究解决。

3.10　矿床开拓方案选择

矿床开拓方案选择是矿山总体设计的重要内容之一，与矿山总体布置，提升、运输、通风、排水、供水、供电、供气、充填等生产系统，矿床赋存条件，矿山生产能力，采矿方法等密切相关。

3.10.1　矿床开拓方案选择基本要求

基本要求如下：

（1）确保良好的劳动卫生条件和生产安全条件。

（2）技术可靠，生产能力满足当前要求并充分考虑未来矿山提质扩能的可能性。

（3）基建工程量小，投资省，投产、达产快，经济效益好。

（4）不留或少留保安矿柱，尽量不压矿，以减少矿石损失。

（5）工业场地布置紧凑，外部运输条件好，尽量少占农田。

（6）保证矿山有两个以上独立的直达地面的安全出口。

3.10.2　矿床开拓方案选择步骤

矿床开拓方案选择一般经过方案初选和详细经济技术比较两个步骤，最终确定最优的矿床开拓方案。

方案初选阶段，应详细分析矿床地质资料，根据矿床赋存条件、工程及水文地质条件、矿床勘探程度、矿石品位及储量、内外部运输条件、地形地貌特征、拟采用的采矿方法、设计的生产能力等因素，经现场踏勘，拟定若干个可能的开拓方案，经初步分析剔除存在明显缺陷的方案，预留2~3个可行方案进行详细经济技术比较。

详细经济技术比较应重点考虑基建工程量、基建投资、基建时间、所能达到的生产能力、提升运输费用、建设条件等，最终确定最优开拓方案。

3.10.3　影响开拓方案井巷类型的主要因素

影响开拓方案井巷类型的主要因素如下：

（1）地表地形条件。矿床赋存在山岳地带，且埋藏在当地地平面以上时，可考虑采用平硐开拓；若部分在当地地平面以上，部分埋藏在地面以下时，可考虑采用平硐与井筒或斜坡道的联合开拓。

（2）矿体倾角。倾角在15°以下，倾斜较长时可采用斜井胶带运输机、矿车组斜井或斜坡道开拓；20°~50°矿床多采用斜井开拓；0°~15°或大于50°时多采用竖井开拓。上述倾角范围仅为一般性开拓方式选择的参考。

（3）开采深度。矿体埋藏较深时，不宜采用斜坡道开拓。

（4）矿山生产能力。大型矿山多采用箕斗竖井、混合竖井或胶带运输机斜井运送矿石，中小型矿山则多用罐笼竖井、混合竖井、矿车组或胶带输送机斜井、汽车斜坡道运送矿石。

（5）岩层移动带范围。岩层移动带直接影响地表工业场地布置。

（6）矿岩稳固性、水文地质条件。影响主要开拓井巷位置选择，如上、下盘或侧翼布置。

3.10.4　矿山分期开拓

分期开拓是减少矿山初期投资，加快建设速度、降低开采成本的有效措施，被不少大型矿山所采纳。

分期开拓可分为沿矿体走向分期和沿倾斜分期两种方式。前者实际上是将矿床划分为几个井田，各期之间的连接与过渡较为简单；后者为同一井田各期工程之间的过渡，较为复杂，相互之间容易受到影响。

分期开拓的深度和范围必须经过详细经济技术比较才能确定，而且前期工程设计过程中，应充分考虑与后期工程的衔接问题。

复习思考题

3-1　金属矿床地下开采有哪些步骤？

3-2　矿床开拓应达到什么目的？

3-3　什么是主要开拓巷道，开拓巷道有哪些，其作用是什么？

3-4　什么是开拓工程？

3-5　平硐开拓方法有哪几种方式，平硐开拓方法的特点？

3-6　竖井开拓法有哪几种方式，竖井开拓法的特点？

3-7　平硐开拓法的适用条件是什么？

3-8　竖井开拓法的适用条件是什么？

3-9　斜井开拓法有哪几种方式，斜井开拓法的适用条件是什么？

3-10　斜井开拓法有什么特点？

3-11　斜坡道有哪几种形式，各自的特点？

3-12　为什么有时将主要开拓巷道布置在上盘？

3-13　联合开拓法有哪几种方式，为什么用联合开拓法？

3-14　比较平硐和井筒的特点？

3-15　比较竖井和斜井的特点？

3-16　比较井筒与斜坡道的特点？

4 开拓井巷工程

开拓方案确定后，主要开拓井巷工程和辅助开拓井巷工程的设计就成为矿山开拓系统设计的主要内容，必须结合地质、采矿等技术条件，确定主要和辅助开拓井巷工程的类型、位置、规格等关键参数。

4.1 确定主要开拓巷道位置

4.1.1 主要开拓巷道位置确定应考虑的因素

主要开拓巷道是矿山的咽喉工程，其位置一经确定，即不容易更改，因此，必须合理确定其位置，以保证其处于良好的地层中，不压矿，具有足够的服务年限，降低矿山经营费用。主要开拓巷道确定原则是安全性、运输功以及综合因素。

4.1.1.1 安全性

在安全带以外。开采作业产生地下采空区，打破了采空区周围岩石的原始平衡状态，引起周围岩石的变形、破坏和崩落，并最终导致地表发生移动和陷落。地表产生陷落和移动的地带，分别称为陷落带和移动带，如图 4-1 所示。采空区底部与地表陷落带或移动带边界的连线和水平面的夹角称为岩石的陷落角或移动角，其大小与岩石的性质、矿体倾角与厚度、采矿方法和开采深度等有关。

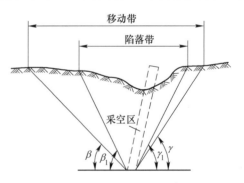

图 4-1 陷落带和移动带

γ—下盘岩石移动角；γ_1—下盘岩石陷落角；

β—上盘岩石移动角；β_1—上盘岩石陷落角

地面主要建（构）筑物应布置在岩石移动带一定范围（称为安全带）以外。否则，就要在其下部留一部分矿体作为保安矿柱。主要建（构）筑物保护等级及距移动带的安全距离见表4-1。

表 4-1 主要建（构）筑物及开拓巷道保护等级及距移动带的安全距离

保护等级	主要建（构）筑物及开拓巷道名称	安全距离/m
I	国务院明令保护的文物、纪念性建筑；一等火车站，发电厂主厂房，在同一跨度内有2台重型桥式吊车的大型厂房，平炉，水泥厂回转窑，大型选矿厂主厂房等特别重要或特别敏感的、采动后可能导致发生重大生产、伤亡事故的建筑物、构筑物；铸铁瓦斯管道干线，高速公路，机场跑道，高层住宅；竖（斜）井、主平硐，提升机房，主通风机房，空气压缩机房等	20

保护等级	主要建（构）筑物及开拓巷道名称	安全距离/m
II	高炉、焦化炉，220kV 及以上超高压输电线路杆塔，矿区总变电所，立交桥，高频通信干线电缆；钢筋混凝土框架结构的工业厂房，设有桥式起重机的工业厂房，铁路矿仓、总机修厂等重要的大型工业建筑物和构筑物；办公楼、医院、剧院、学校、百货大楼；二等火车站，长度大于 20m 的 2 层楼房和 3 层以上住宅楼；输水管干线和铸铁瓦斯管道支线；架空索道，电视塔及其转播塔，一级公路等	15
III	无吊车设备的砖木结构工业厂房，三、四等火车站，砖木、砖混结构平房或变形缝区段小于 20m 的 2 层楼房，村庄砖瓦民房；高压输电线路杆塔，钢瓦斯管道等	10
IV	农村木结构承重房屋，简易仓库等	5

一般来讲，上盘移动角小于下盘移动角，而走向端部的移动角最大。由于移动角越小，其移动带范围越大，因此，矿山主要建（构）筑物及开拓巷道一般布置在矿体下盘或侧翼。岩层移动角可以类比同类型矿山选取，岩层移动角概略值可参考表 4-2 的概略数值。

表 4-2　岩层移动角概略值　　　　　　　　　（°）

岩石名称	上盘移动角	下盘移动角	端部移动角
第四纪表土	45	45	45
含水中等稳固片岩	45	55	65
稳固片岩	55	60	70
中等稳固致密岩石	60	65	75
稳固致密岩石	65	70	75

4.1.1.2　运输功

地表地下运输功最小。运输量与运输距离的乘积称为运输功，单位为 t·km。运输费用与运输功成正比。合理的主要开拓巷道位置，应该位于地面与地下运输功最小的位置，尽量避免地面与地下出现反向运输现象。

4.1.1.3　综合因素

综合考虑地面和地下因素。需要考虑的地面因素：

（1）每个矿井至少应有 2 个以上独立的直达地面的安全出口，安全出口的间距应不小于 30m；大型矿井，矿床地质条件复杂，走向长度一翼超过 1000m 的，应在矿体端部的下盘增设安全出口。

（2）井口附近应有足够的工业场地，选厂应尽量利用山坡地形，以利于各选矿工序间物料可以借助重力转运。

（3）井口应选择在安全可靠的位置，不受洪水及滑坡等地质灾害影响，竖井、斜井、平硐口标高，应高于当地历史最高洪水位 1m 以上。工业场地的地面标高，应高于当地历史最高洪水位。特殊情况下达不到要求的，应以历史最高洪水位为防护标准修筑防洪堤，井口应筑人工岛,使井口高于最高洪水位 1m 以上。

(4) 与外部运输联系方便。

(5) 不占或少占农田等。

(6) 进风井应位于当地常年主导风向的上风侧,进入矿井的空气不应受到有害物质的污染;回风井应位于当地常年主导风向的下风侧,排出的污风不应对矿区环境造成危害;放射性矿山进风井与回风井的间距应大于 300m。

(7) 位于地震烈度 6 度以上地区的矿山,主要井筒的地表出口及工业场地内主要建(构)筑物,应进行抗震设计。

还需要考虑的地下因素为主要开拓巷道穿过的地层应稳固,无流砂层、含水层、溶洞、断层、破碎带等不良地质条件。在矿山生产实践中,为了解井筒拟定穿过地层的地质情况,检查是否有不利于井筒掘进与维护的因素,往往要先打检查钻孔。检查钻孔位于选定的井筒位置的附近,与井筒中心线的距离不得超过 10~15m,并超深于井筒 3~5m。当主要开拓巷道为斜井或平硐时,则至少需要打 3 个彼此不小于 50m 的与井筒垂直的钻孔。

4.1.2　保安矿柱的圈定

如上所述,主要开拓井巷应位于地表移动带之外;但如受具体条件限制,必须布置在地表移动带之内时,应留设足够的保安矿柱加以保护。

保安矿柱的圈定是根据建(构)筑物的保护等级所要求的安全距离,沿其四周划定保护区范围,再以保护区周边为起点,按照所选取的岩层移动角向下反向画出移动界线,此移动界线所截矿体范围即为保安矿柱。

保护主要开拓井工程的保安矿柱一般作为永久损失不予回收,其他保安矿柱,如露天转地下境界矿柱,"三下"开采保安矿柱,如需回采必须经专题研究,采取足够安全措施后,经由主管部门审批方能进行回采。

保安矿柱圈定步骤如下(以竖井井筒保安矿柱为例,见图 4-2):

(1) 根据表 4-1 确定需要保护的主要建(构)筑物保护等级及安全距离,类比同类型矿山并参考表 4-2 选定矿体及上覆各岩层的上盘、下盘和端部移动角。

(2) 以保护建(构)筑物为中心,自外檐(如竖井井壁一侧起距离 20m,另一侧自提升机房外檐起距离 20m)起,按照安全距离要求画出保护区界线。分别连接后便得保安矿柱在平面图上的边界线。

(3) 在沿井筒中心所作的垂直矿体走向 I—I 剖面上,井筒左侧根据下盘岩石移动角,从保护带的边界线由上向下作移动线;井筒右侧根据上盘岩石移动角从上向下作移动线,分别交矿体顶底板于 A_1、B_1、A_1'、B_1' 4 点,这 4 个点就是井筒保安矿柱沿矿体倾斜方向在此剖面上的边界点。类似这样的剖面作多个,就可得到多个边界点,分别连接后便得保安矿柱在平面图上沿矿体倾斜方向的边界线。由于自地表至矿体中间可能存在不同岩性的岩石,因此,自上而下逐层画出各岩层的移动线,下一岩层的移动线起点为上一岩层移动线的终点。

(4) 同理,在平行走向的 I—I 剖面上按端部移动角作移动线,也可同样得到在矿体走向方向上顶底板的边界点 C、D、C_1'、D_1' 4 点,这 4 个点就是井筒保安矿柱沿矿体走向方向在此剖面上的边界点。类似这样的剖面作多个,就可得到多个边界点,分别连接后便得保安矿柱在平面图上沿矿体走向方向的边界线。

（5）将两个方向作出的平面边界线，分别按顶底板延接，围成的闭合图形即为整个保安矿柱的轮廓界线。

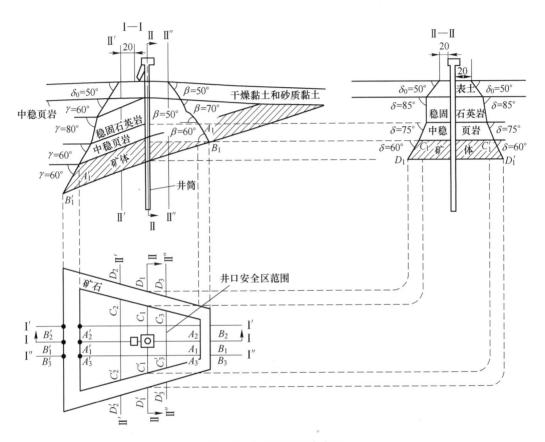

图 4-2 保安矿柱圈定方法

4.2 主井和副井

如前所述，对于采用井筒（竖井、斜井）开拓的矿山，除用于提升矿石的主井作为主要开拓工程外，一般还需配置副井，用于提升人员、材料、设备和废石，并作为进风井和安全出口。在确定开拓方案时，主井、副井等的位置应统一考虑。根据主井、副井的相对位置，有两种布置形式，即主井、副井紧邻的集中布置和主井、副井间距较远的分散布置。

主井、副井集中布置的优点是：

（1）工业场地集中，有利于节约土地，减少工业场地平整工程量。

（2）井底车场布置集中，生产管理方便，井下基建工程量少。

（3）井筒相距较近，开拓工程量少，基建时间短。

（4）井筒集中布置，有利于集中排水。

（5）井筒延伸时施工方便，可利于一条井筒先下掘到设计位置，然后反掘另一条井筒，加快另一条井筒延伸速度。

主井、副井集中布置的主要缺点是：

（1）两井筒相距较近，若一条井筒发生火灾，往往危及另一条井筒的安全。

（2）如井筒穿过岩层稳定性较差，而两井筒距离又过近时，可能存在稳定性隐患。

（3）主井采用箕斗提升时，扬尘可能影响副井进风质量，因此，箕斗主井口应设置收尘设施或主、副井隔离设施。

分散布置优缺点与集中布置恰好相反。因集中布置优点突出，故在地表地形条件和运输条件允许情况下，主井、副井应尽量靠近布置，以节约地表工业场地和井下开拓运输巷道工程。但为保证两井筒安全，两井筒间距离应不小于30m。

根据主井、副井与矿体走向的相互关系，集中布置分为中央集中式和侧翼集中式。前者两井筒布置在矿体中央位置附近，如图4-3（a）所示，后者两井筒布置在矿体端部位置，如图4-3（b）所示。条件允许时，应尽量采用中央集中布置方式。

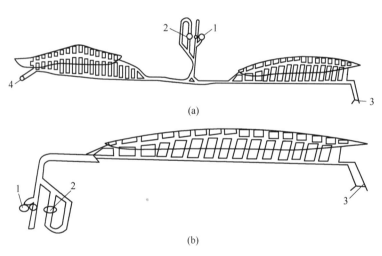

图4-3　主、副井集中布置方式
（a）中央集中布置；（b）侧翼集中布置
1—主井；2—副井；3，4—风井

图4-4所示为某铅锌矿用上盘竖井开拓时主、副井中央集中布置的实例。该主、副井布置在矿体上盘的中央，相距45m，主井净直径4m，用3.1m³的双箕斗提升矿石；副井净直径5.5m，供提升人员、设备、材料及废石，副井与东西两侧的回风井构成完整的通风系统，由副井入风，东西两回风井回风，形成中央对角式通风系统。

一般大中型矿山，矿石运输量和辅助提升工作量均较大，只要地表地形条件和运输条件许可，以取集中布置更为有利。

井筒开拓时，副井的深度一般要超前主井一个阶段。而平硐开拓，副井的高度一般要满足最上面一个阶段的提升要求。

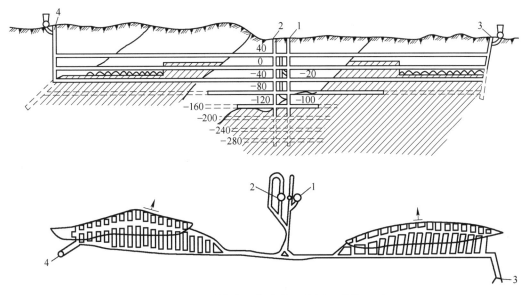

图 4-4 主、副井中央集中布置实例（单位：m）
1—主井；2—副井；3，4—风井

4.3 风 井

4.3.1 概述

专门用来进风或出风的巷道，分别称为进风井或回风井。对于中小型矿山，副井一般兼做进风井，不另设单独进风井；对于部分大型矿山，为满足风量和风速要求（提升人员和物料的井筒，中段主要进、回风道，修理中的井筒，主要斜坡道风速不超过 8m/s），除副井、斜坡道兼做进风井外，还需设置专用进风井（特殊情况下，进风井内可布设提升系统，兼做辅助人员提升通道）。箕斗井不应兼作进风井。混合井作进风井时，应采取有效的净化措施，以保证风源质量。进入矿井的空气，不应受到有害物质的污染。放射性矿山出风井与入风井的间距，应大于 300m。

矿山一般均需设置专用回风井。从矿井排出的污风，不应对矿区环境造成危害。

按进风井和出风井的位置关系，风井布置有中央并列式、中央对角式和侧翼对角式三种，如图 4-5～图 4-7 所示。

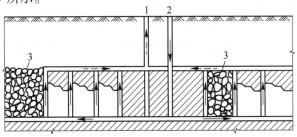

图 4-5 中央并列式布置
1—回风井；2—进风井；3—已采完矿块

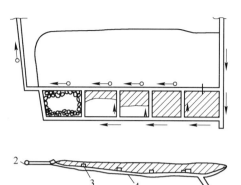

图 4-6　副井进风中央对角式布置平面图　　　　　　图 4-7　侧翼对角式布置
1—主井；2—进风副井；3—回风井　　　　　　1—进风井；2—回风井；3—风门；4—沿脉平巷

4.3.2　通风方式

4.3.2.1　中央并列式

进风井与出风井位于井田中央的通风方式称为中央并列式（图 4-5）。主井为箕斗井、副井为罐笼井时，副井为进风井，主井为回风井；主井为混合井，且布置罐笼提升矿石、人员、废石、材料时，可作为进风井，另一个井可作为回风井。两井之间的距离不小于 30m。

该种通风方式的优点是：

（1）进风井、回风井贯通快，有利于缩短基建时间。

（2）当井筒必须布置在岩石移动带内时，可减少保安矿柱量。

该种通风方式的缺点是：

（1）通风路线长、风流短、漏风严重。

（2）安全出口过于集中。

（3）风流贯通快，风源质量差。

由于该通风方式缺点突出，因此，仅在矿体走向短，两侧翼不宜设置井筒时才可考虑采用。

4.3.2.2　中央对角式

进风井和回风井分别位于井田中央和侧翼的通风方式称为中央对角式（图 4-6）。按主井提升容器类型不同，分为以下两种情况：

（1）当主井为箕斗井时，需在主井附近另行布置一条罐笼副井作为进风井，在矿体一翼或两翼布置回风井。

（2）主井是混合井，且布置罐笼提升矿石、人员、废石、材料时，可作为进风井，在矿体一翼或两翼布置回风井。

该种通风方式虽然初始贯通困难，工程量大，但其通风路线适中，风源佳，安全出口条件好，因此，在大中型矿山得到广泛应用，尤其是中央进风，两翼回风的三井中央对角式。

4.3.2.3 侧翼对角式

进风井和回风井分别位于井田两翼的通风方式称为侧翼对角式（图4-7）。对于中小型矿山，如果矿体走向长度不大，可以考虑采用此种布置方式。

4.4 阶段运输巷道

阶段运输巷道的布置或称阶段平面开拓设计，不仅是矿床开拓设计的一项重要内容，而且与采矿方法、采准工程布置密切相关。

4.4.1 阶段运输水平

矿山运输包括分散运输及集中运输两种方式。

4.4.1.1 分散运输

地下矿山每个阶段（中段）均直通井筒或平硐，各中段采出的矿石直接通过本阶段运输巷道运出地表。

分散运输多用于罐笼提升或多阶段平硐开拓的中小型矿山。阶段矿石储量较大，阶段回采时间较长的大型矿山也可采用此种运输方式。

分散运输的优点是不需掘进转运溜井，井筒初期工程量小，基建时间短。缺点是每个中段均需布置井底车场，采用双罐笼提升或多阶段生产时，提升效率低，而采用箕斗提升时，每个阶段均需掘进装卸硐室，工程量大。

4.4.1.2 集中运输

对于箕斗提升、混合井提升及胶带输送机斜井运输的大中型矿山，或采用主平硐开拓（上部平硐受地形条件所限无法布置工业场地）的矿山，一般设置集中运输水平。上部各阶段一般不与主井相通，矿石通过主溜井溜放至与主井相通的主运输水平，由主井或主平硐运出地表。

集中运输的优点是：

（1）运输水平集中，井底车场、破碎与装卸载硐室工程量小。

（2）生产管理组织简单。

（3）可提高机械化、自动化程度，降低成本。

集中运输主要缺点是：

（1）需设置井下溜破系统，增加矿石溜放至集矿水平的附加费用。

（2）矿石溜放到集矿水平后再向上提升，存在反向提升，增加提升费用。

（3）初期主提升井基建工程量大，基建时间长。

4.4.2 阶段运输巷道布置的基本原则及一般要求

阶段运输巷道布置的基本原则及一般要求如下：

（1）阶段运输巷道应与采矿方法、采场结构、采准工程、采场生产能力等相适应。

（2）巷道断面应根据通行设备、线路布置方式（单轨、双轨）、通过能力、通风要求等确定。

（3）尽量避开不利岩层部位（如稳固性差、涌水量大等）或破碎带、接触带。

（4）尽量不压矿或留保安矿柱。

（5）矿体沿走向厚度变化较大时，阶段运输巷道尽量取直布置，以利于车辆通行。

（6）对勘探程度不高，或矿体形态变化较大的矿床，阶段运输巷道布置尽量满足探采结合要求。

（7）运输线路纵坡一般按 3‰~5‰ 重车下坡设计，涌水量大的矿山还应结合水沟的排水能力考虑坡度。

（8）穿脉装车时，靠阶段平巷最近的一个溜井穿脉内直线段离阶段平巷的距离 L 应大于一列车的长度，以避免影响阶段巷道内其他车辆的通行；离阶段平巷最远一个溜井距穿脉端部的距离 L 也应大于一列车的长度，以方便装车（图4-8）。

（9）阶段运输巷道弯道半径应大于通行设备轴距的 7~10 倍，并应考虑曲线段加宽及外轨增高。

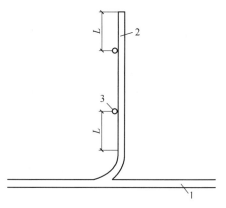

图 4-8　溜井与巷道间的关系
1—阶段运输巷道；2—穿脉；3—溜井

4.4.3　阶段运输巷道的布置形式

阶段运输巷道有多种布置形式，应根据矿体形态、矿山生产能力、选用的采矿方法以及回采工艺等条件灵活确定。

4.4.3.1　单一沿脉布置

这种布置可分为脉内布置和脉外布置。按线路布置形式又可分为单轨会让式和双轨渡线式。

单轨会让式，如图4-9（a）所示。除会让站外运输巷道皆为单轨，重车通过，空车待避或相反。因此，通过能力小，多用于薄或中厚矿体中。

当阶段生产能力增大时，采用单轨会让式难以完成生产任务。在这种情况下采用双轨渡线式布置，如图4-9（b）所示。即在运输巷道中设双轨线路，在适当位置用渡线连接起来。

这种布置形式可用于年产量 20 万~60 万吨的矿山。

在矿体中掘进巷道的优点是能起探矿作用和装矿方便，并能顺便采出矿石，减少掘进费用。但矿体沿走向变化较大时，巷道弯曲多，对运输不利。因此，脉内布置适用于规则的中厚矿体，产量不大，矿床勘探不足和品位低不需回收矿柱的条件。

当矿石稳固性差，品位高，围岩稳固时，采用脉外布置，有利于巷道维护，并能减少矿柱的损失。对于极薄矿脉，应使矿脉位于巷道断面中央，以利于掘进时适应矿脉的变化。如果矿脉形态稳定主要考虑巷道维护时，应将巷道布置围岩稳固的一侧。

4.4.3.2　下盘双巷加联络道布置

下盘沿脉双巷加联络道布置，如图4-10所示，分为下盘环形式和折返式。

下盘沿走向布置两条平巷，一条为装车巷道，一条为行车巷道，每隔一定距离用联络

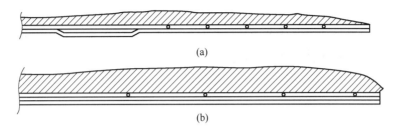

(a)

(b)

图 4-9 单一沿脉平巷布置

（a）单轨会让式；（b）双轨渡线式

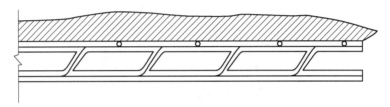

图 4-10 下盘沿脉双巷加联络道布置

道连接起来，采用环形连接或折返式连接。这种布置是从双轨渡线式演变来的。其优点是行车巷道平直有利于行车，装车巷道掘在矿体中或矿体下盘围岩中，巷道方向随矿体走向而变化，有利于装车和探矿。装车线和行车线分别布置在两条巷道中，生产安全、方便，巷道断面小有利于维护。缺点是掘进量大。

这种布置多用于中厚和厚矿体中。

4.4.3.3 沿脉平巷加穿脉布置

沿脉平巷加穿脉布置，如图 4-11 所示，一般多采用下盘脉外平巷和若干穿脉配合。从线路布置上讲，采用双线交叉式，即在沿脉巷道中铺双轨，穿脉巷道中铺单轨。沿脉巷道中双轨用渡线道岔连接，沿脉和穿脉用单开道岔连接。

这种布置的优点是阶段运输能力大，穿脉装矿生产安全、方便、可靠，还可起探矿作用。缺点是掘进工程量大，但比环形布置工程量小。

这种布置多用于厚矿体，阶段生产能力在 60 万~150 万吨/年。

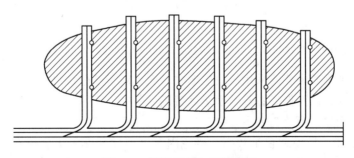

图 4-11 沿脉平巷加穿脉布置

4.4.3.4　上下盘沿脉巷道加穿脉布置（即环形运输布置）

环形运输布置，如图 4-12 所示，从线路布置上设有重车线、空车线和环形线，环形线既是装车线，又是空、重车线的连接线。从卸车站驶出的空车，经空车线到达装矿点装车后，由重车线驶回卸车站。环形运输的最大优点是生产能力大。此外，穿脉装车生产安全方便，也可起探矿作用。缺点是掘进工程量大。这种布置通过能力可达 150 万~300 万吨/年。

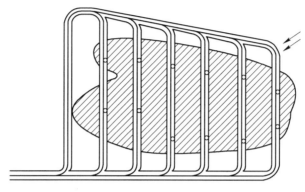

图 4-12　环形运输布置

这种布置多用于规模大的厚和极厚矿体中，也可用于几组互相平行的矿体中。当开采规模很大时，也可采用双线的环形布置。

4.4.3.5　无轨巷道布置方式

对于采用无轨设备的矿山，一般采用出矿巷道+出矿进路的布置方式，如图 4-13 所示。铲运机在出矿进路内铲装矿石，经过出矿巷道卸入溜矿井。出矿进路与出矿巷道之间的夹角一般为 45°，出矿进路长度不小于铲运机长度，出矿进路之间的距离综合考虑平巷出矿进路稳定性和采场内矿石损失量加以确定。

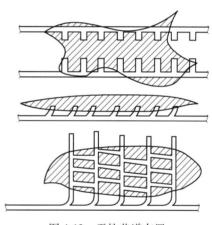

图 4-13　无轨巷道布置

4.5　溜　　井

4.5.1　溜井的应用

溜井不仅是地下矿山普遍采用的放矿形式，而且对于部分山坡露天矿山，也采用溜井加平硐的运输方式，以降低矿石经地面运输费用。

根据溜井的用途，可分为如下几种。

（1）采场溜井。为提高装车效率，避免因车（有轨矿车、无轨汽车，以及胶带输送机）等矿造成窝工，采场崩落矿石可借助于重力作用，通过溜井下放到本中段运输水平集中装车。

（2）主溜井。为实现集中运输，大部分矿山上部各中段采场崩落矿石通过矿山主溜井下放到主运输水平，实现集中运输。平硐开拓的矿山，如果上部高水平平硐不具备布置硐口工业场地的条件时，一般采用主平硐运输，即上部各中段采下矿石，通过主溜井下放至主平硐水平，装车外运。

（3）溜破系统溜井。箕斗提升的矿井，为提高箕斗装满率，一般需设立井下溜破系统。井下采场运出的矿石，卸入溜破系统溜井储存，经破碎后装入箕斗提升至地表。

（4）其他辅助溜井。矿山根据需要，布置各种专用溜井，实现物料的重力运输。如部分喷浆量大的矿山，为减轻副井压力，可布置下料溜井，将喷浆物料，如砂石等通过溜井下放井下。

4.5.2　溜井形式及其使用条件

根据溜井直立程度，以及溜井与各中段之间的连接方式，溜井分为垂直溜井、分段控制溜井、阶梯式溜井和倾斜溜井四种形式。

4.5.2.1　垂直溜井

各阶段溜井井身呈一条直线，中间阶段矿石由分支斜道放入溜井，如图 4-14（a）、图 4-14（b）所示。该种溜井结构简单，不易堵塞，使用方便，开掘容易，是应用最广的溜井形式。但垂直溜井储矿阶段高度受限制，放矿冲击力大，矿石易粉碎，井壁冲击磨损大，尤其是溜井深度大时维护困难。对于分支溜井，上下中段同时生产时，卸矿作业受到影响。

4.5.2.2　分段控制溜井

当矿山多中段生产、溜井通过岩层稳定性差、溜井施工困难时，为降低溜井施工难度，降低矿石在溜井内的落差，减轻矿石粉碎及对井壁的磨损，可将溜井按阶段分设控制闸门及转运硐室（图 4-14（c））。

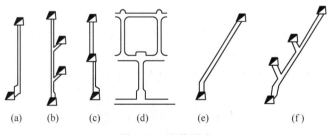

图 4-14　溜井形式

（a）单段垂直溜井；（b）分支垂直溜井；（c）分段控制溜井；
（d）阶梯垂直溜井；（e）单段倾斜溜井；（f）分支倾斜溜井

4.5.2.3　阶梯式溜井

将溜井分成若干段，各段之间采用巷道连接（图 4-14（d））。由于各中段之间需要转运设备，不仅投资大，而且管理复杂，运行成本高，效率低，除非矿石黏性大、易结块，高溜井放矿困难，一般不宜采用。

4.5.2.4　倾斜溜井

倾斜溜井形式是沿矿体倾斜方向将溜井布置在局部稳固岩层内。为实现顺利放矿，同时便于施工，溜井倾角一般应大于 60°。由于倾斜溜井长度大，施工困难，溜井容易磨损。当矿石细粒含量多或湿度大时，容易造成溜井底板矿石残留。因此，一般不建议采用此种形式（图 4-14（e）、图 4-14（f））。

4.5.3　溜井形状、规格与数量

溜井有圆形、方形和矩形三种形状。矿山主溜井（包括溜破系统溜矿井）一般采用圆形，采场溜井也大多采用圆形。但对顺路溜井，如充填法采场内顺路架设的溜矿井，为施工方便，也可采用木板或预制件构筑成方形或矩形。

溜井规格主要取决于溜井通过能力、矿岩块度、矿岩性质（湿度、粉碎性、黏结性、稳固性等）。矿山主溜井直径一般为 3~4m，采场内顺路溜井一般为 2~3m。采场溜井直径应不小于最大矿岩块度的 3 倍；主溜井（包括溜破系统溜矿井）溜放段一般不小于最大块度的 4~5 倍，而储矿段一般不小于最大块度的 5~6 倍。溜井数量除取决于矿山生产能力、溜井通过能力、矿岩性质外，还应考虑矿石分采情况、围岩产出情况，以及运输设备的最优运输距离等。矿山生产能力在 500 万吨/年以上时，应至少设置 3 个矿石溜井；如果矿山有两种以上原矿种类，且需要分采、分运时，应分别设置溜矿井；废石量较大时，可以考虑设置单独废石溜井。

4.5.4　溜井位置选择

溜井位置主要取决于矿山开拓系统布置、矿岩工程地质和水文地质条件。应根据矿体埋藏条件、运输巷道布置，以开拓工程量小、运距短、安全可靠、服务年限长、经济效益好等为目的合理确定：

（1）溜井应尽量布置在矿量集中，运输条件好，运输功小的地段。

（2）溜井应布置在岩层坚硬、稳固地段，尽量避开破碎带、断层、溶洞及涌水量大的地段。

（3）溜井装卸口位置，应避免直接位于石门、运输巷道上方，以保证巷道行人、行车安全，减少对运输线路的干扰，防止矿尘污染运输巷道。

（4）溜井位置应充分考虑列车长度，避免在弯道等车、装车。

4.6　井底车场

井底车场是井下生产水平连接井筒与运输大巷间的一组近似平面的开拓巷道，如图 4-15 所示。它担负着井下矿石、废石、设备、材料及人员的转运任务，是井下运输的枢纽。各种车辆的卸车、调车、编组均在这里进行；因此，要在井筒附近设置储车线、调车线和绕道等。同时又是阶段通风、排水、供电及服务等的中继站。这里设有调度室、候罐室、翻车机操纵室、水泵房、水仓及变电整流站等各种生产服务设施。

井底车场根据开拓方法的不同分为竖井井底车场和斜井井底车场。根据对应井筒的作用分为主井井底车场和副井井底车场，根据井筒类型分为竖井井底车场和斜井井底车场，

根据井筒提升设备分为罐笼井井底车场和箕斗井井底车场及混合井井底车场，根据井底车场的形式分为尽头式井底车场、折返式井底车场及环形井底车场。

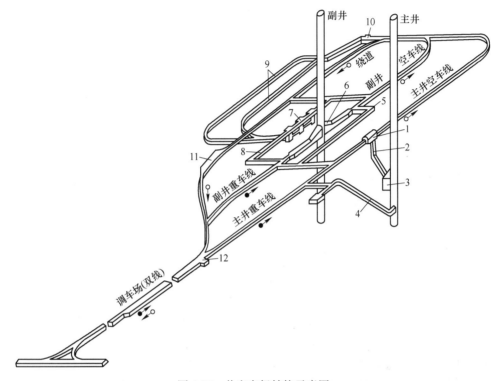

图 4-15　井底车场结构示意图

1—翻车机硐室；2—矿石溜井；3—箕斗装载硐室；4—回收粉矿小斜井；5—候罐室；6—马头门；
7—水泵房；8—变电所；9—水仓；10—清淤绞车硐室；11—机车修理硐室；12—调度室

4.6.1 竖井井底车场

4.6.1.1 车场形式

竖井井底车场按使用的提升设备分为罐笼井底车场、箕斗井底车场、罐笼-箕斗混合井井底车场和以输送机运输为主的井底车场，按服务的井筒数目分为单一井筒的井底车场和多井筒（如主井、副井）的井底车场，按矿车运行系统分为尽头式井底车场、折返式井底车场和环形井底车场，如图 4-16 所示。

尽头式井底车场如图 4-16（a）所示，用于罐笼提升。其特点是井筒单侧进、出车，空、重车的储车线和调车场均设在井筒一侧，从罐笼拉出来空车后，再推进重车。这种车场的通过能力小，主要用于小型矿井或副井。

折返式井底车场如图 4-16（b）所示。其特点是井筒或卸车设备（如翻车机）的两侧均铺设线路。一侧进重车，另一侧出空车。空车经过另外铺设的平行线路或从原线路变头（改变矿车首尾方向）返回。折返式井底车场的优点主要是：提高了井底车场的生产能力；由于折返式线路比环形线路短且弯道少，因此车辆在井底车场逗留时间显著减少，加快了

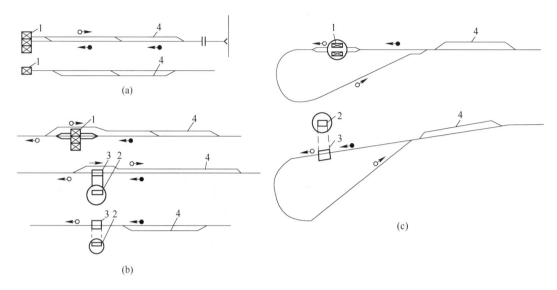

图 4-16　井底车场形式示意图

(a) 尽头式；(b) 折返式；(c) 环形

1—罐笼；2—箕斗；3—翻车机；4—调车线路

车辆周转；开拓工程量小。由于运输巷道多数与矿井运输平巷或主要石门合一，弯道和交叉点大大减少，简化了线路结构；运输方便、可靠，操作人员减少，有利于实现运输自动化。列车主要在直线段运行，不仅运行速度高，而且运行安全。

环形井底车场如图 4-16 (c) 所示。它与折返式相同，也是一侧进重车，另一侧出空车，但其特点是由井筒或卸载设备出来的空车经由储车线和绕道不变头（矿车首尾方向不变）返回。

图 4-17 (a) 所示为混合井井底车场的线路布置，箕斗线路为环形车场，罐笼线路为折返式车场，通过能力比图 4-16 (c) 所示的车场形式大。

图 4-17 (b) 所示为双井筒的井底车场，主井为箕斗井，副井为罐笼井。主、副井的运行线路均为环形，构成双环形的井底车场。

为了减少井筒工程量及简化管理，在生产能力允许的条件下，也有用混合井代替双井筒，即用箕斗提升矿石，用罐笼提升废石并运送人员和材料、设备的。此时线路布置与采用双井筒时的要求相同。

图 4-17 (c) 所示为双箕斗单罐笼的混合井井底车场线路布置。箕斗提升采用折返式车场，罐笼提升采用尽头式车场。

4.6.1.2　竖井井底车场的选择

选择合理的井底车场形式和线路结构，是井底车场设计中的首要问题。影响井底车场选择的因素很多，如生产能力、提升容器类型、运输设备和调车方式、井筒数量、各种主要硐室及其布置要求、地面生产系统要求、岩石稳定性以及井筒与运输巷道的相对位置等。因此，必须予以全面考虑。但在金属矿山，一般情况下主要考虑前面四项。

生产能力大的选择通过能力大的形式。年产量在 30 万吨以上的可采用环形或折返式

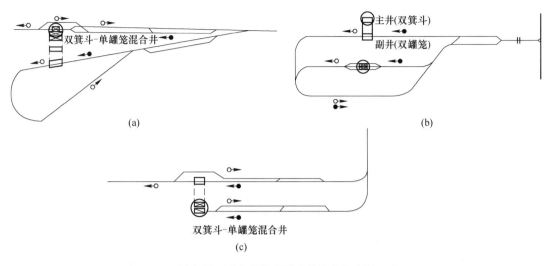

图 4-17 两个井筒或混合井的井底车场
（a）双箕斗单罐笼混合井；（b）主井双箕斗，副井双罐笼，双环形井底车场；
（c）双箕斗单罐笼混合井，折返-尽头式井底车场

车场，10 万 ~30 万吨的可采用折返式车场，10 万吨以下可采用尽头式车场。

当采用箕斗提升时，固定式矿车用翻车机卸载。产量较小时，可用电机车推顶矿石列车进翻车机卸载，卸载后立即拉走，亦即又采用经原进车线返回的折返式车场。在阶段产量较大并用多台电机车运输时，翻车机前可设置推车机或采用自溜坡。此时可采用另设返回线的折返式车场。

当采用罐笼井并兼作主、副提升时，一般可用环形车场。当产量小时，也可用折返式车场。副井采用罐笼提升时，根据罐笼的数量和提升量大小确定车场形式。如系单罐笼且提升量不大时，可采用尽头式井底车场。

当采用箕斗-罐笼混合井或者两个井筒（一主一副）时，采用双井筒的井底车场。在线路布置上须使主、副提升的两组线路相互结合，在调车线路的布置上应考虑线路共用问题。又如当主提升箕斗井车场为环形时，副提升罐笼井车场在工程量增加不大的条件下，可使罐笼井空车线路与主井线路连接，构成双环形的井底车场。

总之，选择井底车场形式时，在满足生产能力要求的条件下，尽量使结构简单，节省工程量，管理方便，生产操作安全可靠，并且易于施工与维护。车场通过能力要大于设计生产能力的 30% ~50%。

井底车场的布置是否合理，关系到阶段的开拓工程量、开拓费用及开拓时间，并影响以后生产中的阶段运输能力和井筒提升能力。

4.6.2 斜井井底车场

斜井井底车场有折返式和环形两种。对于使用串车提升的斜井多用折返式井底车场，环形井底车场用于箕斗井提升或胶带提升。

串车提升时斜井与井底车场的连接方式有三种：甩车道、平场式、吊桥式。

4.6.2.1 甩车道连接

甩车道（图4-18（a））是一种既改变方向又改变坡度的过渡车道，用在斜井内可从井壁的一侧（或两侧）开掘。当串车下行时，串车经甩车道由斜变平进入车场；在车场内（图4-19（a））如果从左翼来车，经调车场线路1调转车头，将重车推进主井重车线2，再回头去主井空车线3拉走空车；空车拉至调车场线路4，又调转车头将空车拉向左翼巷道。右翼来车，电机车也要在调车场调车头，而空车则直接拉走。主副井的调车方法是相同的。

4.6.2.2 平车场连接

平车场（图4-18（c））只适用于斜井同最下一个阶段的车场连接。车场连接段重车线与空车线坡度方向是相反的，以利于空车放坡，重车在斜井接口提升。车场内运行线路（图4-19（b）），斜井为双钩提升。从左翼来车，在左翼重车调车场支线1调车后，推进重车线2，电机车经绕道5进入空车线3，将空车拉到右翼空车调车场4，在空车线6进行调头后，经空车线6将空车拉回左翼巷道。

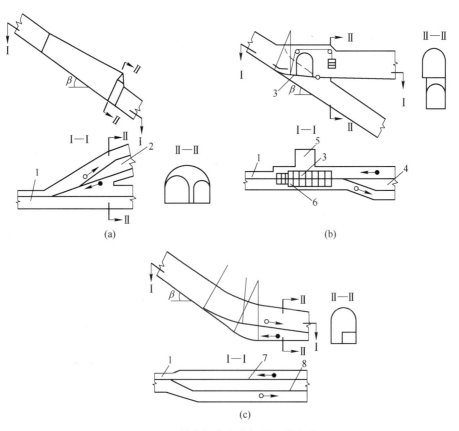

图4-18 斜井与井底车场的连接方式

（a）甩车道；（b）吊桥；（c）平车场

1—斜井；2—甩车道；3—吊桥；4—吊桥场；5—信号硐室；6—行人；7—重车道；8—空车道

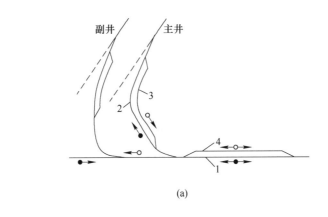

(a)

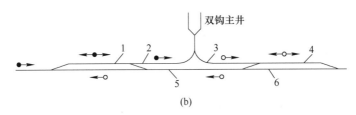

(b)

图 4-19 串车斜井折返式车场线路

（a）甩车道；（b）平车场

1—重车调车场支线；2—重车线；3，6—空车线；4—空车调车场支线；5—绕道

4.6.2.3 吊桥连接

吊桥连接（图 4-18（b））是指从斜井顶板出车的平车场。它有平车场的特点，但它不是同最下一个阶段连接，而是通过能够起落的吊桥，连通斜井与各个阶段之间的运行。吊桥放落时，斜井下来的串车可以直接进入阶段车场，这时下部阶段提升暂时停止；当吊桥升起时，吊桥所在阶段的运行停止，斜井下部阶段的提升可以继续。

吊桥连接是斜井串车提升的最好方式。它具有工程量最少、结构简单、提升效率高等优点；但也存在着在同一条线路上摘挂空、重车，增加了推车距离和提升休止时间等缺点。使用吊桥时，斜井倾角不能太小，否则，吊桥尺寸过长，重量太大，对安装和使用均不方便，而且井筒与车场之间的岩柱也很难维护；倾角过大，对下放长材料很不方便，而且在转道时容易掉道。根据实践经验，斜井倾角以大于 20°时，使用吊桥效果较好。吊桥上要过往行人，吊桥密闭后又会影响上下阶段通风，故只宜铺设稀疏木板，以保证正常工作。

吊桥与甩车道比，钢丝绳磨损较小，矿车也不易掉道，提升效率高，巷道工程量少，交岔处巷道窄，易于维护；但下放长材料不及甩车道方便。

图 4-20 所示为箕斗和串车提升主、副斜井的折返式和环形运行线路。该车场主井线路采用折返式或环形运行，副井串车线路采用尽头式运行。

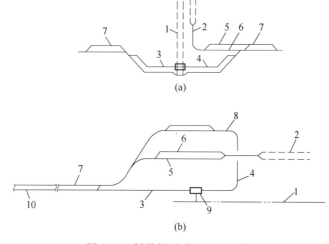

图 4-20   斜井折返式和环形车场

（a）箕斗斜井折返式车场；（b）箕斗斜井环形车场

1—主井（箕斗井）；2—副井（串车井）；3—主井重车线；4—主井空车线；

5—副井重车线；6—副井空车线；7—调车支线；8—回车线；9—翻车机；10—石门

4.7   充填天井与充填钻孔

采用充填法的矿山，一般需在矿体内部布置充填天井，以便充填料浆（或充填废石）通过充填天井，进入待充采场，此种充填天井属于采场采准工程。采场充填天井一般布置在矿体内靠近上盘位置（上向水平分层充填法，见图 4-21）或矿体中间部位（嗣后充填）。充填天井一般兼做通风天井，对于分段（或阶段）空场嗣后充填采矿法，充填天井也可兼做切割天井。

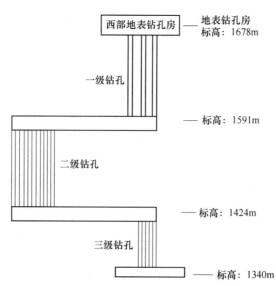

图 4-21   金川有色金属集团公司西部充填钻孔分级示意图

对于空场法矿山，如需采用充填方式处理空区，则一般在地表施工充填钻孔打通采空区，灌入充填料浆或物料。

充填法矿山，地面制备系统制备的充填料浆也一般通过充填钻孔输送到井下。充填钻孔位置应综合考虑充填倍线、充填区域分布、拟穿过岩层工程地质与水文地质条件，结合充填制备站站址选择合理确定。充填钻孔荒孔直径一般为 200~300mm，内设套管。如果充填钻孔深度不大，如在 200m 以内，可以在套管内另行布置一条充填管道，如果充填管道磨损后可及时更换，以实现充填钻孔的长期使用。充填钻孔一般施工到主充填水平，接入水平充填管道。随着充填水平逐步下降，则通过二级、三级，甚至四级钻孔，实现下部中段的充填作业。

4.8 地下硐室工程

矿山井下布置有各种各样的硐室，承担不同的井下作业功能。地下主要硐室一般多布置于井底车场附近，具体位置随井底车场形式的不同而变化。由于地下硐室断面较大，为减少支护工程量，要求在满足工艺要求条件下，尽量布置在稳固的岩层中。

地下硐室按其用途不同，分为地下破碎硐室、水仓与水泵房、地下爆破器材库、地下变电所、电机车修理硐室、避灾硐室及其他服务性硐室，如值班室、候罐室、无轨设备修理硐室等。

4.8.1 破碎硐室

采用箕斗提升或胶带斜井运输的矿山，一般需在地下设立集中破碎系统，将采场崩落大块破碎至合格块度后，由箕斗或胶带输送机提升至地表，进入选矿流程。破碎后合格块度要求，各矿山根据采用的箕斗或胶带输送机型号确定，一般为 100~300mm。

破碎系统包括破碎硐室、主溜井、上部矿仓、下部矿仓、变电硐室、操作硐室、卸矿硐室、分支斜溜道、大件道、皮带道以及联络道等。由于主溜井是破碎系统的重要组成部分，因此，也称为溜破系统。

图 4-22 所示为某矿山溜破系统配置工艺图。

溜破系统采用中央竖井单机双侧布置方式。破碎硐室设置在 -430m 水平，内设 PEF900mm×1200mm 型颚式破碎机，负责 -230m、-270m、-330m 和 380m 4 个中段矿石的破碎。主溜井采用直溜井，井筒净直径 3.5m，共设 2 条，其中 1 条备用。-230m 中段采用中心卸矿方式，-270m 中段、-330m 中段和 380m 中段采用分支斜溜道与主溜井连通。主溜井下口至破碎系统设上部矿仓（净直径 4m），破碎硐室下部设下部矿仓（净直径 4m）。破碎硐室通过大件道与箕斗主井相连，通过破碎硐室联络道与粉矿回收井相连；下部矿仓设皮带道与箕斗主井相连，并通过皮带道联络道与粉矿回收井相连。

粉矿回收系统设在 -380m 水平，包括卷扬机硐室、水泵硐室、沉淀道、沉淀池、吸水井、粉矿回收道等。在主井附近从 -380m 中段向下掘进一盲竖井（粉矿回收井）至 -509m 水平，井筒净直径 3.5m，分别在 -430m 与 -459m 水平设置破碎硐室联络道与皮带道联络道，在 -509m 水平通过粉矿回收道与主井贯通。主井井底粉矿采用装岩机装入 0.7m 矿车，人工推至粉矿井内罐笼，通过罐笼将粉矿提至 -380m 中段，卸入溜破系统。

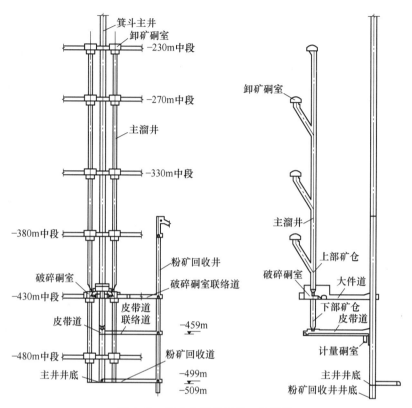

图 4-22 某矿山溜破系统工艺配置

4.8.2 水仓与水泵房

用竖井、斜井或斜坡道开拓地平面以下的矿床，均需在地下设置水泵房及水仓；使矿坑水能从井底车场汇流至水仓，澄清后由水泵房的水泵排出至地表。

水泵房及水仓的设置由矿井总的排水系统来决定，并与矿井的开拓系统有着密切的关系。一般矿井的排水系统分直接式、分段式及主水泵站式。

直接式是指各个阶段单独排水，此时需要在每个阶段开掘水泵房及水仓，其排水设备分散，排水管道复杂，从技术和经济上是不合理的，应用也较少。

分段式是指串接排水，各个阶段也都设置水泵房，由下一阶段排至上一阶段，再由上一阶段连同本阶段的矿坑水，排至更上一阶段，最后集中排出地表。这种方式的水头是没有损失，但管理非常复杂。

多阶段开拓的矿山，普遍采用主水泵站式，即选择涌水量较大的阶段作为主排水阶段，设置主水泵房及水仓，让上部未设水泵房阶段的水下放至主排水阶段，并由此汇总后一齐排出地表，这种方式虽然损失一部分水头能量，但可简化排水设施，且便于集中管理。

图 4-23 所示为主排水阶段水泵房及水仓的布置形式，一般设在井底车场内副井的一侧，以其水沟坡度最低处将涌水汇流至内、外水仓。内、外水仓作用相同，供轮流清泥使用。水仓的容积应按不小于 8h 正常涌水量计算。水仓断面积需根据围岩的稳固程度、矿

井水量大小、水仓的布置情况和清理设备的外形尺寸等作综合考虑确定，一般为5~10m²，断面高度不大于2m。水仓入口处应设置水箅子。但采用水砂充填采矿法或矿岩含泥量大的崩落法矿山，水仓入口通道内应设立沉淀池。沉淀池的规格一般为长3m、宽3m、深1m。水仓顶板的标高应比水泵硐室地坪标高低1~2m。经水仓澄清的净水，导流至吸水井供水泵排送至上一主水泵站或地表。水泵房内必须设置两套排水管道，由管子道、井管子间接出地面。

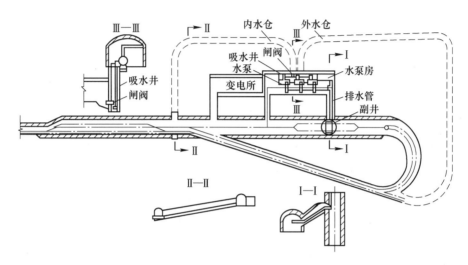

图4-23 主排水站阶段排水系统

4.8.3 井下爆破器材库

地下矿山爆破量大时，可以设立炸药分库（图4-24）。库容量不应超过三昼夜生产的炸药用量；十昼夜生产的起爆器材用量。

井下爆破器材库有硐室式和壁槽式两种，其布置应遵守下列规定：

（1）井下爆破器材库不应设在含水层或岩体破碎带内。

（2）炸药库距井筒、井底车场和主要巷道的距离：硐室式库不小于100m，壁槽式库不小于60m。

（3）炸药库距行人巷道的距离：硐室式库不小于25m，壁槽式库不小于20m。

（4）炸药库距地面或上下巷道的距离：硐室式库不小于30m，壁槽式库不小于15m。

（5）井下炸药库应设防爆门，防爆门在发生意外爆炸事故时应可自动关闭，且能限制大量爆炸气体外溢。

（6）井下爆破器材库除设专门储存爆破器材的硐室和壁槽外，还应设联通硐室或壁槽的巷道和若干辅助硐室。

（7）储存雷管和硝化甘油类炸药的硐室或壁槽，应设金属丝网门。

（8）储存爆破器材的各硐室、壁槽的间距应大于殉爆安全距离。

（9）井下爆破器材库单个硐室储存的炸药，不应超过2t，单个壁槽不应超过0.4t。

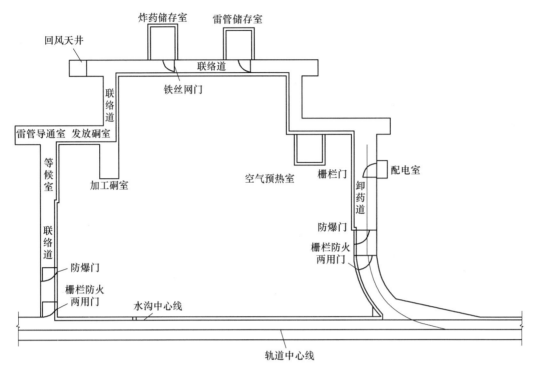

图 4-24 井下爆破器材库

4.8.4 地下变电所

地下变电所一般与水泵房相邻，或布置在井筒附近，以满足变电所尽量靠近负荷中心布置的节能原则要求。

井下永久性中央变（配）电所硐室应砌碹。采区变电所硐室，应用非可燃性材料支护。硐室的顶板和墙壁应无渗水，电缆沟应无积水。

中央变（配）电所的地面标高，应比其入口处巷道底板标高高出 0.5m；与水泵房毗邻时，应高于水泵房地面 0.3m。采区变电所应比其入口处的巷道底板标高高出 0.5m。其他机电硐室的地面标高应高出其入口处的巷道底板标高 0.2m 以上。

硐室的地平面应向巷道等标高较低的方向倾斜。长度超过 6m 的变（配）电硐室，应在两端各设一个出口；当硐室长度大于 30m 时，应在中间增设一个出口；各出口均应装有向外开的铁栅栏门。有淹没、火灾、爆炸危险的矿井，机电硐室都应设置防火门或防水门。

硐室内各电气设备之间应留有宽度不小于 0.8m 的通道，设备与墙壁之间的距离应不小于 0.5m。

4.8.5 设备维修硐室

矿山机修硐室的主要任务是承担机械设备的维护检修工作。大量采用无轨设备的矿山应在井下设置修理硐室（图 4-25），负责铲运机等无轨设备的日常维修工作，大、中修及保养工作则由地面维修车间负责。

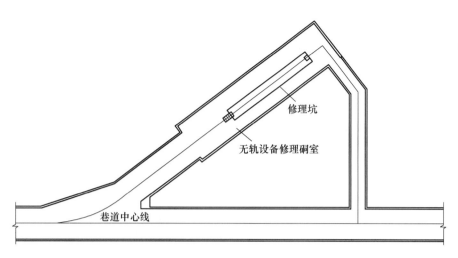

图 4-25 无轨设备修理硐室

在井底车场附近应设置有轨设备修理硐室（图 4-26），负责井下电机车、矿车、装岩机、凿岩机等修理工作。

修理硐室与修理间内应配备必要的修理设施和工具。

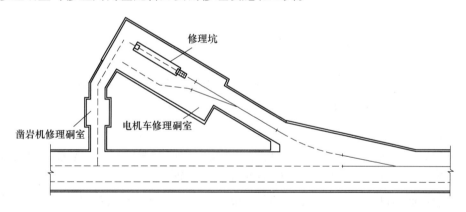

图 4-26 有轨设备修理硐室

4.8.6 地下避灾硐室

按照《国务院关于进一步加强企业安全生产工作的通知》（国发〔2010〕23 号）精神以及国家安全监管总局《关于切实加强金属非金属地下矿山安全避险"六大系统"建设的通知》（安检总局〔2011〕108 号）的要求，地下矿山必须建立"六大安全系统"，即监测监控系统、井下人员定位系统、通信联络系统、压风自救系统、供水施救系统和紧急避险系统。紧急避险系统是其中核心系统。紧急避险系统是用于在矿山井下发生灾变时，为避灾人员安全避险提供生命保障的系统，系统建设主要内容包括：为入井人员提供自救器、建设紧急避险设施、合理设置避灾路线和科学制定应急预案等。紧急避险设施包括移动式救生舱和避灾硐室，条件允许时，应优先采用避灾硐室（图 4-27）。

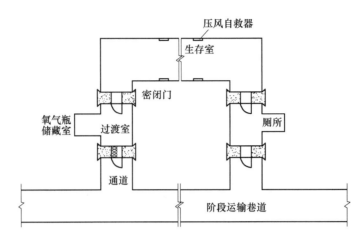

图 4-27　井下避灾硐室

4.8.6.1　设置条件

地下避灾硐室设置条件如下：

（1）水文地质条件中等及复杂或有透水风险的地下矿山，应至少在最低生产中段设置紧急避险设施。

（2）生产中段在地面最低安全出口以下垂直距离超过 300m 的矿山，应在最低生产中段设置紧急避险设施。

（3）距中段安全出口实际距离超过 2000m 的生产中段，应设置紧急避险设施。

4.8.6.2　避灾硐室技术要求

避灾硐室技术要求如下：

（1）避灾硐室净高应不低于 2m，长度、深度根据同时避灾最多人数以及避灾硐室内配置的各种装备来确定，每人应有不低于 10m 的有效使用面积。

（2）避灾硐室进出口应有两道隔离门，隔离门应向外开启；避灾硐室的设防水头高度应在矿山设计中总体考虑。

（3）避灾硐室内应配备有毒有害气体监测报警装置，配备自救器，接入压风自救系统和供水施救系统，并配备必要的生活用品。

复习思考题

4-1　辅助井拓巷道的作用是什么，主要包括哪些巷道？

4-2　主、副井的布置方式有哪几种，各有什么特点？

4-3　主、副井集中布置和分散布置有什么优缺点？

4-4　哪些井可以用作进风井，哪些井可以用作出风井，为什么？

4-5　通风方式有哪几种，各有什么优缺点？

4-6　溜井的形式有哪几种，在什么情况下应用主溜井？

4-7　什么称为井底车场，有什么用途？

4-8　井底车场包括哪些线路，各有什么用途？

4-9　井底车场包括哪些硐室？

4-10　斜井井底车场的斜井与车场有哪几种连接方式？

4-11　为什么设立地下破碎系统？

4-12　阶段运输巷布置的基本要求有哪些？

5 矿山地面总图布置

矿山地面总图布置又称矿山总图布置，是指将矿山地表工业设施、行政管理设施、生活及福利设施等，按照地表地形特点、根据矿区自然地理条件和交通状况以及矿石地面加工和运输要求，合理布置在平面图上，并利用内外部运输线路将其连接在一起，形成一个有机整体的布置过程。

总图布置是矿山企业设计中的一个重要组成部分，不仅影响矿山井上、井下各生产工序之间转运及连接的通畅性，进而影响矿山总体效益，而且对人们工作与生活的舒适度以及矿山企业总体形象美观性也有重要影响。总图布置一旦形成即很难改变，因此，在矿山设计环节，必须高度重视总图布置工作。

5.1 总图布置的一般概念

5.1.1 总图布置的主要内容

总图布置是在矿区总体规划的基础上，合理分区布置地表工业场地、办公与生活场地和内外部运输。

5.1.1.1 地表工业场地

地表工业场地是矿山总图布置的重点内容，包括主井工业场地、副井工业场地、风井工业场地、斜坡道工业场地、废石堆场、污水处理站工业场地、充填站工业场地、选矿工业场地、计量工业场地、油料设施等。

5.1.1.2 办公与生活场地

办公与生活场地是矿山总图布置的另一项重要内容，包括厂前区、矿办公区（包括行政办公区、化验与试验区等）、生活与福利区（包括职工宿舍、运动场、食堂、浴室、招待所、保健室等）、工区办公区等。

5.1.1.3 内外部运输

内外部运输包括年内部运输量（包括运入量、运出量）计算、运输设备选型、运输线路设计、运输道路、厂区绿化等。

5.1.2 总图布置的基本原则

根据矿区地形、地貌、地质、交通气象等自然条件及特点，总体布置需遵循下列原则：

（1）充分利用周围或矿山现有生产、生活等设施，在现有设施的基础上进行整体合理布置。

（2）充分利用地形，采取有效措施对新建工业场地合理布置，采取小集中大分散组团式布置原则，尽量少占地。

（3）在满足生产需要的前提下，利用地形，减少场地平整和填挖方工程量，节约投资。

（4）地表工业场地要统筹井下运输综合确定，避免出现反向运输。

（5）满足各种防护距离要求，从总体布置上为生产创造一个安全卫生的条件。

（6）保护生态环境。

5.2 总图布置应考虑的因素

总图布置应综合考虑多种因素，经多方案比较，合理确定各种工业场地和办公与生活场地的位置、形式和规模。

5.2.1 地表地形条件与气象条件

地表地形条件与气象条件如下：

（1）避开易受滑坡、泥石流等地质灾害影响的地段。

（2）地层稳定，无溶洞等不良地质现象。

（3）对于需要较大平面面积的场地，如副井工业场地、办公与生活场地，应选择开阔地段，且要避免受洪水影响。

（4）对于工序间物料频繁转运的场地，如选矿厂，最好布置在山坡上，借助自然高差实现物料间的重力转运。

（5）办公与生活设施最好布置在南北通透、通风良好、对外交通方便的平整地形上。

5.2.2 矿床赋存条件

矿床赋存条件影响井下开拓工程，如主副井、风井、斜坡道、充填钻孔等的布置方式，进而影响相应井筒、斜坡道口或充填钻孔的位置。

5.2.3 开拓井巷工程的布置

在井口，尤其是副井井口周围要布置一系列的采矿生产设施、生活设施（如井口用房，含候罐室、职工浴室等），废石与材料的加工、储存和运输设施，线路、机修设施等。这些井口设施的布置，与井下开拓井巷工程密切相关，如地表运输线路的走向就必须充分考虑井下进车方向。因此，必须统筹考虑地表工业场地布置与井下开拓井巷工程设计，在地表地形条件允许的前提下，工业场地的选择要有利于井下开拓井巷工程的布置；同样，开拓井巷工程设计时，也要充分顾及地表工业场地布置的可行性。

5.2.4 地面设施的工艺

地表工业场地的最终决定因素是相应地面设施的工艺，如主井卸载方式决定着提升井架或井塔，以及提升机房的布置；充填工艺决定着充填系统的平面布置；所采用的空压机、通风机型号等决定着空压机房、通风机房的布置方式；污水处理工艺决定着污水处理厂的总体设计。

5.3　地表工业场地的布置

地表工业场地包括主井工业场地、副井工业场地、风井工业场地、斜坡道工业场地、废石堆场、充填站工业场地、选矿工业场地、污水处理站工业场地、计量工业场地、油料设施等。

5.3.1　主井工业场地

主井主要担负矿石提升运输任务，其工业场地布置主要取决于提升设备（提升机、提升容器），主井周围有井架、井口房、矿石仓、卸载转载设施、卷扬机房和变电所等生产设施。

井架是用来支撑天轮的金属支架，有普通式和斜支式两种结构。罐笼提升时，井架高度由容器高度、过卷高度及设备间安全距离决定，箕斗提升时，井架高度除以上高度外还要加上卸载高度。

井口房的作用是夏天防雨，冬天取暖，并防止滚石、泥石流、雪崩等侵害主井，保护井筒安全。

矿石仓的作用是，当箕斗井提升时，矿石提升到地表卸入矿石仓，再通过其他运输方式转运选矿厂，矿石仓的另一作用是减少提升与运输的相互干扰。

卷扬机房是安设卷扬的场所，内有变电所、配电间、卷扬机（电动机、减速器、控制台、高度指示器、卷筒）、休息室等。其位置取决于提升系统的设计，该机房的位置实际上是固定的，一般来说，单绳卷扬机房的位置随提升钢绳仰角与偏角的确定而确定，与竖井中心的水平距离一般为20~40m。采用多绳摩擦轮卷扬机提升时，其机房则位于井塔顶端。

井口的卸载转载设施布置，根据开拓方案、提升运输方式及地形条件，井口卸载转载设施的布置通常有三种类型，即无须转载的、利用地形转载的和平地布置转载的。对于罐笼提升或串车提升，其井口尚应设置调车场，若井口调车场标高与破碎筛分厂原矿仓上口标高一致，则出井重车经调车场直接送往原矿仓；若两者标高高差较大，则调车场内应设翻车机进行转载。

5.3.2　副井工业场地

副井主要担负废石、人员及材料的提升运输。副井由于多用罐笼提升，故一般采用井架结构。副井周围有井架、井口房、卷扬机房、变电所、空压机房、机修厂、锻钎厂、木材场、材料仓库、充填系统、沉淀水池。

由于副井的作用，副井周围有供应井下动力的空压机房（空压机、配电室、变电室）变电所和完成设备检修的地面检修车间，完成钎头和钎杆修理任务的锻钎厂，存放材料设备的木材场、仓库，供应地下用水的沉淀池。采用充填采矿法的矿山还有充填系统。

压风机房的布置应尽量靠近主要用风地点，以求减少管路的敷设长度和压力损失并置于空气清洁的地点，尽量离开产生粉尘的废石场、烟囱和有腐蚀性气体的车间（至少150m）。由于机房振动和噪声较大，故距办公室、卷扬机房等建筑物应当远一些（不小于

30m）。由于压气机耗电量和冷却用水较多，还应适当靠近变电所和循环冷却水系统。压气储气罐（风包）应设在荫凉、通风良好的地点，避免太阳直晒，它与压风机房的间距以3~7m为宜。

变电所一般应设在用电负荷的中心，并易于进出高压线。地下矿山电力主要用户的用电量比例一般是：坑内20%~40%，卷扬机房20%~40%，压风机房20%~30%。高压线的进出应尽可能不与铁路、公路交叉，不得已时，也应垂直交叉。变电所应与公路相连接，以利变压器等设备安装、检修时的运输。

锻钎机房在中小型矿山，锻钎和修磨合金钎头是附设在机修厂内的一个车间。为便于运送钎子，也设在井口附近，与井口的铁道连接，并在同一水平，以免重物上坡。它应离化验室、卷扬机房远些，而接近压风机房。

其他厂房、仓库、成品矿仓和储矿场，这些设施与外运关系密切，应与外运专用线相联。机修厂、材料库、坑木场的位置，不仅要保证向井下运送设备、材料时的方便，还要考虑与来料运输线路的连接。机修厂留有专用场地，一般为机修厂厂房面积的200%。坑木场的位置不应导致木料堵塞井口场地，要充分考虑防火以及一旦失火时对井口的影响。它们大都设置在井口的一侧。材料库的位置应与外部运输线路连接，并考虑装卸货物的条件。材料库的专用场地不应小于库房面积的100%。

5.3.3 风井工业场地

风井周围的设施比较简单，有出风用的扩散塔，通风机房（配电室、变电室、主扇、控制室），采用巷道反风的矿山还有反风装置。

通风机房应靠近通风井井口。当为压入式通风时，须与产生有害气体或粉尘的车间保有一定距离，且应设在上风侧。

由于扇风机体积、质量均比较大，所以通风机房应与外部有公路或铁路相连。

5.3.4 其他工业场地

充填制备站尽量布置在矿床中心位置，以最大限度地满足端部矿体开采充填对充填倍线的要求。

（1）空压机房尽量靠近副井井筒布置，以最大限度地减少沿程损耗。

（2）机修车间尽量靠近副井井筒布置。

（3）地磅房布置在主要运输公路一侧。

（4）材料仓库、油料仓库及木料堆场应设在距离铁路或公路15~20m的地方，以便于运输。为防火需要，与井口的距离应保持在50m以上。木材场、有自燃发火危险的排土堆、炉渣场，应布置在距离进风口常年最小频率风向上风侧80m以外。

（5）周转废石堆场应设在提升废石的井口附近。废石堆场容积应根据废石转运频率和能力确定，单个废石场不能满足要求时，可考虑设置两个堆场。废石堆场应考虑排水问题。

（6）长材堆场、喷浆材料堆场应靠近副井地面窄轨铁路布置，以便于运输。

（7）条件允许情况下，爆破器材尽量采用专业配送方式，不设地面炸药库。需要设置地面炸药库时，必须满足爆破工程要求。

（8）变电所应尽量靠近电力负荷中心。

（9）选矿厂应根据工艺要求，结合地形条件，以及与主井之间的矿石运输通道确定。

（10）尾矿尽量用于充填或考虑综合资源化利用。剩余尾矿，条件允许情况下尽量考虑干堆。必须设置尾矿库时，应尽量设于山谷、洼地之中，以减轻筑坝工作量，减少尾矿库投资和运行维护费用。

5.4　办公与生活设施

办公与生活设施的布置不仅要实用，能满足生产或生活的需要，而且要与环境相协调，符合美观和环境卫生的要求，以利于人们工作和生活。

5.4.1　厂前区布置

厂前区顾名思义是指进入矿山办公与生活区，乃至工业区的入口。一般厂前区与矿山办公生活区合并布置。对于位置偏僻的矿山，为节省工人内部交通时间，办公与生活区一般靠近采选工业场地布置，而远离主要交通要道。为标明矿山位置，一般在交通要道附近布置简单的厂前区标志性建筑，如门楼等。厂前区远离矿山作业中心时，厂前区必须通过内部道路与矿山作业中心相连，且道路两侧需做好绿化工作，以避免给人进入厂前区突兀的感觉。

5.4.2　办公与生活区布置

办公与生活区是行政管理人员、工程技术人员工作、学习的地方，也是内部职工生活、休息的场所，更是矿山展示自我的窗口和内外部交流的重要平台，不仅要位置合理、功能齐全，而且要美观，符合创建绿色矿山的要求。许多矿山办公与生活区布置得不亚于政府机关和花园式单位，彻底颠覆了人们对矿山"傻、大、粗"的不良印象。

应该指出的是，矿山办公与生活区行使的毕竟是服务职能，必须服从于生产需要，既不能随便应付，也不能不顾实力片面强调气派。其位置选择、功能与规模设定应考虑如下因素。

（1）地形地势因素。包括用地的大小与形状，地势的起伏与变化，有没有可以利用的景观，或应予以回避的不利因素（如易受洪水侵害的冲沟地段即不宜设置办公与生活区）。

（2）气候因素。应设在主导风向的上风侧，避免废气、粉尘污染生活区空气；北方寒冷地区应尽量集中布置，以利于集中采暖。

（3）交通与区位因素。办公区与生活区宜建立在交通相对便利的地段，条件允许时，如离城镇较近时，生活区尽量简化，应依托城镇，将生活区设在城镇内，以减轻企业后勤服务压力。

（4）与工业场地的关系因素。办公区与生活区既要便于生产指挥与调度，又要避免受到工业区噪声、粉尘、废气等的影响。要布置在岩层移动带外，且与工业场地的距离满足防爆、卫生、消防要求。

5.5 矿山地面运输

确定矿山地面运输方式和系统是矿山总图布置的重要内容之一。矿山地面运输分为内部运输和外部运输。

5.5.1 内部运输

内部运输包括主运输和辅助运输。主运输主要是主井（主平硐）运出的矿石转运到破碎厂储矿场（原矿售卖时）或选矿厂（精矿售卖时），以及从副井口将废石运往周转废石堆场及废石场；辅助运输既包括内部各工序材料、设备等的转运，也包括职工通勤等。

内部运输方式包括窄轨铁路运输、胶带输送机运输、架空索道运输和汽车运输等，主要根据矿山生产能力、地表地形条件、运输距离、选矿工艺流程、主副井开拓巷道布置方式等确定。

5.5.2 外部运输

外部运输包括由矿山向用户运送产品（原矿或精矿）、向尾矿库排放尾矿（尾矿库距离矿区较近时也可划归为内部运输），由外部运进矿山生产、办公与生活所需的材料、燃料、设备等。

外部运输方式包括铁路运输、公路运输、架空索道运输和水路运输等几种形式，主要取决于地形、运输距离（与用户或供应商）、运输条件（是否有便利的水运条件等）、矿山生产规模等。

5.6 地面管网系统

地面管网分流包括运输线路、各种通信和动力线路以及各种生产和生活管网。

5.6.1 地面管网的任务

5.6.1.1 运输路线

地下开采金属矿山地面的运输线路有：

（1）矿石从主井运往选矿厂，有公路或铁路。

（2）废石从副井运往废石场，一般均为窄轨铁路。

（3）人员往返于生活区和工作地点。

（4）材料设备从附近站场运回仓库、材料场，从仓库、材料场运往副井。

（5）生产的精矿运往附近的站场。

5.6.1.2 各种通信、动力线路

各种通信、动力线路有：

（1）通信用的内外部电话线，有线电视信号线。

（2）供应生产、生活用的动力线。

（3）生产指挥用的各种电话线、信息监控线。

5.6.1.3　各种生产生活管网

各种生产生活管网有：

（1）井下排往地表水池的排水管。

（2）供应井下生产用水的供水管。

（3）生活用的上下水管。

（4）北方矿山生产、生活用的取暖热水管。

5.6.2　地面管网的布置

对于矿山企业来说，工业及民用管线主要有上下水道、压气管道、采暖管道、高低压电力线路、通信线路等。这些管线的布置与敷设形式，可能只考虑本身的布置要求，未考虑或未充分考虑其他管线的布置，因而有可能造成管线拥挤和冲突现象。所以必须有个总体规划，来确定各种管线的平面坐标和标高，使各种管线在平面上和立面上谐调，并与建筑物、构筑物、运输线路之间，保持所需要的连接关系。

5.6.2.1　管线布置的原则

管线布置的原则如下：

（1）管线综合布置应尽量使管线间及管线与建筑物、构筑物之间在平面和立面布置上互相协调，既要节约用地，也要满足施工、检修及安全生产的要求，并应考虑对地面建筑物、构筑物的影响。

（2）全面考虑各种管线的性质、用途、彼此间可能产生的影响，以及管线敷设条件和敷设方式，合理安排其路径，尽量使管线短。

（3）管线宜成直线敷设，并与道路、建筑物轴线、相邻的管线相平行。干线主管宜布置在靠近主要用户或支管较多的一边。

（4）尽量减少管线之间及管线与运输线路之间的相互交叉。若需交叉，宜采用直角交叉，在困难条件下两者交角不宜小于45°，并根据需要采取必要的防护措施。

（5）管线不应重叠布置，应遵循临时性的让永久性的，管径小的让管径大的，可弯曲的让不可弯曲的或难弯曲的，有压力的让自流的，施工工程量小的让施工工程量大的，新建的让已有的之原则。

（6）地面管线不应影响交通运输及行人，并应避免管线受到机械损伤。

（7）除特殊困难的情况外，地下管线一般不应布置在建筑物、构筑物基础的压力范围内或道路的行车路面下。

（8）必须考虑工业场地发展的可能，在预留场地处不应敷设地下管线。

5.6.2.2　管线安装的要求

矿山表土层多数较薄，岩石开挖困难，因此，除必须敷设于地下的管道（如采暖、供排水管道）之外，其他生产用管线多为地表明管或架空线，如压气管道、输电线路、尾矿管道、通信线路等。

在布置与安装各类管线时，其安全距离、架设方式、敷设深度、敷设顺序、沟槽规格等，均应满足安全技术规程中有关规定的要求。

在矿山企业中，为了满足经由主开拓巷道运输矿石和矿石的加工以及保证井下正常的生产，在坑口或井口附近建立矿石生产工艺流程和设置辅助车间。这样就需建立一些必不可少的构筑物和建筑物、运输线路、道路、矿石和废石的储存场及行政管理和生活福利建筑、住宅等，以及选矿厂工业场地、尾矿坝、中央机修厂、仓库、机车库等。

井口工业场地的建筑物和构造物，根据性质可分为如下几类：

（1）工业生产流程设施：坑口或井口房、卷扬机房、井口矿仓、装载站、废石场。

（2）辅助车间厂房：压风机房、扇风机房、水泵房、机修车间、锻钎房、坑木场及其加工站、变电所、器材仓库、爆破材料库。

（3）行政管理及生活福利建筑：办公室、医疗站、浴室及食堂等公用建筑。

（4）运输线路及管线：公路、窄轨铁路、动力线、压气管、供排水管、供热管等。

（5）选矿工业场地：破碎筛分厂、选矿机房、浓缩池、过滤机房、精矿仓、皮带通廊、尾矿砂泵站、行政福利设施、运输线路及管线等。

5.7 矿 山 绿 化

为了保护周围环境，同时为职工创造一个良好的劳动卫生条件，矿区应努力做好绿化和美化工作。在绿化设计方面，考虑点、线、面相结合，各工业场地进行重点绿化，以种植草坪、花卉等绿化植物为主，适当布置雕塑、花坛、宣传栏等小品建筑。在矿区道路两侧分别种植树木、灌木等，形成多层次的观赏景观。在其他建筑物附近，应充分利用闲散用地种植草坪、花卉，形成大面积的绿化氛围。绿化植物以选择适合本地气候、土壤等自然条件的速生型品种为主，以便尽快达到较好的绿化效果。

复习思考题

5-1 什么是矿山地面总图布置，包括哪些内容？
5-2 总图布置应遵循什么原则？
5-3 采矿工业场地包括哪些内容？
5-4 怎样区分内部运输和外部运输？
5-5 内、外部运输方式的选择有哪些要求？
5-6 主井井口布置哪些设施？
5-7 副井井口布置哪些设施？
5-8 风井井口布置哪些设施？

6 采 矿 方 法

采矿方法是为了获取矿块内的矿石所进行的采准、切割和回采工作的总和。具体而言，就是根据回采工作的需要，确定采准和切割巷道的规格、数量、位置，为规模化开采创造工作通路、工作空间、爆破自由面，并按照回采工艺要求，设计凿岩、爆破、通风、出矿、地压管理等回采工序。

6.1 采矿方法的概念

在金属矿床地下开采基本原则中，先把井田划分为阶段（或盘区），再把阶段（或盘区）划分为矿块（或采区）。矿块（或采区）是基本的回采单元。

采矿方法定义为：矿块内矿石开采的方法。它是采准、切割、回采工作在空间上、时间上的有机结合，采矿方法即采准、切割、回采工作的总称。

通俗讲，所谓采矿方法就是从矿块（或采区）中采出矿石的方法。它包括采准、切割和回采三项工作。采准工作是按照矿块构成要素的尺寸来布置的，为矿块回采解决行人、运搬矿石、运送设备材料、通风或通信问题；切割则为回采创造必要的自由面和落矿空间，等这两项工作完成后，再直接进行大面积回采。这三项工作都是在一定的时间与空间内进行的，把这三项工作联系起来，并依次在时间与空间上作有机配合，这一工作总称为采矿方法。

采矿方法与回采方法的概念是不同的。在采矿方法中，完成落矿、矿石运搬和地压管理三项主要作业的具体工艺，以及它们相互之间在时间与空间上的配合关系，称为回采方法。开采技术条件不同，回采方法也不相同。矿块的开采技术条件在采用何种回采工艺中起决定性作用，所以回采方法实质上成了采矿方法的核心内容，由它来反映采矿方法的基本特征。采矿方法通常以它来命名，并由它来确定矿块的采准、切割方法和采准切割巷道的具体布置。

在采矿方法中，有时常将矿块划分成矿房与矿柱，作两步骤采，先采矿房，后采矿柱，采矿房时由周围矿柱支撑开采空间，这种形式的采矿方法称为房式采矿法，以区别于不分矿房、矿柱，整个矿块作一次采完的矿块式采矿法。在条件有利时，矿块也可不分矿房、矿柱，而回采工作是沿走向全长，或沿倾斜（逆倾斜）连续全面推进，则成了全面式回采采矿法。

6.2 采矿方法分类

由于金属矿床的赋存条件十分复杂，矿石与围岩的性质又变化不定，加之随科学技术的发展，新的设备和材料不断涌现，新的工艺日趋完善，一些旧的效率低、劳动强度大的采矿方法被相应淘汰，而在实践中又创新出各种各样与具体赋存条件相适应的采矿方法，故目前存在的采矿方法种类繁多、形态复杂。这些采矿方法尽管有其各自的特征，但彼此之间也存在着一定的共性。

6.2.1 采矿方法分类的目的

为了便于认识每种采矿方法的实质，掌握其内在规律及共性，以便通过研究进一步寻求更加科学、更趋合理的新的采矿方法，需对现已应用的种类繁多的采矿方法进行分类。

采矿方法的选择不仅取决于矿体赋存自然条件，而且取决于开采技术水平和社会经济条件。严格来讲，没有任何一个矿山的开采条件与另外一个矿山完全相同，所以也就没有任何两座矿山的采矿方法彼此完全相同。有的采矿学者认为：有多少矿山就有多少种（或更多）采矿方法；在一定条件下（含时间），一个具体矿山（或矿块）只有一种采矿方法是最优的或最成功的；不存在一种万能的永远不变的适用于一切矿山的最优采矿方法；对采矿方法的优劣评价不可忽视其适用条件。但是，也必须承认在庞大的难以准确计数的采矿方法中也必然具有共同特征，每种采矿方法都是世界范围的采矿者在采矿实践中所认识和总结的规律。学习采矿方法的目的就是通过学习，借鉴前人创造的采矿方法，根据面临矿体的实际开采条件，科学地、能动地设计新的采矿方法。学习的目的绝不是根据已有的采矿方法适用条件，去生搬硬套用于开采新矿体。

采矿方法分类的目的就是在浩繁的采矿方法中，将一些应用较广的主要采矿方法，根据其共性进行归纳，以便于人们学习和掌握前人总结的采矿方法科学规律，正确地选择和设计采矿方法。

6.2.2 采矿方法的分类要求

采矿方法的分类要求如下：

（1）分类应能反映出每类采矿方法的最重要特征，且类别之间界线清楚。

（2）分类应该简单明了，不宜烦琐庞杂，目前正在采用的采矿方法必须逐一列入，明显落后区域淘汰的采矿方法则应从中删去。

（3）分类应能反映出每类采矿方法的实质和共同的适用条件，以作为选择和研究采矿方法的基础。

（4）既利于分类进行学习，又不被分类所局限而影响创新，有利于认识原有的采矿方法并创造新的采矿方法。

6.2.3 采矿方法分类的依据

目前，采矿方法分类的方法很多，各有其取用的根据。一般以回采过程中采区的地压管理方法作为依据。采区的地压管理方法实质上是基于矿石和围岩的物理力学性质，而矿石和围岩的物理力学性质又往往是导致各类采矿方法在适用条件、结构参数、采切布置、回采方法以及主要技术经济指标上有所差别的主要因素。因此，按这样分类既能准确反映出各类采矿方法的最主要特征，又能明确划定各类采矿方法之间的根本界限，对于进行采矿方法比较、选择、评价与改进也十分方便。

6.2.4　采矿方法分类的特征

根据采区地压管理方法，可将现有的采矿方法分为三大类。每一大类采矿方法中又按方法的结构特点、回采工作面的形式、落矿方式等进行分组与分法。

表 6-1 即为按上述依据划分的金属矿床地下采矿方法分类表。

表 6-1　金属矿床地下采矿方法分类

类　　　别	回采期间采空场填充状态	组　　　别
Ⅰ. 空场采矿法	空场	（1）全面采矿法
		（2）房柱采矿法
		（3）留矿采矿法
		（4）分段空场法
		（5）阶段空场法
Ⅱ. 充填采矿法	充填料	（1）单层充填采矿法
		（2）分层充填采矿法
		（3）分采充填采矿法
		（4）嗣后充填采矿法
Ⅲ. 崩落采矿法	崩落围岩	（1）单层崩落采矿法
		（2）分层崩落采矿法
		（3）分段崩落采矿法
		（4）阶段崩落采矿法

如上分类体现了采矿方法在处理回采空区时的方法不同，反映了采矿方法对矿体倾角、厚度、矿石与围岩稳固性的适应性，也反映了不同采矿方法之间生产能力等的变化规律，并且有利于不同采矿方法之间的相互借鉴。

三大类主要采矿方法的界限划定如下所述。

（1）空场法。通常是将矿块划分为矿房与矿柱，作两步骤回采。该类采矿方法随着回采工作面的推进，采空区中无任何填充物而处于空场状态，采空区的地压控制与支撑借助临时矿柱或永久矿柱，或依靠围岩自身稳固性。显然这类采矿方法一般只适用于开采矿岩稳固的矿体。即使矿房采用留矿采矿，因留矿不能作为支撑空场的主要手段，仍需依靠矿岩自身的稳固性来支持。所以，用这类方法矿石与围岩均要稳固是其基本条件。

（2）崩落法。此类方法不同于其他方法的是矿块按一个步骤回采。随回采工作面自上而下推进，用崩落围岩的方法处理采空区。围岩崩落以后，势必引起一定范围内的地表塌陷。因此，围岩能够崩落，地表允许塌陷，乃是使用本类方法的基本条件。

（3）充填法。此类方法矿块一般也分矿房与矿柱，作两步骤回采；也可不分房柱，连续回采矿块。矿石性质稳固时，可作上向回采，稳固性差的可作下向回采。回采过程中空区及时用充填料充填，以它来作为地压管理的主要手段（当用两步骤回采时，采第二步骤矿柱需用矿房的充填体来支撑）。因此，矿岩稳固或不稳固均可作为采用本类方法的基本条件。

值得指出的是：随着对采矿方法的深入研究，现实生产中已陆续应用跨越类别之间的组合式采矿方法。如空场法与崩落法相结合的分段矿房崩落组合式采矿法、阶段矿房崩落组合式采矿法、空场法与充填法相结合的分段空场充填组合式采矿法等。这些组合式采矿法在分类中还体现得不够完善。采用这些组合方法，能够汲取各个方法的优点，摒弃各个方法的缺点，起到扬长避短的作用，并且在适用条件方面加以扩大。组合式采矿方法的这种趋向，有利于发展更多、更加新颖的采矿方法。

此外，采用两个步骤回采的采矿方法时，第二步骤的矿柱回采方法应该与第一步骤矿房的回采方法作通盘考虑。第二步骤回采矿柱，受矿柱自身条件的限制，以及相邻矿房采出后的空区状态、回采间隔时间等影响，使回采矿柱工作变得更为复杂，但其回采的基本方法，仍不外乎上述三类。

6.3 国内外地下矿山采矿方法应用情况

采矿方法应用比重有两种统计方法：一种是按使用该种类采矿方法的矿山数量；另一种是按使用该种类采矿方法采出的矿量。

6.3.1 国内矿山采矿方法应用情况

国内非煤矿山地下采矿方法应用比重见表6-2。

表 6-2　国内非煤矿山地下采矿方法应用比重　　　　　　　　　　（%）

采矿方法	45个重点有色金属矿山应用比重	15个重点铁矿山应用比重	17个重点化学矿山应用比重	重点核工业矿山应用比重
Ⅰ. 空场法，其中：	34.5	5.9	60.6	14.3
全面法	2.0		1.0	4.4
房柱法	2.4		25.1	2.8
留矿法	22.0	5.9	17.9	7.1
分段空场法	5.0		16.6	
阶段空场法	3.1			
Ⅱ. 充填法，其中：	19.1		0.8	54.8
上向分层充填法	16.4			
上向进路充填法	0.3			
下向进路充填法	2.1			
Ⅲ. 崩落法，其中：	46.4	94.1	38.6	30.9
有底柱分段崩落法	19.2	6.2	12.0	
无底柱分段崩落法	7.2	78.6	23.0	
阶段强制崩落法	18.6			
阶段自然崩落法		3.5		

从表 6-2 中国内 45 个重点有色金属矿山、15 个重点铁矿山、17 个重点化学矿山以及部分重点核工业矿山采矿方法应用情况来看，可归纳为 5 个方面：

（1）有色金属矿山中空场法、充填法、崩落法的应用比重分别为 34.5%、19.1% 和 46.4%，这 3 种方法应用相对均衡。这也说明有色金属矿山赋存条件复杂，各种矿床类型都有，故各种方法都有较多的应用实例。

（2）以铁为代表的黑色金属矿山大多采用崩落法，比例达到 94.1%，其中主要是无底柱分段崩落法，比例高达 78.6%。这主要是因为在 2003 年以前，铁矿石价格偏低，企业为保持最大限度的利益，只能采用贫化率高、损失率大，但矿块生产能力相对较高、成本较低的崩落采矿法。

（3）化学工业矿山大多采用空场法（60.6%）和崩落法（38.6%），原因与铁矿山相似，也是因化学矿山长期以来价格偏低所致。

（4）核工业矿山则以充填法为主（54.8%），崩落法次之（30.9%），空场法也有一定比例（14.3%）。核工业矿山之所以较多采用充填法，与抑制放射性元素逸出有关。

（5）各大类采矿方法中，应用较多的采矿方法包括：空场法中的留矿法、房柱法和分段空场法；充填法中的上向水平分层充填法；崩落法中的无底柱分段崩落法。

6.3.2　国外采矿方法应用情况

国外 32 个国家 232 个非煤矿山地下采矿方法应用比重采矿方法见表 6-3。从表 6-3 中对国外 32 个国家及地区 232 个矿山采矿方法应用情况统计结果来看，综合矿山数目和产量统计结果，三大类采矿方法应用比例差别不大，但在各类采矿方法中，中深孔、深孔采矿方法（分段空场法、分段崩落法、阶段崩落法）所占比重较大。说明与国内矿山相比，国外矿山机械化程度更高。

表 6-3　国外 32 个国家 232 个非煤矿山地下采矿方法应用比重采矿方法　　　　　（%）

采矿方法	按矿山计	按产量计
Ⅰ. 空场法，其中：	45.8	36.5
全面法	0.9	0.4
房柱法	13.4	11.9
留矿法	9.9	3.0
分段空场法	20.3	12.7
阶段空场法	0.9	8.3
Ⅱ. 充填法，其中：	34.8	14.5
上向充填法	28.4	13.0
下向进路充填法	3.4	0.7
VCR 嗣后充填法	1.3	0.4
Ⅲ. 崩落法，其中：	19.4	49.0
分段崩落法	12.1	26.3
阶段崩落法	6.0	22.5

6.4 采矿方法未来发展趋势

可以预计，现阶段及未来一段较长时期内，采矿方法仍以充填采矿法、空场采矿法、崩落采矿法为主。虽然从表 6-2、表 6-3 国内外采矿方法应用比重来看，空场法和崩落法所占比重更高，但上述统计资料来源于 10 多年以前，当时矿产品市场持续低迷，原材料价格异常偏低，制约了回采率高、贫化率低、安全性好，但成本相对较高的充填法的推广力度。

自 2003 年下半年开始，矿产品市场摆脱了多年来的持续低迷状况，金属原材料价格一路走高，时至今日，虽然价格有所回落，但仍在相对高位区间震荡。矿产品价格的提高极大地促进了充填采矿法的发展，与过去采矿方法应用状况相比，国内地下金属矿山采矿方法应用的比重发生了很大变化，充填法应用范围越来越广。可以预计，在不远的未来，充填采矿法将占据统治地位，空场法和崩落法的应用比重将越来越小，尤其是崩落法将逐渐萎缩。得出上述预测的主要原因是：

（1）与空场法、崩落法相比，充填法损失率和贫化率大大降低，平均比空场法降低 5% ~ 10%，比崩落法降低 10% ~ 15%。虽然成本有所提高，但成本增加额度远低于因回采率提高和贫化率降低带来的收益额度，故越来越多的企业开始采用充填法。

（2）崩落法开采引起地表大面积塌陷，空场法地下存在大量采空区未进行处理，随着时间推移，采空区面积越来越大，暴露时间越来越长，存在大面积地压活动引起地面塌陷的可能性增加。因此，崩落法和空场法对环境破坏严重。充填法由于对采空区及时处理，可有效抑制地表变形和塌陷，符合国家环境保护政策。随着全社会对环境保护问题的日益重视，应用充填采矿法的矿山将越来越多。实际上，不少省份已下文规定新建矿山不采用充填法，一律不颁发安全生产许可证。国家也将充填法列为鼓励采用的采矿方法。

（3）充填法可以实现废石不出井充填，选矿尾砂用于井下充填，可减少废石和尾砂地面堆放压力，降低废石场和尾矿库容积以及维护费用。

（4）随着充填技术的发展，充填效率将会提高，充填成本将会进一步降低，使充填法的优势越来越明显。综上所述，由于充填法兼具高回采率、低贫化率和环境保护双重功效，其应用比重将越来越大。不仅有色金属矿山（包括黄金等贵金属矿山）充填法已成为主体采矿方法，即使传统上不采用充填法的铁矿、煤矿等也开始广泛采用充填采矿方法，且推广应用力度甚至超过有色金属矿山。

6.5 采准与切割工程

为获得采准矿量，在已完成开拓工作的区域内，按不同采矿方法工艺要求，所掘进的各类井巷工程称为采准工程。如在采场底部开掘的沿脉运输巷道和穿脉巷道、运输横巷、通风平巷；采场人行道，通风、设备、充填、泄水、回风等专用天井，溜矿井等。

为获得备采矿量，在开拓及采准矿量的基础上按采矿方法要求，在回采作业之前必须完成的井巷工程，称为切割工程。如采场切割天井（或上山）、切割平巷、拉底平巷、切割堑沟；放矿漏斗的漏斗颈，深孔凿岩硐室等。

6.5.1　采准方法分类

主要运输巷道一般属于开拓工程，但由于其靠近矿体部分的布置与采准关系极为密切，通常将其划为主要采准巷道。除了主要运输巷道外，采准工程还包括主要运输水平之上的主要平巷（分段平巷、分层平巷、联络道等）、穿脉工程、采场天井（人行天井、设备天井、通风天井、充填天井、泄水天井等）、采场溜矿井、斜坡道等。

6.5.1.1　按主要采准巷道与矿体位置分类

（1）脉内采准。主要运输巷道沿矿体走向布置在矿体内部或矿岩接触带上。

（2）脉外采准。主要运输巷道沿矿体走向布置在矿体下盘围岩中，个别情况下（如下盘围岩不稳固，上盘围岩稳固），也可将其布置在上盘围岩中。

（3）脉内、脉外联合采准。布置两条主要运输巷道，一条沿矿体走向布置在矿体下盘或上盘围岩中，另一条布置在矿体内部，两条主要运输巷道之间用穿脉连接，形成环形运输系统。

6.5.1.2　按主要采准巷道内通行的装载运输设备分类

（1）有轨采准。采场崩落矿石通过溜矿井向轨轮式矿车装矿，由电机车牵引至溜破系统。破碎后由主井箕斗提升至地表，或直接由电机车牵引至罐笼主井提升至地表。

（2）无轨采准。采用无轨自行设备（轮胎式装运机、铲运机、坑内自卸汽车）完成矿石装、运、卸等运搬作业。

（3）有轨与无轨联合采准。无轨铲运机出矿与电机车牵引轨轮式矿车运输的采准方式。

6.5.2　主要采准巷道布置

6.5.2.1　运输巷道布置

运输巷道结合开拓系统和采矿方法进行布置，详见各采矿方法采准工程布置。

6.5.2.2　天井布置

天井在采切工程中所占比例较大，一般为40%～50%。与平巷相比，天井掘进条件差，速度慢，效率低。天井掘进可采用普通法、爬罐法、吊罐法、深孔分段爆破成井法和钻进法施工。近年来随着天井掘进设备的发展，天井钻进已广泛应用于天井掘进施工中，极大提高了天井成井效率，降低了劳动强度。天井钻机已可一次钻凿直径1.2～2.4m天井，最大钻凿天井直径3.6m，基本满足天井施工需要。

天井布置应满足如下要求：

（1）保证使用安全，与回采工作面联系便利。

（2）人行、通风、设备天井应具有良好的通风条件。

（3）天井规格应根据用途确定，保证矿石下放和人员、材料、设备通行顺利，并有利于其他采切巷道的施工。

（4）有利于探采结合。

天井应尽量直立布置。

6.5.2.3　采区溜井布置

与矿山溜破系统的主溜井属于开拓工程不同，在一个阶段之内，用来为一个采区或一个盘区服务的采区溜井属于采准工程。

采区溜井与所采用的采矿方法密切相关，为便于矿石转运，平衡采场间断出矿与矿车集中装矿矛盾，一般均需设置采区溜井。

采区溜井是采场崩落矿石与井下矿石运输系统之间的中间环节，也是容易因堵塞而影响矿山正常生产的薄弱环节，应引起足够重视。条件允许情况下，尽量加大溜井规格，减轻溜井堵塞风险；溜井上方应设置格筛，以避免大块进入造成堵塞；废石量较大时，应设置废石溜井，与矿石溜井分开，避免造成人为贫化。

采区溜井也有脉内、脉外两种布置形式。为避免压矿，应尽量布置下盘脉外溜井。只有当下盘岩石不稳固而矿体或上盘围岩稳固时，才考虑将溜井布置在脉内或上盘围岩中。当矿体极薄时为降低采切比，或矿体极厚时为减少矿石运输距离，也可采用脉内布置。

采区溜井的间距，与所采用的采矿方法及出矿设备有关：采用气动装岩机出矿时，采区溜井的间距一般为50m左右；使用电动铲运机出矿时，溜井间距为100m左右；使用柴油铲运机时，溜井间距可以扩大到150~300m。除根据出矿设备确定溜井间距外，还应考虑溜井的通过能力，根据与采场生产能力相适应的原则确定溜井数目和间距。

采区溜井的位置，一般应满足下列条件：

（1）因溜井受矿石反复冲撞容易磨损破坏，故溜井穿过的岩层应坚硬、稳固，尽量避开断层、破碎带、褶皱、溶洞及节理裂隙发育地段。

（2）黏性大、易结块矿石尽量不用溜井放矿，若必须采用溜井时，应适当加大溜井断面，减小因矿石结块而堵塞溜井的可能性。

（3）采区溜井应尽量布置在阶段穿脉巷道中，以减少装卸矿石对运输的干扰和粉尘对空气的污染。

（4）采区溜井尽量布置在装矿巷道的直线段，且直线段距离要满足一列车装矿需要。

采区溜井尽量直立布置，必须采用倾斜溜井时，溜矿段倾角要大于矿石自然安息角，一般不小于55°。

溜井高度不宜过高，因为过高溜井堵塞后处理难度较大。如果溜井服务多个中段，最好采用错段布置，错段之间用振动放矿机连接。

由于采区生产能力有限，一般采区溜井不设备用井。

溜井断面形状有圆形、方形和矩形三种。一般采用圆形溜井，因为圆形溜井稳固性好、受力均匀、断面利用率高、冲击磨损小。溜井可以采用天井钻机施工，以提高成井速度。

6.5.3 无轨采准

随着无轨设备的大量应用，采用无轨采准的矿山有日益增加的趋势。无轨采准工程主要包括无轨采准巷道和采准斜坡道，以及为无轨采矿服务的垂直井巷工程（如溜井）和硐室（检修硐室）。

无轨采准平巷包括阶段平巷、分段平巷、分层平巷及其与采场、溜井、斜坡道之间的各种联络巷道。

无轨采准斜坡道是指专门为采场服务的，阶段与阶段、阶段与分段、分段与分段或它们与采矿场之间相互联系的各种斜坡道及其斜坡联络道。

斜坡道一般布置在矿体下盘，且多采用折返式布置。

6.5.4　矿块底部结构

阶段内崩落的矿石要通过布置在矿块底部的一系列井巷工程放出。矿块底部布置的受矿巷道、二次破碎巷道和放矿巷道的不同形状和布置方式的总和，称为矿块底部结构。

底部结构是采准切割工程集中部位，在较小的高度内密集布置有各种受矿、放矿井巷工程，削弱了底部结构的稳固性，因此，必须周密设计。在保证底部结构安全和受矿、放矿功能顺利实现的前提下，尽量减小底部结构高度，以最大限度地提高资源回采率。

底部结构类型很多，按矿石的运搬形式，大致可分为四种，即自重放矿闸门装车底部结构、电耙耙矿底部结构、装载设备出矿底部结构和自行设备出矿底部结构，其中自重放矿闸门装车底部结构已基本淘汰，为系统了解底部结构的演变过程，仍将其作为一类底部结构进行简单介绍。各类底部结构的基本特征见表6-4。

表6-4　矿块底部结构分类

序号	底部结构类型和结构特征	底部结构特征		
		运搬方式	受矿、装矿巷道	受矿巷道形式
1	自重放矿闸门装车底部结构	自重溜放	(1) 有格筛硐室； (2) 无格筛硐室	漏斗式
2	电耙耙矿底部结构	电耙耙矿	电耙道	(1) 漏斗式； (2) 堑沟式； (3) 平底式
3	装载设备出矿底部结构	(1) 装岩机装矿—矿车运搬； (2) 振动放矿—运输机运搬	(1) 出矿巷道； (2) 放矿口或专用硐室	(1) 漏斗式； (2) 堑沟式； (3) 平底式
4	自行设备出矿底部结构	铲运机装、运、卸	出矿巷道	(1) 堑沟式； (2) 平底式

6.5.4.1　自重放矿底部结构

自重放矿底部结构分为有格筛漏斗和无格筛漏斗两种形式。

A　有格筛漏斗自重放矿底部结构

有格筛漏斗自重放矿底部结构，如图6-1所示。崩落矿石借助重力经漏斗到达二次破碎水平的格筛上，合格块度矿石经格筛进入漏斗颈，通过闸门装车。不合格大块直接在筛面上进行二次破碎，也可移到格筛巷道内破碎。

格筛巷道可以双侧布置（矿体厚大时，见图6-1），也可以单侧布置。

漏斗中心距根据每个喇叭口担负的受矿面积确定。房式采矿法单喇叭口受矿面积一般为 $30\sim50m^2$，故漏斗中心距一般为 $5\sim7m$。喇叭口斜面倾角为 $45°\sim55°$。

底部结构的底柱高度一般为 $12\sim14m$，其中从运输水平至二次破碎水平为 $6\sim8m$，二次破碎水平至拉底水平为 $6m$ 左右。底柱矿量占整个矿块矿量的 $20\%\sim25\%$。

这种底部结构放矿能力大，出矿成本低，但采准工程量大，底柱矿量多、回采率低，底柱切割严重、稳固性差，故现在已基本淘汰。

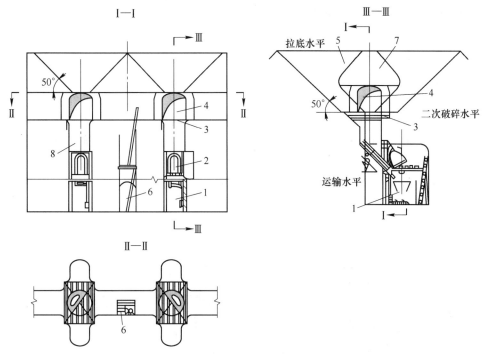

图 6-1 有格筛漏斗自重放矿底部结构（双侧格筛巷道）

1—运输巷道；2—漏斗闸门；3—格筛；4—二次破碎水平的格筛巷道；

5—受矿喇叭口；6—人行联络小井；7—桃形矿柱；8—漏斗颈

B 无格筛漏斗自重放矿底部结构

由于有格筛漏斗自重放矿底部结构存在上述问题，在浅孔崩矿、大块率不大情况下，可取消二次破碎水平，崩落矿石借助重力经放矿漏斗直接向矿车装矿，少量大块在漏斗闸门内破碎（图 6-2）。由于取消了二次破碎水平，底柱高度可大大降低，一般为 5~8m，漏

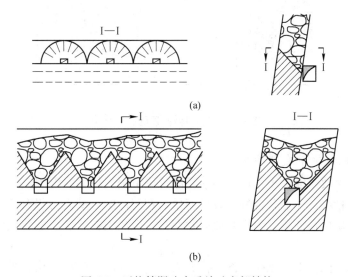

图 6-2 无格筛漏斗自重放矿底部结构

（a）脉外布置；（b）脉内布置

斗间距从 4~6m 至 6~8m，漏斗坡面角为 45°~50°。该种底部结构在一些中小型矿山仍有少量使用。

6.5.4.2 人工假底自重放矿底部结构

如果矿脉较薄，或矿石价值较高，为减少矿柱矿量，可采用人工假底构筑底部结构。首先将底部矿石采空，然后构筑人工假巷和人工漏斗。人工假底可以采用木质假底、混凝土假底和充填料人工假底三类。木质假底因木材消耗量大，架设困难，已基本淘汰；混凝土假底（图 6-3）质量高，但构筑效率低；如果矿山采用充填法，可采用高强度胶结充填料浆构筑人工假巷（图 6-4），然后用普通胶结充填料形成人工底柱。这种充填人工假底构筑工艺自动化程度高、成本低，效率高，得到广泛应用，但必须保证充填假底的强度。

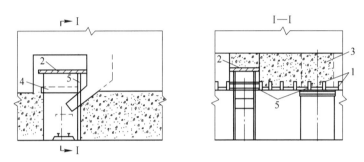

图 6-3　凡口铅锌矿混凝土人工假底底部结构
1—随充填体形成的矿漏子；2—木板；3—人行顺路天井；4—钢筋混凝土预制板；5—钢梁

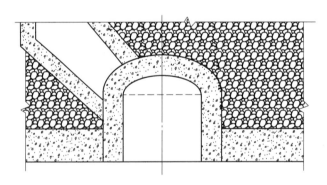

图 6-4　充填料做假顶的底部结构

6.5.4.3 电耙耙矿底部结构

电耙耙矿虽然放矿能力小，矿石不能耙净，采下损失较大，但因其将矿石运搬与装载合一，采切工程量小，作业条件好，设备简单，在国内中小型矿山仍有广泛使用，即使在国外也仍有部分矿山在使用。为提高放矿效率，一般矿山在放矿口安装振动放矿机，与之联合使用。

按受矿结构不同，电耙耙矿底部结构分为三类，即漏斗底部结构、堑沟底部结构和平底底部结构。

A 漏斗底部结构

按漏斗排数及其与电耙巷道的位置关系,可分为单侧漏斗布置和双侧漏斗布置(图6-5)两种形式。

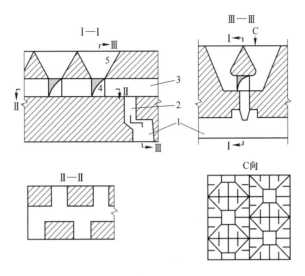

图 6-5 漏斗放矿电耙耙矿底部结构
1—运输平巷;2—溜井;3—电耙巷道;4—漏斗穿;5—漏斗

布置双侧漏斗时,可以对称布置,也可以交错布置(图6-6)。由于交错布置放矿口分布均匀,对底部结构破坏相对较小,应优先选用。

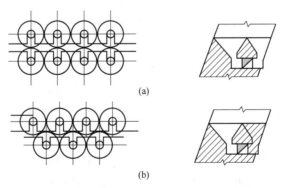

图 6-6 漏斗布置形式
(a)对称布置;(b)交错布置

由于与其他形式底部结构相比,漏斗底部结构对底柱破坏性大,底部结构稳固性差,漏斗辟漏工程量大,电耙巷道维护困难,故条件允许时,应尽量不采用漏斗底部结构。

B 堑沟底部结构

采用漏斗底部结构时,为尽可能减少采下矿石损失,漏斗间距不能过大,削弱了漏斗桃形矿柱稳定性,增加了电耙道维护难度,而且漏斗避漏工作量大。为解决这个问题,可以将漏斗间打通,形成一条V形堑沟,将电耙道移至V形堑沟一侧。V形堑沟与电耙道通过放矿口相连，即形成了堑沟底部结构。根据矿体厚度和稳固性，Ｖ形堑沟放矿口可布置在电耙道一侧或双侧（见图6-7）。

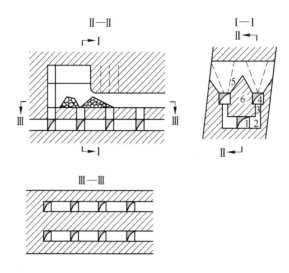

图6-7　Ｖ形堑沟受矿电耙耙矿底部结构
1—电耙巷道；2—斗穿；3—放矿小井；4—堑沟巷道；
5—Ｖ形堑沟；6—桃形矿柱

与漏斗底部结构相比，Ｖ形堑沟底部结构具有如下优点：

（1）Ｖ形堑沟可与矿块拉底一次进行，简化了底部结构形成工艺。

（2）开凿堑沟可用中深孔，提高了劳动效率。

（3）放矿口尺寸较大，减少了放矿口堵塞事故。

为减少放矿小井的堵塞事故，应尽量采用短颈堑沟结构，即拉底巷道在电耙道的侧上方或直接与电耙道在同一水平，降低放矿小井高度。但此时要求矿体有较高的稳固性。

C　平底底部结构

平底底部结构的特点是拉底水平与电耙道在同一水平。采下的矿石在拉底水平上形成三角矿堆，上面的矿石借助自重经放矿口溜到电耙道中（图6-8）。

平底底部结构简单，采准工程量少，底柱矿量少，劳动生产率高，但底柱上的三角矿堆不能及时回收，增加了该部分矿石的损失与贫化。

D　电耙耙矿底部结构的参数

电耙耙矿的漏斗结构细部图，如图6-9所示。

（1）受矿高度：喇叭口受矿时，受矿高度一般为5～9m；堑沟受矿时一般为10～11m。

（2）斗穿间距：一般为5～7m。

（3）受矿坡面角：房式采矿法一般为45°～55°，崩落法一般为60°～70°。

（4）斗颈轴线与电耙道中心线距离：

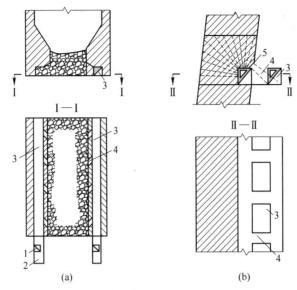

图 6-8 平底电耙耙矿底部结构

（a）两条电耙巷道；（b）一条电耙巷道

1—溜矿井；2—电耙绞车硐室；3—电耙巷道；4—放矿口；5—受矿凿岩巷道

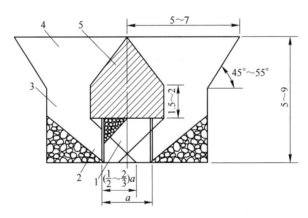

图 6-9 电耙耙矿的漏斗结构细部图

1—电耙巷道；2—斗穿；3—漏斗颈；4—漏斗；5—桃形矿柱；a—电耙道宽度

该距离直接影响到桃形矿柱的稳固性、电耙道内矿堆高度及耙矿效率，一般为 2.5 ～ 4.0m。取值原则是：

1）松散矿石的自然安息角：其他条件不变时，自然安息角（一般 38°～45°）越大，该距离越小。

2）所要求的矿堆宽度：其他条件不变时，矿堆宽度越大，该距离越小。矿堆宽度一般为电耙道宽度的 1/2～2/3。

3）电耙道规格：矿堆高度与电耙道规格成正比。为保证底柱的稳定性，一般漏斗颈与漏斗斜面的交点，应在电耙道顶板以上 1.5～2m 处。

（5）电耙巷道、斗穿、斗颈的规格：

　　电耙巷道断面规格根据电耙耙斗宽度确定，并要保证有宽度不小于 0.8m、高度不小于 1.8m 的人行通道。电耙道断面规格一般为 (2 ~ 2.5)m × (2 ~ 2.5)m。

　　漏斗颈的尺寸为最大允许块度的 2.5~3 倍以上。

　　由于随着耙矿的进行，矿石堆的坡度会增大到 45°，可按照人行通道规格要求，确定斗穿前缘的正确位置（图 6-10）。

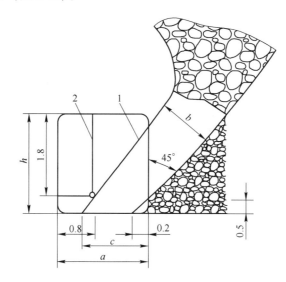

图 6-10　电耙耙矿矿石流动带计算示意图

1—耙运时矿石堆表面；2—人行通道边界；

a—电耙道宽度；b—斗穿内矿石流动带尺寸；c—电耙道中矿堆宽度；h—电耙道高度

　　斗穿内矿石流动带的尺寸 b 按下式计算：

$$b = c\sin45° \tag{6-1}$$

式中　　c——电耙道中矿堆的宽度，m，

$$c = h - 1.8 + a - 0.8 = a + h - 2.6 \tag{6-2}$$

　　　　h——电耙道高度，m；

　　　　a——电耙道宽度，m。

　　（6）电耙道长度。

　　电耙道一般水平布置，必要时也可倾斜布置。电耙道长度应与电耙有效耙运距离相适应，并满足下列要求（图 6-11）：

　　1）电耙道应超过最后一个斗穿，其长度不小于 5.5~6m；

　　2）电耙绞车硐室长度一般为 4 ~ 5.5m，其中放矿溜井侧边至绞车的安全距离为 2~3m；

　　3）第一排漏斗颈至溜井的距离不小于 4m；

　　4）电耙的有限耙运距离通常为 30~50m。

　　6.5.4.4　装载设备出矿底部结构

　　这种底部结构的特点是：矿石借助自重落到运输平巷水平（或平巷顶部），用装载设备（装岩机或振动放矿机）装入矿车。

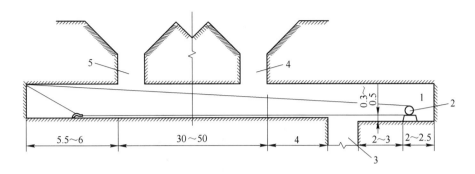

图 6-11 电耙道长度组成

1—绞车硐室；2—电耙；3—溜矿井；4—第一排漏斗；5—最后一个斗穿

A 振动放矿机装矿底部结构

按底部结构受矿部位形状的不同，也可分为漏斗式、堑沟式和人工底部结构三种。

漏斗式底部结构与无格筛自重放矿底部结构（图 6-12）基本相同，只是在运输巷道与漏斗之间安装振动放矿机（图 6-12），使自重放矿变为可控的振动放矿。

堑沟式底部结构和人工底部结构与其他放矿形式的相应底部结构（图 6-4）基本一致，只是在运输巷道与放矿小井或人工漏斗之间安装振动放矿机。

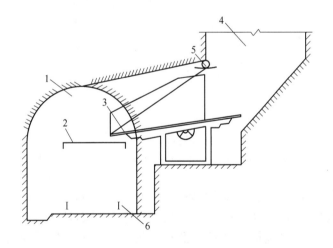

图 6-12 振动放矿机出矿的底部结构示意图

1—运输平巷；2—矿车；3—振动放矿机；4—井颈；5—眉线梁；6—轨道

B 装岩机出矿底部结构

这种底部结构的特点是：矿石借助自重落到矿块底部，经堑沟或平底放矿口溜到装矿横巷的端部，用装岩机装矿，卸入紧随装岩机后部的矿车（图 6-13）。

6.5.4.5 无轨自行设备出矿底部结构

这种底部结构与装岩机出矿底部结构基本相同，但因其机动灵活，不仅能完成装、

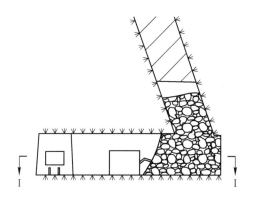

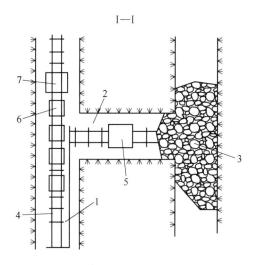

图 6-13 装岩机配矿车的平底结构示意图
1—脉外运输平巷；2—装矿横巷；3—采场；4—轨道；5—装岩机；6—矿车；7—电机车

卸，还能实现短距离运输功能，无须直接往身后的矿车卸载，可自行运输至附近溜矿井卸载，通过溜矿井经振动放矿机向矿车装矿，生产效率大大提高。

铲运机出矿底部结构包括堑沟式和平底式两种。前者是铲运机在连接出矿巷道和 V 形堑沟的装矿进路内铲装矿石，经出矿巷道、联络道运至溜矿井卸矿（图 6-14）；后者是随着遥控铲运机的出现而开发的一种更加简单的铲运机出矿方式，其与堑沟结构的最大区别是底部不开凿 V 形堑沟，而是按采场全宽拉开，初期阶段，铲运机在装矿进路内铲装矿石，采场回采结束后，遥控铲运机进入采空区清理三角矿堆，这种出矿方式不仅简化了底部结构，而且有利于减少采下矿石的损失（图 6-15）。有的大型矿山甚至更进一步，取消出矿巷道和装矿进路，遥控铲运机直接自端部开进空场，全程在空场下铲运矿石。但这种出矿方式必须配合遥控液压破碎设备使用，以解决大块二次破碎问题。

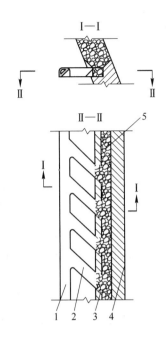

图 6-14　铲运机出矿堑沟底部结构

1—出矿巷道；2—装矿进路；3—V 形堑沟；

4—矿体；5—崩落矿石

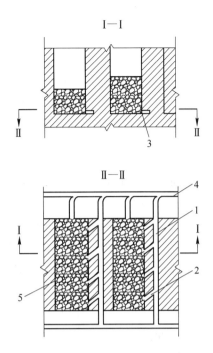

图 6-15　遥控铲运机出矿平底底部结构

1—出矿巷道；2—装矿进路；3—遥控铲运机空区装矿；

4—脉外运输平巷；5—崩落矿石

6.5.5　采准切割工程量计算

采准切割工程（简称采切工程）的主要目的是为矿块大规模开采创造必要的条件，与采矿方法密切相关。由于采准切割工作空间有限，条件艰难，效率较低，因此，应在满足开采条件下尽量减少采准切割工程量。采准切割工程量是衡量采矿方法合理性的一个重要方面，一般用千吨采切比衡量。在矿块尺寸一定（即采出矿量一定）条件下，千吨采切比主要取决于采准切割工程量。采准切割工程量的计算是采矿方法设计的一项重要内容。

为矿块开采服务的井巷工程众多，其中既包括部分开拓工程，也包括回采工程，更包括大量采准切割工程。计算采准切割工程量，首先必须界定哪些井巷工程属于采准切割工程。

（1）采准工程。包括直接为采场出矿服务的沿脉运输巷道（为全矿服务的主运输巷道属于开拓工程）、穿脉巷道、运输横巷、分段平巷、分层平巷、采场联络道、回风平巷、天井或上山（人行天井、设备天井、通风天井、充填天井）、电耙巷道、采场溜矿井（包括耙矿小井）、泄水井等。

（2）切割工程。包括切割天井（或上山）、切割平巷、拉底平巷、切割堑沟，放矿漏斗的漏斗颈及斗穿、深孔凿岩硐室、矿柱凿岩硐室等。切割槽、拉底空间、漏斗辟漏等不列入切割工程。

6.6 回采主要过程

在完成采切工作的回采单元中，进行大量采矿作业的过程，称为回采。回采作业包括凿岩爆破、矿石运搬（出矿）、地压管理等工序。

6.6.1 凿岩爆破

凿岩是用凿岩机具在岩石中凿成炮眼，而爆破则是利用在炮眼内装入的炸药瞬间释放出的巨大能量破碎矿石和岩石。炸药（火药）最早源于中国，是中国古代四大发明之一。

应用凿岩爆破的方法开采矿石，已有几百年的历史。1627 年在匈牙利西利基亚上保罗夫的水平坑道掘进时，开始使用黑火药来破碎岩石。随着科学技术的发展，虽然能采用如高频电磁波、高压水射流和工程机械等方法来破碎岩石，但是，凿岩爆破法由于其操作技术方便，能量输出巨大，生产成本低，仍然是固体矿床开采的传统和最主要的手段。

6.6.1.1 凿岩机械

凿岩机械是在矿岩上钻凿孔眼的主要工具。按照其动作原理和岩石破碎方式，可分为冲击式凿岩机、冲击-回转式凿岩机和回转冲击式凿岩机；按照其所使用动力的不同，可分为风动凿岩机（一般简称凿岩机或风钻）、液压凿岩机和电动凿岩机。现阶段的矿山企业主要使用风动式凿岩机和液压凿岩机。

A 风动凿岩机

风动凿岩机是以压缩空气为动力的凿岩机械。按其安设与推进方式，可分为手持式、气腿式、向上式、导轨式、潜孔式和牙轮式；按配气装置的特点，可分为有阀（活阀、控制阀）式和无阀式；按活塞冲击频率，可分为低频（冲击频率在 2000 次/min 以下）、中频（2000~2500 次/min）和高频（超过 2500 次/min）凿岩机，国产气腿式凿岩机一般都是中、低频凿岩机，目前只有 YTP-26 等少数型号的凿岩机属于高频凿岩机；按回转结构，风动凿岩机可分内回转式和外回转式。

气腿式凿岩机、向上式凿岩机、导轨式凿岩机属冲击-回转式凿岩机。气腿式凿岩机在工作过程中由气腿产生的分力支撑凿岩机本身质量和轴向推力，减轻了作业工人的体力消耗，在井巷掘进、采场回采和其他工程中得到广泛应用，如图 6-16 所示。

凿岩机与气腿整体连接在同一轴线上的，称为向上式凿岩机，主要用于天井的掘进和采场回采，如图 6-17 所示。

导轨式凿岩机是由轨架（或台车）支撑凿岩机，并配有自动推进装置，其质量比较大，一般在 35kg 以上，属于大功率凿岩机，能钻凿孔径 45mm 以上，孔深在 15m 左右的中深孔。图 6-18 所示为导轨式凿岩机与凿岩支架安装示意图，安装在导轨上的凿岩机可在不同位置钻凿不同仰、俯角的中深孔。YCZ-90 是国内常用的中深孔凿岩机。

潜孔钻机是为了不使活塞冲击钎杆的能量随炮孔加深和钎杆加长而损耗所研制的一种凿岩设备，即在凿岩作业时，钻机的冲击部分（冲击器）深入孔内，在钻机推进机构的作用下，通过钻具给钻头施以一定的轴向压力，使钻头紧贴孔底岩石。井下潜孔钻机包括回转供风机构、推进调压机构、操纵机构和凿岩支柱等部分。回转机构是独立的外回转结构，功能是使钻具不断转动。冲击器是深入孔内冲击岩石的动力源。钻头在轴向压力作用和连续旋转的同时，间歇受到冲击器的冲击，对孔底岩石产生冲击-剪切破坏作用，产生的岩粉在经钻杆送至孔底的压缩空气和高压水的作用下，沿钻杆与孔壁之间的环形空隙不断排出。运用潜孔钻机凿岩，其钻孔速度不随孔深的增加而降低，基本上保持不变。

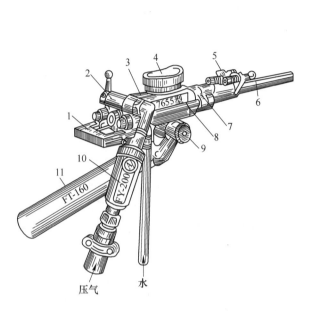

图 6-16 气腿式凿岩机
1—手柄；2—柄体；3—气缸；4—消音罩；5—钎卡；6—钎杆；
7—机头；8—连接螺栓；9—气腿连接轴；10—自动注油器；11—气腿

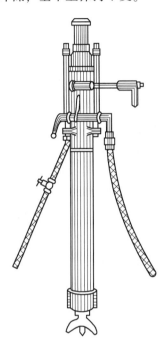

图 6-17 向上式凿岩机（YSP45）

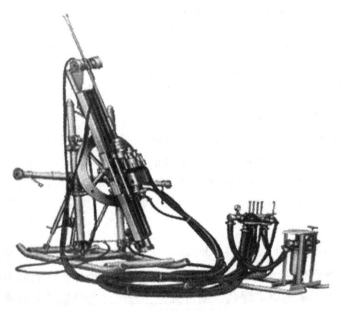

图 6-18 导轨式凿岩机

应用较广的国产地下潜孔钻机型有 QJZ-100A、QI-100B, DQ-150J、KQG-165, 前两款属低压潜孔钻机, 其中, QJZ-100A 适合钻凿水平及下向炮孔, QZJ-100B 可钻凿任意方向炮孔; 后两款属高压潜孔钻机。铜陵某重型机械科技发展有限责任公司生产的 T-100、T-150 地下潜孔钻机也有应用。

国内应用较广的进口潜孔钻机为瑞典 Atlas Copoc 公司的 ROC360 高压地下潜孔钻机以及 Simba260 系列潜孔钻机 (5 个系列中, 因 Simba260/261 不能施工平行孔, 已很少使用, 目前常用的是 Simba262/263/264/364 几个系列)。

B　液压凿岩机

液压凿岩机虽然结构简单、造价低, 但凿岩效率低、噪声大, 国外已广泛采用凿岩效率更高、噪声更低的液压凿岩台车进行各种凿岩工作, 近年来国内液压凿岩台车的应用比重也越来越大。国内应用较广的进口凿岩台车为 Atlas Copoc 公司的 Boomer 281 单臂凿岩台车和 SANDVIK 的 DD 系列 (DD321、DD421、DD530) 巷道掘进台车。

C　岩石电钻

在中硬以下节理裂隙发育及磨蚀性矿石中, 选用岩石电钻 (如 YDX-40) 钻凿水平扇形中深孔是经济有效的, 但岩石电钻功率小、推力不足, 不适合钻凿中深孔。

除上述类型凿岩机外, 还有内燃凿岩机、水压凿岩机、气液联动凿岩机等, 但应用都不是十分广泛。

6.6.1.2　凿岩方式

在矿岩开采中, 根据采矿作业的要求, 广泛采用浅眼凿岩、中深孔接杆式凿岩和深孔潜孔凿岩等方式。

A　浅眼凿岩

浅眼凿岩是指钻凿直径在 34~42mm、孔深在 5m 以内的炮眼。钻凿这种炮眼, 主要是采用气腿式凿岩机、上向式凿岩机和凿岩台车。

气腿式凿岩机, 以 7655、YT-24 型凿岩机最具代表性, 可根据需要钻凿水平、上斜或下斜炮眼; 向上式凿岩机, 又称伸缩式凿岩机, 以 YSP-45 型使用最普遍, 机体与气腿在纵向轴线上连成整体, 由气腿支撑并作向上推进凿岩, 专门用于钻凿与地面成 $60° \sim 90°$ 的向上炮眼; 凿岩台车采用液压动力, 凿岩效率更高, 工人劳动强度更低。

B　中深孔凿岩

中深孔凿岩是指孔径 $d \geq d_0$ ($d_0 = 45 \sim 50mm$)、孔深 15m 左右的炮孔。在地下开采中, 为避免在井下开凿较大的凿岩硐室, 满足换钎的需要, 在有些采矿方法 (如分段空场法、无底柱分段崩落法等) 中, 多采用接杆式凿岩法, 即使用数根钎杆, 随着凿岩加深, 不断接长, 直到达到设计的钻孔深度。

C　深孔、潜孔凿岩

深孔是指孔径 $d \geq d_0$ ($d_0 = 45 \sim 50mm$)、孔深 15m 以上的炮孔。现阶段, 井下深孔凿岩设备主要为潜孔钻机, 是中硬以上岩石中钻凿大直径深孔的有效方法。潜孔钻机除广泛用于钻凿地下采矿的落矿深孔、掘进天井和通风井的吊罐穿绳孔外, 还用于露天矿穿孔。

6.6.1.3 凿岩机数量计算

A 浅孔凿岩机数量

浅孔凿岩按生产采场数配置凿岩设备。一个采场内配置凿岩机数量 N，应按采场崩矿量及凿岩机台班效率确定（假定采场每一工作循环凿岩时间为一个班）：

$$N = \frac{A_1}{qp} \tag{6-3}$$

式中　A_1——采场每一工作循环内落矿量，t；

$\quad\quad p$——凿岩机台班效率，m/（台·班）（参考表6-5）；

$\quad\quad q$——每米炮孔崩矿量，t/m，

$$q = Wa\eta_0\gamma \cdot \frac{1-\partial}{1-\rho} \tag{6-4}$$

$\quad\quad W$——炮孔最小抵抗线（或排距），m；

$\quad\quad a$——炮孔间距，m；

$\quad\quad \eta_0$——炮孔利用率，85%~95%；

$\quad\quad \gamma$——矿石体积质量，t/m³；

$\quad\quad \partial$——矿石损失率，%；

$\quad\quad \rho$——矿石贫化率，%。

采矿所需凿岩机数量为各同时作业采场（包括采准切割采场、矿柱回采采场）以及巷道据进工作面凿岩机台数总和，并考虑100%备用。

表 6-5　浅孔凿岩机台班效率指标参考值　　（m/（台·班））

凿岩机型号	f=6~10	f=12~14	f=16~20
7655、YT24、YTP26	40~60	35~50	25~35
YSP45、YT27、YT28	50~70	40~60	30~40
YCPS42、YGZ50	50~80	50~70	35~50

注：钎头直径40mm，孔深小于3~5m，作业时间4~6h。作业条件与上述不符时，指标应相应调整。

B 中深孔凿岩机数量

中深孔凿岩机数量 N 可计算为：

$$N = \frac{A_1}{qpmn} \tag{6-5}$$

式中　q——每米炮孔崩矿量，t/m；

$\quad\quad p$——凿岩机台班效率，m/（台·班）（参考表6-6）；

$\quad\quad m$——凿岩机年作业率，%，按表6-7选取；

$\quad\quad n$——每循环计划凿岩班数；

$\quad\quad$其他符号意义同前。

中深孔凿岩设备备用量按以下原则考虑：

（1）普通凿岩机备用50%。

（2）凿岩台车备用20%（4台以下备用1台）。

（3）钻架或柱架备用50%。

凿岩机按以下原则配备人员：

（1）普通凿岩机配 1~2 人。

（2）双臂凿岩台车配 2~3 人。

表 6-6　中深孔凿岩机台班效率指标参考值　　　　　（m/（台·班））

设备类型	凿岩机型号	炮孔直径/mm	$f=4\sim6$	$f=8\sim12$	$f=14\sim20$
气动凿岩机	YDZ50	60	30~50	20~30	
	YG80	65		20~40	15~25
	YGZ90	65		30~55	20~35
液压凿岩机	YYG-250A	65		50~75	35~60
岩石电钻	YDX-40	52	20~40		

表 6-7　凿岩机年作业率　　　　　（%）

设备类型	三班作业	两班作业
气动凿岩机	50~70	70~80
液压凿岩机	40~50	60~70
潜孔钻机	40~55	60~70
岩石电钻	45~55	60~70

6.6.1.4　井下采场爆破

A　浅眼爆破

采用浅眼爆破（炮眼直径 45mm 以下、炮孔深度 5.0m 以下）崩矿药量分布较均匀，一般破碎程度较好而不需要进行二次破碎。浅眼爆破炮孔分水平孔和垂直（含倾斜）孔两种（图 6-19）。炮孔水平布置，顶板比较平整，有利于顶板维护，但受工作面限制，一次施工炮孔数目有限，爆破效率较低；炮孔垂直布置优缺点恰好与水平布置相反。因此，矿石比较稳固可采用垂直炮孔，而矿石稳固性较差时，一般采用水平炮眼。

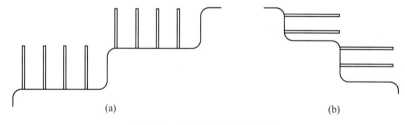

图 6-19　垂直炮孔与水平炮孔
（a）垂直炮孔；（b）水平炮孔

炮眼排列形式有平行排列和交错排列两类（图 6-20）。

浅眼爆破通常采用 32mm 直径的药卷，炮眼直径 d 取 38~42mm。最小抵抗线和炮眼间距 a 可由下式求出：

$$W=(25\sim30)d \tag{6-6}$$

$$a=(1.0\sim1.5)W \tag{6-7}$$

图 6-20 炮孔排列方式
（a）平行排列；（b）交错排列

　　井下浅眼爆破的单位炸药消耗量（爆破单位矿岩所需的炸药量）同矿石性质、炸药性能、炮眼直径、炮眼深度以及采幅宽度等因素有关。一般来说，采幅越窄、眼深越大，单位炸药消耗量越大。单位炸药消耗量根据经验数据可取表 6-8 中的参考值。

表 6-8　井下浅孔炮眼崩矿单位炸药消耗量参考值

矿石坚固性系数 f	<8	8~10	10~15
单位炸药消耗量/kg·m^{-3}	0.26~1.0	1.0~1.6	1.6~2.6

B　中深孔和深孔爆破

　　炮眼直径 $d \geqslant d_0 (d_0 = 45 \sim 50\text{mm})$、炮孔深度不超过 15m 的炮孔称为中深孔；炮眼直径 $d \geqslant d_0 (d_0 = 45 \sim 50\text{mm})$，孔深大于 15m 的炮孔则为深孔。中深孔和深孔布置方式可分为平行孔和扇形孔两类，如图 6-21 所示。按炮眼凿钻方向不同又可分为上向孔、下向孔和水平孔三类。

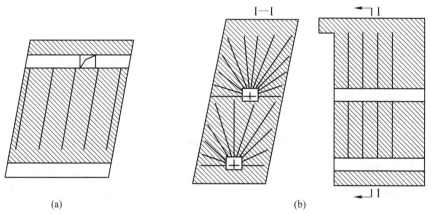

图 6-21　平行深孔和扇形深孔布置
（a）平行炮孔；（b）垂直扇形炮孔

　　扇形孔因其具有凿岩巷道掘进工程量小，炮孔布置较灵活且凿岩设备移动次数少等优点，得到广泛应用。但是，由于扇形孔呈放射状布置、孔口间距小而孔底间距大，崩落矿石块度没有平行孔爆破均匀，深孔利用率也较低，故在矿体形状规则和对矿石破碎程度有较严格要求的场合，应尽量采用平行孔。

除此之外，还有一种由扇形孔发展演变而来的布孔形式——束状孔。其特点是深孔在垂直面和水平面上的投影都呈扇形。束状孔强化了扇形孔的优缺点，通常只应用于矿柱回采和采空区处理工程。

中深孔和深孔爆破参数包括孔径、最小抵抗线、孔间距和单位炸药消耗量等。

（1）孔径。中深孔、深孔直径 d 主要取决于凿岩设备、炸药性能及岩石性质等。采用接杆法凿岩时孔径多为 55～65mm，潜孔凿岩时孔径为 90～110mm，牙轮钻时为 165～200mm。

（2）最小抵抗线。可根据爆破一个炮孔崩矿范围需用的炸药量（单位炸药消耗量乘以该孔所负担的爆破矿量）同该孔可能装入的药量相等的原则计算出最小抵抗线：

$$w = d\sqrt{\frac{7.85\Delta\tau}{m_m q_y}} \qquad (6-8)$$

式中　d——炮孔直径，dm；

　　　Δ——装药密度，kg/dm³；

　　　τ——深孔装药系数，一般取 $\tau = 0.7～0.8$；

　　　m_m——炮孔密集系数，$m_m = a/W$，对于平行深孔取 0.8～1.1；对于扇形深孔，孔口取 0.4～0.7，孔底取 1.1～1.5；

　　　q_y——单位炸药消耗量，kg/m³，主要由矿石性质、炸药性能和采幅宽度确定（表6-9）。

当单位炸药消耗量、炮孔密集系数、装药密度及装药系数等参数为定值时，最小抵抗线也可根据孔径 d 由下式得出：

$$W = (25～35)d \qquad (6-9)$$

（3）孔距。对于平行孔，孔距 a 是指同排相邻孔之间的距离；对于扇形孔，孔距可分为孔底垂距 a（较短的中深孔孔底到相邻孔的垂直距离）和药包顶端垂距 a（堵塞较长的中深孔装药端面至相邻中深孔的垂直距离）。

平行中深孔、深孔可按最小抵抗线 W 进行布孔，扇形孔则应先由最小抵抗线定出排间距，然后逐排进行扇形分布设计。

（4）填塞长度。扇形深孔填塞长度一般为 $(0.4～0.8)W$，相邻深孔采用不同的填塞长度，以避免孔口附近炸药过分集中。

表 6-9　井下中深孔、深孔炮眼崩矿单位炸药消耗量参考值

矿石坚固性系数 f	3～5	5～8	8～12	12～16	>16
初次爆破单位炸药消耗量 q_y/kg·m⁻³	0.2～0.35	0.35～0.5	0.5～0.8	0.8～1.1	1.1～1.5
二次爆破的炸药单耗占 q_y 的百分比/%	10～15	15～25	25～35	35～45	>45

6.6.1.5　炸药与起爆方法

A　浅孔爆破

浅孔爆破多使用乳化卷状炸药，如广泛采用的 MRB 岩石乳化炸药，药卷直径 32mm，

药卷长度 200mm，炸药量 150g。过去广泛使用的 2 号岩石炸药已被禁止使用。

在工程爆破中，常用的起爆方法有：电力起爆法、导爆索起爆法、导爆管起爆法。过去经常使用的导火索起爆法已被禁止，现多采用导爆管起爆法（图 6-22）。

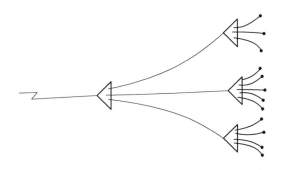

图 6-22　导爆管簇并联起爆网路

B　中深孔、深孔爆破

中深孔、深孔爆破一般使用粒状或粉状铵油炸药或乳化炸药，采用装药器机械装药。装药器是中深孔、深孔地下矿山不可缺少的装药设备。采用风力输送（风压 0.2 ~ 0.4MPa），具有装药速度快、装填密度大、装药效率高、爆破效果好、使用携带方便等优点。目前常用的装药器为 BQF（BQF-50、BQF-100、BQF-100 Ⅱ 等），过去也曾使用 FZY-10 型和 AYZ-150 型装药器。大型矿山采用深孔爆破时，也可采用进口装药车，如瑞典 GIAMECZII 电动液压装药车等。

中深孔、深孔一般采用导爆管加导爆索起爆方法。

6.6.1.6　控制爆破

采用一般爆破方法破碎岩石往往出现爆区内破碎不均、爆区外损伤严重的局面，如使围岩（边坡）原有裂隙扩展或产生新裂隙而降低围岩（边坡）的稳定性；大块率和粉矿率过高，或出现超挖、欠挖现象；随着爆破规模增大而带来的爆破地震效应破坏等。为避免出现上述问题，可采取一定的控制爆破措施合理利用炸药的爆炸能，以达到既满足工程的具体要求，又能将爆破造成的各种损害控制在规定范围内的目的。

A　微差爆破

微差爆破又称毫秒爆破，它是利用毫秒延时雷管实现几毫秒到几十毫秒间隔延期起爆的一种控制爆破方法。实施微差爆破可使爆破地震效应和空气冲击波以及飞石作用降低；增大一次爆破量而减少爆破次数；破碎块度均匀，大块率降低；爆堆集中，有利于提高生产效率。微差爆破的作用原理是：先起爆的炮孔相当于单孔漏斗爆破，漏斗形成后，漏斗体内生成众多贯通裂纹，漏斗体外也受应力场作用而有细小裂纹产生；当第二组微差间隔起爆后，已形成的漏斗及漏斗体外裂纹相当于新增加的自由面，所以后续炮孔的最小抵抗线和爆破作用方向发生变化，加强了入射波及反射拉伸波的破岩作用；前后相邻两组爆破应力波相互叠加也增加了应力波作用效果；破碎的岩块在抛掷过程中相互碰撞，利用动能产生补充破碎，并可使爆堆较为集中；由于相邻炮孔先后以毫秒间隔起爆，所产生的地震波能量在时间上和空间上比较分散，主震相位相互错开，减弱了地震效应。

一般矿山爆破工作中实际采用的微差间隔时间为 15～75ms，通常用 15～30ms。排间微差间隔可取长些，以保证破碎质量、改善爆堆挖掘条件以及减少飞石和后冲。

B　挤压爆破

挤压爆破是在爆区自由面前方人为预留矿石（岩碴），以提高炸药能量利用率和改善破碎质量的控制爆破方法。

挤压爆破的原理在于爆区自由面前方松散矿石的波阻抗大于空气波阻抗，因而反射波能量减小而透射波能量增大。增大的透射波可形成对这些松散矿石的补充破碎；虽然反射波能最小了，但由于自由面前面松散介质的阻挡作用延长了高压爆炸气体产物膨胀做功的时间，有利于裂隙的发展和充分利用爆炸能量。

地下深孔挤压爆破常用于中厚和厚矿体崩落采矿中。挤压爆破第一排孔的最小抵抗线比正常排距大些（一般大 20%～40%），以避开前次爆破后裂的影响，第一排孔的装药量也要相应增加 25%～30%。一次爆破矿层厚度可适当增加，中厚矿体 10～20m，厚矿体取 15～30m。多排微差挤压爆破的单位炸药消耗量比普通微差爆破要高，一般为 0.4～0.5kg/t，时间间隔也比普通爆破延长 30%～60%，以便使前排孔爆破的矿岩产生位移形成良好的空隙槽，为后排创造补偿空间，发挥挤压作用。挤压爆破的空间补偿系数一般仅需 10%～30%。

C　光面爆破

光面爆破是能保证开挖面平整光滑而不受明显破坏的控制爆破技术。采取光面爆破技术通常可在新形成的岩壁上残留清晰可见的孔迹，使超挖量减少到 4%～6%，从而节省了装运、回填、支护等工程量和费用。由于爆破产生的裂隙很少，光面爆破能有效地保护开挖面岩体的稳定性。而且光面爆破掘进的巷道通风阻力小，还可减少岩爆发生的危害。

光面爆破的机理是：在开挖工程的最终开挖面上布置密集的小直径炮眼，在这些孔中不耦合装药（药卷直径小于炮孔直径）或部分孔不装药，各孔同时起爆以使这些孔的连线破裂成平整的光面。当同时起爆光面孔时，由于不耦合装药，药包爆炸产生的压力经过空气间隙的缓冲后显著降低，已不足以在孔壁周围产生粉碎区，而仅在周边孔的连线方向形成贯通裂纹和需要崩落的岩石一侧产生破碎作用，周边孔之间贯通的裂纹即形成平整的破裂面（光面）。

D　预裂爆破

预裂爆破是沿着预计开挖边界面人为制造一条裂缝，将需要保留的矿岩与爆区分离开，有效保护矿岩，降低爆破地震危害的控制爆破方法。

沿着开挖边界钻凿的密集平行炮孔称作预裂孔。在主爆区开挖之间首先起爆预裂孔，由于采用小药卷不耦合装药，在该孔连线方向形成平整的预裂缝，裂缝宽度可达 1～2cm。然后再起爆主爆炮孔组，就可降低主爆炮孔组的爆破地震效应，提高保留区矿岩壁面的稳定性。

预裂缝形成的原理基本上与光面爆破中沿周边眼中心连线产生贯通裂缝形成破裂面的机理相似，不同之处在于预裂孔是在最小抵抗线相当大的情况下提前于主爆孔起爆的。

6.6.1.7　井下爆破应注意的安全问题

井下爆破应特别注意的安全问题有危险距离的确定、早爆和拒爆事故的防止与处理、爆后炮烟中毒的防止等。

危险距离包括爆破震动距离、空气冲击波距离和飞石距离等。在地下较大规模的生产爆破中，空气冲击波的危险距离较远。强烈的空气冲击波在一定距离内可以摧毁设备、管线、构筑物、巷道支架等，并引起采空区顶板的冒落，还可能造成人员伤亡。

早爆事故发生的原因很多，如爆破器材质量不合格，杂散电流、静电、射频电等的存在以及高温或高硫矿区的炸药自燃起爆，误操作等。为了杜绝早爆事故，在器材使用上应尽量选用非电雷管。杂散电流主要来自架线式电机车牵引网路的漏电（直流）和动力电路与照明电路的漏电（交流）。采用电雷管起爆方式时必须事先对爆区进行杂散电流测定，以掌握杂散电流的变化和分布规律，然后采取措施预防和消除杂散电流危害。在无法消除较大的杂散电流时应采用非电起爆方法。炸药微粒在干燥环境下高速运动会使输药管内产生静电积累。预防静电引起早爆事故的主要措施是采用半导体输药管，尽量减少静电产生并将可能产生的静电随时导入大地；采用抗静电雷管，用半导体塑料塞代替绝缘塞，裸露一根脚线使之与金属沟通，或采用纸壳或塑料壳。

6.6.2 矿石搬运

矿石搬运是将回采时崩落的矿石，从落矿地点搬运到运输水平的过程。回采出矿结构和出矿机械化程度是影响矿块生产能力和回采劳动生产率的主要因素之一。地下矿山主要有铲运机出矿、装运机出矿、装岩机出矿、电耙出矿、振动放矿机出矿、漏斗闸门出矿、连续出矿机出矿、铲运机自卸汽车出矿等回采出矿形式。

6.6.2.1 铲运机出矿

铲运机出矿具有机动灵活、出矿能力大、劳动生产率高等优点，其缺点是柴油铲运机排出的废气污染环境，而电动铲运机运行距离有限，而且轮胎消耗量大，设备购置及维修费用高。但随着国产铲运机加工水平的提高，尤其是柴油净化技术进步，铲运机的使用数量已大大增加。

铲运机根据斗容选型，斗容要与矿山生产能力相匹配，50万吨/年生产能力矿山可以选用 $2.0m^3$ 以下铲运机，50万~100万吨/年产能可选用 $2~3m^3$ 铲运机，如果生产能力大于100万吨/a，建议选用 $4m^3$ 以上铲运机。根据国内外铲运机性能，综合考虑性价比，建议 $2m^3$ 以下铲运机可采用国产设备，$4m^3$ 以上铲运机则可考虑选用进口设备。

如果矿山通风效果较好，可以选用柴油铲运机，以扩大铲运机运行距离；如果矿山通风压力较大，则宜选用电动铲运机。

6.6.2.2 装运机出矿

气动装运机由于效率低、噪声大，已逐渐被铲运机所代替。但由于铲运机在我国制造时间和使用时间都不是很长，在某些老的中小型矿山，气动装运机仍有使用，气动装运机是以压气为动力的翻转后卸式装运机，常用型号有 C-30、CG-12、T4G 等，其中 C-30 型气动装运机早期又称为 ZYQ-14 型，与我国气动式装运机不同，国外装运机大都采用柴油作为动力如 JoyTL-45、JoyTL-55（底卸式），JoyYL-110、CavoD-110（倾翻卸料型），JoyEC2、HG-120（推卸型）等。由于柴油装运机废气污染严重，在我国很少使用。

装运机主要用于采场进路中矿石的装运，如无底柱分段崩落法、上向进路充填法和下向进路充填法进路中的出矿，以及采场内多点不固定装运矿石，如上向水平分层充填法采场出矿。

进路出矿结构与铲运机基本相同，但其最佳运输距离为40~50m。

6.6.2.3　装岩机出矿

我国地下矿山应用较早的装岩设备是前装后卸式轨道电动或气动装岩机。20世纪中期，装岩机在我国地下矿山曾被广泛使用，主要用于掘进及回采装矿（岩）。但到20世纪中后期，随着矿山开采技术的进步和出矿设备的不断更新，装岩机逐渐被装运机，尤其是铲运机所取代，其应用范围逐渐缩小。

装岩机主要用于巷道和硐室掘进及采场矿岩的装载作业，直接将矿石装入矿车。由于采用轨道式，因此只能近水平装载，或倾角小于8°的巷道掘进。

6.6.2.4　电耙出矿

自1954年我国开始仿制苏联电耙出矿，1960年后自行设计制造以来，电耙广泛应用于地下开采矿山中矿石运搬作业。1966年以前，电耙是我国地下矿山主要出矿机械设备之一。据20世纪80年代统计，我国有色金属地下矿山采矿量的49%是采用电耙出矿的。近年来随着无轨自行设备的发展，铲运机、装运机、振动放矿机等大量应用于出矿作业，电耙应用范围已逐渐缩小。但由于电耙结构简单，使用可靠，故障少，设备造价及维修费用低，在一些中小型矿山，仍有广泛使用。

6.6.2.5　振动放矿机出矿

振动放矿是通过振动放矿机对矿石松散体的强力振动，并部分借助矿石重力势能，实现均匀、连续强制出矿的方式。

振动放矿机有单轴、双轴和附着式三种类型，矿山大多采用附着式振动放矿机。

振动放矿机出矿具有如下优点：

（1）能显著改善出矿条件，特别是对于块矿、粉矿、黏性矿及冻结矿，改善效果明显，可基本消除放矿过程中的卡矿、结拱和堆滞现象（漏斗卡堵除外）。

（2）比普通漏斗、闸门放矿效率高。据统计，振动放矿机井下出矿能力比气动闸门出矿提高20%~30%，矿车装满系数普遍由0.7~0.8提高到0.9~1.0。

（3）放矿时矿流平稳，易控，安全性高。

虽然振动放矿机不能像自行设备那样灵活机动，只能在固定地点出矿，但它是采场漏斗放矿的主要设备，在矿山得到广泛应用。即使采用铲运机出矿的矿山，铲装至溜矿井的矿石仍然要通过振动放矿机向矿车装矿。

6.6.3　采场通风

采场爆破后产生的炮烟含有大量有毒有害气体，必须经过充分通风，排出炮烟，并经测定确认工作面有毒有害气体浓度及工作面温度达到规定值（表6-10）后，人员方能进入工作面进行下一工序。

表6-10　地下爆破作业点有害气体允许浓度

有害气体名称	CO	N_nO_m	SO_2	H_2S	NH_3	R_n
体积/%	0.0024	0.00025	0.0005	0.00066	0.004	$3700Bq/m^3$
质量/mg·m^{-3}	30	5	15	10	30	

按照《爆破安全规程》（GB 6722—2014）规定，采场爆破后通风等待时间不能低于15min，考虑到采场通风条件一般较差，故通风等待时间应适当延长，一般不低于30~45min。

采矿方法不同，其通风线路也不同，一般是新鲜风流由下阶段运输平巷经通路（泄水井、人行天井、联络道等）进入工作面吹稀炮烟，污风从回风天井进入上阶段回风平巷。

采矿方法不同，需通风的地点也不同，如房柱法、留矿法、分层充填法等，人员在采场内作业，故应加强采场内通风；矿房法（分段、阶段）、有（无）底柱分段崩落法、进路充填法等，人员在专用巷道内作业，故通风的重点是作业巷道。

采矿方法不同，通风质量差异较大，如空场法、水平分层充填法通风线路顺畅，通风效果较好；进路充填法是独头掘进，通风效果较差，应加强局部通风措施；崩落法污风因需穿过爆堆，通风条件也较差，也应加强局部通风。

人员进入独头工作面之前，应开动局部通风设备通风，确保空气质量满足作业要求。独头工作面有人作业时，局扇应连续运转。

停止作业并已撤除通风设备而又无贯穿风流通风的采场、独头上山或较长的独头巷道，应设栅栏和警示标志，防止人员进入。若需要重新进入，应进行通风和分析空气成分，确保有害气体不超过允许浓度（表6-10），确认安全方准进入。

6.6.4　采场地压管理

资料显示，在国内的矿业事故、交通事故、爆炸事故、火灾、毒物泄漏和中毒、建筑事故等几大类安全事故中，矿山事故占60%。而在井下矿山的顶板冒顶片帮、爆炸、透水、煤与瓦斯突出、炮烟中毒、火灾、矿车脱轨跑车等几大类事故中，顶板事故又占到了26.5%~30%。近两年矿山事故统计资料分析表明，因冒顶片帮引起的事故占重伤以上事故的绝大部分，在矿山轻伤以上事故中也占到了31%。因此采场地压管理的重点是采场顶板安全管理。

6.6.4.1　采场地压管理

采场地压管理是贯穿回采作业全过程的不间断日常管理，包括：

（1）采场爆破，经充分通风排出炮烟后，人员进入采场后的敲帮问顶、清除浮岩工作。回采作业，应事先处理顶板和两帮的浮石，确认安全方准进行。不应在同一采同时凿岩和处理浮石。作业中发现局部冒顶预兆应停止作业进行处理；大面积冒顶危险征兆，应立即通知作业人员撤离现场，并及时上报。在井下处理浮石时，应停止其他妨碍处理浮石的作业。

（2）各工序作业过程中的采场顶板稳固性监测工作。发现大面积地压活动预兆，应立即停止作业，将人员撤至安全地点。

（3）不稳固采场的支护工作。围岩松软不稳固的回采工作面、采准和切割巷道，应采取支护措施；因爆破或其他原因而受破坏的支护，应及时修复，确认安全后方准作业。

6.6.4.2　采场支护

采场支护是指在回采过程中对采场顶板、围岩进行加固的作业，以保障回采作业安全。采场支护方法与巷道支护方法基本相同。

A 采场支护类型

根据围岩加固方式，采场支护分为单体局部支护和整体系统支护两种，前者适用于相对较稳固岩层，后者适用于不稳固或稳固性较差的岩层。

根据支护材料和支架种类，采场支护分为锚杆支护、长锚索支护、喷射混凝土支护（喷浆支护）、支架支护、特殊支护和联合支护六类。其中采场支架支护一般采用液压或水压等可移动式支架，巷道经常采用的钢支架、木支架、砌筑支护等在采场内一般不采用。

B 支护类型选择

采场支护形式一般根据矿岩稳固性确定。为减少支护工程量，应在保证采场安全的前提下，尽量少支护或采用简单的支护方式。

C 锚杆支护

锚杆支护种类繁多，材料来源广泛，加工制作简单，运输安装方便，使用安全可靠，使用范围广，是国内外矿山广泛使用的采场支护形式。

锚杆分类及其使用条件汇总于表6-11。矿山可根据自身矿岩稳固性及经济技术条件，选择合适的锚杆类型。

表 6-11 锚杆类型及使用条件

锚杆类型	锚杆名称	锚固力	使用条件	使用情况
机械锚固点锚固	金属楔缝式锚杆	50~100kN	中硬以上矿岩	原应用较广，现较少应用
	金属胀壳式锚杆	60~120kN	中硬以上矿岩	黄金矿山应用较多
	金属倒楔式锚杆	50~100kN	中硬以上矿岩	煤矿应用较多，金属矿应用较少
注浆锚杆	钢筋、钢丝绳砂浆锚杆	50~150kN	顶板允许暴露时间2d以上	应用较广
	树脂锚杆	端头锚固：60~120kN，全长锚固：150kN以上		应用较广
摩擦式锚杆	管缝式锚杆	80~100kN	软岩及破碎岩石更有效	应用较广
	水压膨胀锚杆	80~100kN	软岩及破碎岩石更有效	效果好，但成本高

D 长锚索支护

该方法以锚索作为承受拉力的杆状构件，通过钻孔将钢绞线或高强钢丝固定于深部稳定岩层中，从而达到使被加固体稳定和限制其变形的目的。

据文献报道，美国于1918年在西利西安矿山首先开始使用锚索支护技术，近年来，英国、澳大利亚等采矿业较发达的国家，注重锚索技术的应用和发展，在较差的围岩条件下，为提高支护强度和效果，通常采用锚索做加强支护。在交叉点、断层带、破碎带和受采动影响难以支护的巷道中，也都采用锚索加固技术。

我国1964年在梅山水库右岸坝基的加固中首次使用锚索加固技术。目前，锚喷技术已经成为我国煤矿巷道支护的主要形式之一，而锚索加固也已从原来的岩巷扩展应用于采场，围岩松散或受采动影响大的巷道、大硐室、切眼、交叉点及构造带等需要加大支护长度和提高支护效果的地方，采用预应力锚索是非常行之有效的方法。

随着高强钢材和钢丝的出现以及钻孔灌浆技术的发展和锚固作用机理研究的深入，锚索日益广泛地应用于坝基加固，边坡加固，地下工程围岩支护，结构抗浮，结构抗倾及矿井顶底板、侧帮支护等方面。其优点是：锚固力大，锚固岩体较深，结构简单，锚固性能可靠，经济效益明显。其缺点是：工艺复杂，对腐蚀性和岩体质量的灵敏度高，拉力型锚索应力集中现象明显。

锚索除具有普通锚杆的悬吊作用、组合梁作用、组合拱作用、楔固作用外，与普通锚杆不同的是对顶板进行深部锚固而产生强力悬吊作用，并将其牢固悬吊在上部稳定岩体中。由于锚索支护能提高巷道顶板的承载能力，改善巷道受力条件，使顶板得到有效控制，故巷道和采场片帮问题也得到了较好的解决。

长锚索支护主要应用于充填法和空场法采场。通过长锚索预先加固顶板和上下盘围岩，可提高采场内作业的安全性。

E 喷射混凝土支护

由于喷射混凝土可能恶化矿石选别性能，因此，喷射混凝土支护在采场支护中的应用不如巷道支护广泛，主要用于进路支护（如进路充填法、分段崩落法等）。

水泥砂浆配比一般为：水泥：沙子：石子（20~25mm 以下）= 1：2：2；水灰比 = 0.4~0.5。喷射厚度一般为 30~50mm，矿岩稳固性差、进路跨度大时，喷射厚度可达70~100mm。为减少混凝土喷射时的反弹率，改善喷浆工作面环境，提高喷射质量，应大力推广湿喷技术。

F 支架支护

采场支架支护主要采用液压或水压单体支架（柱），该类支架可重复使用，主要用于层状矿岩或整体性较好矿岩的临时支护，如果节理裂隙发育，则支护效果欠佳。

单体液压支柱是 20 世纪 70 年代从德国引进的技术，由于其工作阻力大，操作方便，劳动强度低，安全可靠而被煤矿广泛应用。水压支架则在金属矿山得到一定程度的应用。

图 6-23 所示为湘西金矿使用的快速让压水压支柱，包括支柱体和加长件两部分。支撑时，可根据采空区的高度调节使用加长件，以满足支撑高度的需要。支柱体的滑动支撑高度为500mm，一般加长件的长度为450mm。为抵抗回采时的爆破冲击破坏，支柱的滑动缸套外面包有一层重型聚乙烯保护筒，壁厚16mm。支柱体主要由杆体和缸套组成，杆体顶部的活塞与缸套紧密配合，形成液压加载系统。关键部分是安装在支柱缸套上的单向和置于杆体活塞中心部位的快速让压。工作时高压泵输入的高压水由单向注入活塞与缸套形成的封闭充水腔内，在高压水的作用下，支柱缸套缓缓上升，直至

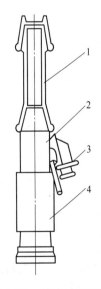

图 6-23 水压支柱原理图
1—加长件；2—支柱体；
3—单向阀；4—保护套

接触到采场顶板。这时，高压泵继续工作，支柱紧紧地支撑在顶板岩石上，直到高压泵自动停止工作为止。支柱的最大初撑力可达到 200kN。

G 特殊支护法

采场支护还有许多特殊的方法，如水泥注浆法、化学注浆法、沥青注浆法、黏土注浆法、冻结法、电化学法、热力加固法等，这类方法仅在特殊条件下使用。

H 联合支护法

如果矿岩稳固性差，节理裂隙发育，单一支护方法不能提供有效支撑，可采用两种或两种以上的支护形式，称为联合支护。

常见的联合支护方式有：喷锚支护（喷射混凝土+锚杆）、锚网支护（锚杆+金属网）和喷锚网支护（喷射混凝土+金属网+锚杆）。

I 支护实例

国内矿山支护实例、国内部分矿山支护方式开采技术条件见表6-12。可对比开采技术条件灵活选取。

表 6-12 国内部分矿山支护方式开采技术条件

矿山名称	采矿方法	开采技术条件	采场支护情况
车江铜矿	全面采矿法	矿体为似层状砂岩，厚度1~2m；顶板界限不明显，中等稳固；底板为红色细粒砂岩，稳定性差	直径22mm金属楔缝式锚杆和钢丝绳砂浆锚杆，间距1.5m×1.5m，长1.8~2.0m
张家口金矿	房柱采矿法	矿体形态复杂，倾角14°~20°，厚度0.28~8.15m；顶底板均为含金蚀变岩，节理裂隙发育，局部破碎	中等稳固地段锚杆支护；不稳固地段锚网支护。金属胀壳式和管缝式锚杆，金属网用8号铁丝编制，网度50mm×50mm
锡矿山锑矿	房柱采矿法	似层状矿体，顶板为页岩、灰页岩，中等稳固至不稳固	楔缝式锚杆支护，直径25mm，长度2.3m，网度0.8m×1.0m
栾川钼矿	房柱采矿法	矿石结构致密，稳固性好，局部地段由于受构造破坏，裂隙发育	采场喷浆支护，喷浆厚度50mm，破碎地段喷锚支护，砂浆钢筋锚杆，直径18~20mm，长度2m，每根锚杆支护面积1.0~1.5m²
九华山铜矿	浅孔留矿法	矿体赋存于闪长玢岩与大理岩接触带中，节理裂隙发育	长锚索支护：采用废旧钢丝绳，直径25.4mm和15mm，钻孔直径50mm和90mm，钻孔深14~40m，网度2.5m×3.0m
程潮铁矿	分段崩落法	矿体节理发育，稳固性差；上盘为闪长岩，较破碎；下盘为花岗岩；与矿体接触处为矽卡岩，节理裂隙发育，稳固性差	喷锚支护：砂浆锚杆，杆体为直径20~22mm螺纹钢筋，长度1.5~2.5m，排距0.8~1.0m，钻孔直径40~50mm，砂浆灰砂比1:1，水灰比0.4~0.45；喷浆厚度80~85mm，配合比，水泥：沙子：石子=1:3.27:1.14，水灰比0.58

矿山名称	采矿方法	开采技术条件	采场支护情况
凡口铅锌矿	上向水平分层充填法	矿体稳固性好，但靠上下盘矿体局部稳固性差；上下盘为灰岩，稳固性好，局部泥质灰岩稳固性差	锚网支护：25mm 楔缝式或 38mm 管缝式锚杆，网度 1.4m×1.5m；金属网采用 14 号铁丝编制，网度 25mm×25mm
焦家金矿	上向进路充填法	矿体节理裂隙发育，如不支护，极易冒落	胀壳式锚杆支护：直径 16mm，长度 1.8m，网度 1.0m×1.0m 或 1.5m×1.5m

6.7 回采工艺循环

在实际生产中，回采除了落矿、矿石运搬、地压管理三项主要工艺外，还有其他一些辅助工艺，诸如通风、移动设备、接风水管、洒水、运送支护材料、处理浮石等。回采的各工艺是按照一定的顺序循环进行的。

在回采工作面，按照一定顺序循环地重复完成各项工艺的总和，称为回采工艺循环。为了协调生产，表达或总结现有工艺，挖掘生产潜力，总结推广交流生产经验，需要编制循环图表。最简单的循环图表也应表明回采的工艺顺序和各项工艺所需的时间；较全面的循环图表还要说明操作人员和作业位置的变化情况等。表 6-13 是某铜矿使用浅孔留矿采矿法的回采工艺循环图表。

表 6-13 浅孔留矿法回采工艺循环图表

项 目	所需时间/h	第一班								第二班								第三班							
		1	2	3	4	5	6	7	8	1	2	3	4	5	6	7	8	1	2	3	4	5	6	7	8
凿岩准备	1																								
凿岩	5																								
装药爆破	2																								
耙矿准备	1																								
耙矿	7																								
安全检查	1																								
洒水	0.5																								
撬浮石	3																								
破碎大块	1.5																								
平场	2																								

回采中有些工艺可以平行进行，有些是不能平行进行的。平行作业可以缩短循环的总时间，提高采矿强度。但采矿强度提高的程度与劳动生产率提高的程度并非一样。在提高采矿强度时，要注意工艺之间的衔接配合，使劳动效率能够同步提高。

回采工作循环图表与回采的劳动组织关系极为密切，因此编制循环图表与确定劳动组织是同时进行的。

复习思考题

6-1　采矿方法分类有什么意义，目前常用的分类依据是什么，采矿方法分为几类?

6-2　什么是采准工程，采准工程主要有哪些?

6-3　什么是切割工程，切割工程主要有哪些?

6-4　回采的主要生产工艺是什么，各有什么作用?

6-5　简述地下凿岩爆破的方法、特点及其适用条件。

6-6　简述出矿的形式及其适用条件。

6-7　底部结构的作用是什么，按比例绘制常用底部结构图并简述其受矿放矿过程。

6-8　采场地压管理的任务是什么?

6-9　控制采场地压管理的常用方法是什么?

6-10　绘制一个矿块回采的回采工作循环图表。

7 空场采矿法

在矿房开采过程不用人工支撑中，充分利用矿石与围岩的自然支撑力，将矿石与围岩的暴露面积和暴露时间控制在其稳固程度所允许的安全范围内的采矿方法总称空场采矿法。

空场采矿法的特点是，将矿块划分为矿房与矿柱（图7-1），先采矿房，后采矿柱，开采矿房时用矿柱及围岩的自然支撑力进行地压管理，开采空间始终保持敞空状态。矿柱视矿岩稳固程度、工艺需要与矿石价值可以在矿房回采完成后部分回采或作为永久损失，由于矿柱的开采条件与矿房有较大的差别，若回采则常用其他方法。为保证矿山生产的安全与持续，在矿柱回采之前或同时，应对矿房空区进行必要的处理。

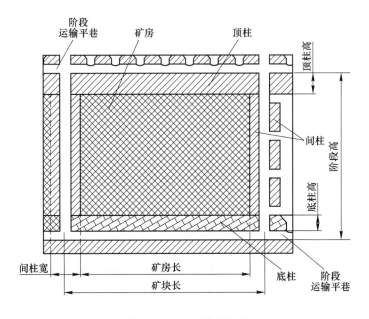

图 7-1 矿房矿柱的划分

空场采矿法是生产效率较高而成本较低的采矿方法，是我国应用得最早和最广泛的，也是技术上最成熟的采矿方法之一，在国内外的各类矿山得到了广泛的使用。

空场法开采矿体的必要条件是矿石围岩均需稳固。使用空场采矿法，必须正确地确定矿块结构参数和回采顺序，以利于采场地压管理及安全生产。

根据被开采矿体的倾角、厚度等条件不同，空场采矿法可分为以下几种：

（1）全面采矿法。

（2）房柱采矿法。

（3）留矿采矿法。

（4）分段矿房法。

（5）阶段矿房法。

7.1　全面采矿法

全面采矿法与房柱采矿法极为相似，也是用来开采水平微倾斜、缓倾斜矿体的空场采矿法。但全面采矿法所开采的矿体厚度不应大于 4m。全面采矿法的采区可不划分为矿块，回采工作面可以逆倾向、沿走向、逆伪倾向全面推进。因此，采场范围大，沿走向长度可达 50~100m。回采过程中留下来的矿柱（或岩柱），可以是不规则的，其数量、形状、间距、尺寸及位置比较灵活，可将贫矿、夹石、无矿带留下，或按顶板管理的要求留下不规则的孤立矿柱来支撑空区。开采高价、富矿时也可用木柱、木垛、石垛、混凝土垛、锚杆等人工材料来代替矿柱，提高矿石回采率。

7.1.1　典型方案

我国常用的是如图 7-2 所示的浅孔落矿电耙运搬的全面采矿法。

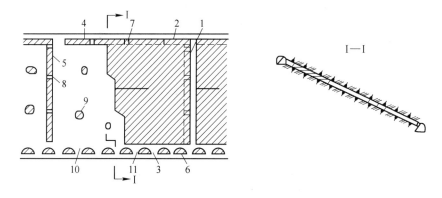

图 7-2　全面采矿法

1—切割上山；2—回风平巷；3—阶段平巷；4—顶柱；5—间柱；6—底柱；

7, 8—人行道或安全口；9—不规则矿柱或岩柱；10—矿石溜井；11—切割平巷

7.1.1.1　矿块布置及构成要素

矿块沿走向布置，其长度可以是 50m 或更大，矿块沿倾斜方向的长度一般为 40~60m，增加沿走向的长度可以减少矿块数，减少采切工程量，但阶段内同时工作的矿块数也将相应减少，会影响阶段生产能力，故采区长度还应当用阶段生产能力来校核。

年产量不大、走向长度小的矿体，阶段可不划分采区，整个阶段沿走向，逆倾向或伪倾向全面推进。

顶柱宽度 2~3m，间柱宽度 6~8m，矿石溜井间距 5~7m。采空区内的不规则矿柱，根据夹石、贫矿的分布及顶板管理的需要来确定其数量、规格与位置。

7.1.1.2　采准与切割工程

先掘进的阶段平巷，一般布置于脉内，当矿体产状变大时也可将它布置在下盘围岩

中，这样虽增加了脉外工程量，但矿石溜井有一定的储矿能力，对缓和采场运搬与矿石运输、提高阶段生产能力有利。矿石溜井的间距为 5~7m。切割平巷连通各矿石溜井的上口，作为回采工作的一个自由面。逆矿体倾向掘进的切割上山贯通回风平巷，并作为回采工作的起始线。在间柱（也称矿壁）内每隔 10~15m 掘进人行道或安全口。回采过程中，在上部阶段矿柱内每隔一定距离掘进人行道或安全口连通回风平巷。电耙硐室的位置与矿石溜井相对应，也可以用如图 7-3 所示的移动电耙接力耙运矿石。

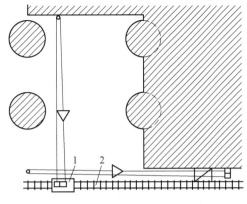

图 7-3　移动电耙绞车接力耙运
1—移动小车；2—轨道

7.1.1.3　回采工作

回采工作由切割上山的一侧或两侧开始沿矿体走向全面推进，为使凿岩与采场运搬平行作业，工作面可布置成阶梯状，依次超前一定的距离，阶梯数常为 2~3 个。

使用气腿式凿岩机凿岩，视矿石坚固程度、矿体厚度及工作循环要求来确定凿岩爆破参数，但炮孔不可穿过顶底板以保证安全及降低矿石贫化损失。若有可能，近顶板的炮孔使用光面爆破技术，以保持顶板的稳固性。

回采过程中，应视顶板的稳固程度及矿床有用组分的分布情况，将贫矿、夹石、无矿带留作不规则的矿（岩）柱，当然，必要时一般矿石也得留作矿柱。圆形矿柱的直径常为 3~5m，矩形矿柱的规格为 3m×5m。为提高矿石回采率，也可以用木柱、丛柱、锚杆及垛积材料进行支撑。图 7-4 所示为哑铃型钢筋混凝土垛积预制块的结构及架设情况。采场回采完毕，视安全情况，可部分地回收矿柱。锚杆支护工作量小，成本低，效果好，且利于矿石运搬。锚杆长度一般为 1.8~2.5m，安装密度为 0.8m×0.8m~1.5m×1.5m。

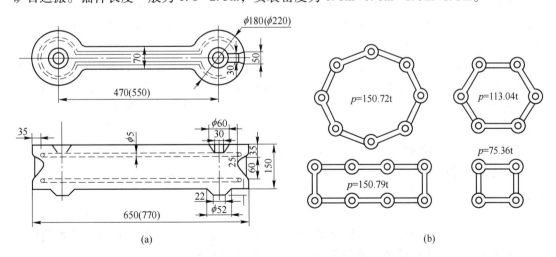

(a)　　　　　　　　　　　　　　　　(b)

图 7-4　哑铃型混凝土预制块
(a) 哑铃型混凝土预制块，当架设高度超过 3.5m 时，宜选用括号内尺寸；
(b) 架垛形式，p 为支撑荷载，单位为 t

7.1.2　实例

巴里锡矿为锡石多金属硫化矿床，以层状、似层状产出，矿体厚度不大予 2.5m，倾角小于 35°，矿体走向长 300～350m，矿石稳固或中等稳固，围岩为灰岩或硅质页岩，稳固系数 $f=9～10$ 至 $12～15$。使用如图 7-5 所示的沿走向全面推进的全面采矿法，阶段高 20m，阶段斜长 40～50m。上部阶段矿柱宽 1.5m，下部 3m。回采过程中留不规则矿柱，规格为 $2m×2m～3m×3m$，间距为 6～15m。

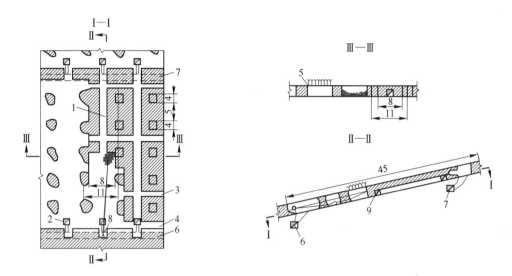

图 7-5　浅孔柱法采矿方法典型方案

1—上山；2—放矿溜井；3—联络平巷；4—切割平巷；5—锚杆；6—运输巷道；7—回风巷道；
8—电耙绞车硐室；9—联络平巷

采切工程简单，阶段沿脉运输平巷及切割上山均利用原来的勘探工程。在阶段运输平巷的一侧开电耙硐室。在预定位置开装矿口，并逆矿体倾斜推进 4～5m 后形成喇叭口，用木料架设闸门即可进行回采。

回采工作面分成两个阶梯进行，下阶梯超前 1～2 排炮孔，使用气腿凿岩机打梅花形炮眼，排距 0.8～1m，眼距 0.8～1.2m，炮孔直径为 38～43mm，用火雷管或导爆管超爆。采场运搬使用 30kW 电耙，安装导向滑轮后作拐弯耙矿。利用矿山总负压进行通风，效果良好。

随着回采工作面的推进，每隔 15m 左右在上部阶段矿柱中打一个通风口。

采场顶板除用矿柱支撑外，局部不稳地段用丛柱或小木垛支护。

7.1.3　评价

全面采矿法工作面宽广，工作组织简单，劳动生产率较高，采场通风好，坑木消耗量少，采矿成本低，能在采场内进行手选，所以矿石贫化率不高。

当留矿柱较多时，矿石损失量较大；采场顶板暴露面积大，安全性较差。这两点是全面法的缺点。

7.1.4 适用条件

适用条件如下：

（1）矿体、围岩均稳固。

（2）水平微倾斜矿体或倾角不大于 30°~35° 的缓倾斜矿体。

（3）矿体厚度不宜大于 5~7m，国内大部分矿山用于开采厚度为 1.5~3m 的矿体。

（4）矿体产状稳定的贫矿体，特别是开采矿石品位分布不均或带有夹石、无矿带的矿体最为有利。

7.1.5 全面采矿法技术经济指标

全面采矿法主要技术经济指标见表 7-1。

表 7-1 全面采矿法主要技术经济指标

矿山名称	矿体及围岩情况		主要技术经济指标								
	矿体	围岩	矿块斜长/m	矿块生产能力/t·d⁻¹	采切比/m·kt⁻¹	损失率/%	贫化率/%	工作面工班效率/吨·(工·班)⁻¹	炸药单耗/kg·t⁻¹	雷管消耗/发·吨⁻¹	木材消耗/m³·t⁻¹
綦江铁矿大罗坝矿区	厚 0.9~3m，倾角 18°~22°，$f=5~8$	顶板 $f=10~16$ 底板 $f=2~3$	40~60	70	12.4~14.0	10	6~9	12	0.25	0.19	
松树脚矿	厚 0.4~3m，倾角 25°~40°，$f=10~12$	顶板 $f=10~16$ 底板 $f=12~14$	50~70	50~90	12.4~14.0	14~20	8~17	3.5~7.0	0.47	0.32~0.67	0.004
大厂巴里锡矿	厚 2.5m，倾角小于 30°，稳固	顶板 $f=9~15$ 底板 $f=12~14$	40~50	50~80	30	8~13	<15	10~13	0.51~0.63	0.41~0.56	0.005

7.2 房柱采矿法

房柱采矿法是用于开采水平、微倾斜、缓倾斜矿体的采矿方法。它的特点是：在划分采区或矿块的基础上，矿房与矿柱交替布置，回采矿房的同时留下规则的连续或不连续矿柱，用以支撑开采空间进行地压管理。

水平矿体使用房柱法，矿房的回采由采场的一侧向另一侧推进，矿块回采后留下的矿柱，一般不予回采，用作永久性支撑。但开采高价矿或富矿时，为提高矿石回采率，先留下较大的连续矿柱，待矿房采完并充填后再回采矿柱；也有的矿山留下连续的条带状矿柱，待矿房采完后，后退式地回采部分矿柱。

房柱采矿法是劳动生产率较高的采矿方法之一，在国内外的矿山使用广泛。目前，使用最多的是浅孔落矿房柱法，也有的矿山开始使用中孔落矿。随着无轨设备的大量使用，国外不少矿山已开始使用无轨设备深孔开采方案。

7.2.1 浅孔落矿、电耙运搬房柱法

浅孔落矿、电耙运搬房柱法的典型方案如图 7-6 所示。

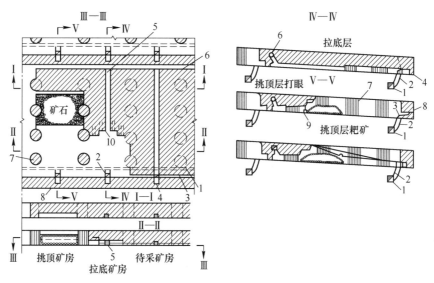

图 7-6 浅孔房柱法典型方案

1—阶段巷道；2—放矿溜井；3—切割平巷；4—电耙绞车硐室；5—上山；
6—联络平巷；7—矿柱；8—电耙绞车；9—凿岩机；10—炮孔

7.2.1.1 矿块构成要素

矿块沿矿体倾斜布置，矿块再划分为矿房与矿柱。矿块矿柱也称为支撑矿柱，支撑矿柱横断面多为圆形或矩形，支撑矿柱规则排列并与矿房交替布置。为使上下阶段采场相互隔开，各阶段留有一条连续的条带状矿柱，称为阶段矿柱。沿矿体走向每隔 4~6 个矿块再留一条沿倾向的条带状连续矿柱，称为采区矿柱。上下以两阶段矿柱为界、左右以两采区矿柱为界的开采范围称为采区。

（1）矿房长度，取决于电耙的有效耙运距离，30~50m，一般不超过 60m。

（2）矿房宽度，取决于矿体顶板的稳定程度与矿体的厚度，一般为 8~20m。

（3）矿柱尺寸及间距，取决于矿柱强度及支撑载荷。

采区矿柱与支撑矿柱的作用是不相同的。采区矿柱主要用于支撑整个采区范围顶板覆岩的载荷，保护采区巷道，隔离采区空场，宽度一般为 4~6m。支撑矿柱的主要作用是限制开采空间顶板的跨度，使之不超过许用跨度并支撑矿房顶板。矿柱尺寸可参考类似矿山的经验值并逐步通过生产实践，确定符合矿山实际条件的最优矿柱尺寸与间距。一般矿柱的直径或边长为 3~7m，间距为 5~8m。

为避免应力集中，提高矿柱的承载能力，矿柱与顶底板应采取圆弧过渡的方式相连。矿柱的中心线应与其受力方向一致或基本一致，当矿体倾角较大时尤其应注意到这一点。

7.2.1.2 采准与切割工程

在下盘脉外距矿体底板5~8m掘进阶段运输巷道，自每个矿房中心线位置开矿石溜井至矿体，在阶段矿柱中掘进电耙绞车硐室，沿矿房中心线并紧靠矿体底板掘进矿房上山贯通联络平巷。矿房上山与联络平巷用于采场人行、通风及运搬材料设备，矿房上山还是回采时的一个自由面。

7.2.1.3 回采工作

A 工作面推进形式

若矿体厚度不大于2.5~3m，矿房采用单层回采，由矿房上山与切割平巷相交的部位用浅孔扩开，开始回采，工作面逆矿体倾斜推进。

当矿体厚度大于3m时应分层回采，分层高度2m左右。若矿石比上盘岩石稳固或同等稳固，可采用先拉底，再挑顶采第二层、第三层，直至顶板的上向阶梯工作面回采（图7-7）。可用气腿式凿岩机、平柱式凿岩机或者上向式凿岩机落矿。工作面推至预留矿柱处，多布眼少装药将矿柱掏出来，采下矿石暂留一部分在采场内，作为继续上采的工作台。紧靠上盘的一层矿石宜用光面爆破落矿，以保护顶板。

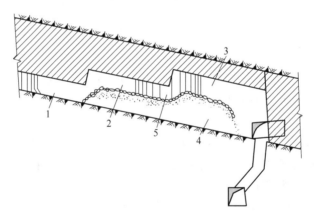

图7-7 上向阶梯工作面回采
1—拉底层；2—第二分层；3—第三分层；4—矿堆；5—矿柱

当矿体上盘岩石比矿石稳固时，有的矿山采用如图7-8所示的下向阶梯工作面回采。下向阶梯工作面回采就是通过切割天井先采紧靠顶板的最上一分层（也称切顶），待其推进至适当距离后，再依次回采下面分层；上分层间超前下分层一定距离，近矿体底板的一层最后开采。

上向阶梯工作面回采比下向阶梯工作面回采由于效率高、清扫底板容易、在高悬顶板下作业的时间短等优点而广泛被矿山采用。

B 矿石运搬

电耙运搬矿石需经常改变电耙滑轮的位置。使用三卷筒电耙绞车，虽省去了多次改变电耙滑轮位置的麻烦，但电耙绞车旁边的矿石仍无法耙走。一些矿山使用如图7-3所示的

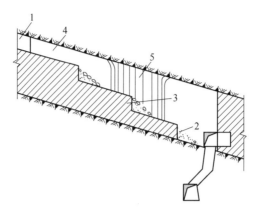

图 7-8　下向阶梯工作面回采

1—矿房上山；2—第一分层；3—第二分层；4—最上一分层；5—矿柱

移动电耙绞车接力耙运，可把整个矿房范围内的矿石耙完。第一台电耙安装于可在轨道上行走的小车中，把下来的矿石，再由第二台电耙接力耙至相邻采场的溜井中。

　　C　采场通风

　　采场通风简单，新鲜风流由采区人行进风井进入，经切割平巷清洗工作面，污风通过矿房上山、联络平巷进入回风巷道排出。

7.2.2　中深孔房柱法

　　中深孔房柱法有切顶与不切顶两种方案。切顶方案是先将未采矿石与顶板分开，其目的是防止中深孔落矿时破坏顶板稳固性，便于用锚杆预先支护顶板和为下向中深孔设备的作业开辟工作空间。

7.2.2.1　缓倾斜矿体中深孔房柱法

　　图 7-9 所示为荆襄磷矿王集矿开采矿石和围岩均稳固的缓倾斜矿体时所用的方法，该方法为不切顶中深孔房柱采矿法。

　　矿块沿矿体走向布置，阶段高 30m，斜长 50~60m，采区长 100m，采区内布置矿块 15个，矿房跨度 15m，留规格为 5m×6m~5m×8m 的矩形矿柱。阶段矿柱宽 3m，采区矿柱宽 5m。

　　用 FIY-25 型台架配 YG-80 型凿岩机打上向扇形中深孔，孔深 12~14m，孔径 $\phi 55$~60mm，台班效率为 39m，最小抵抗线 1.6~1.8m，炮孔密集系数 1~1.13，装药器装药，每次爆破 2~3 排孔，每米炮孔崩矿量为 4.21t。

　　使用 2DPJ-55 型电耙配 0.6m³ 耙斗沿矿体倾斜方向向下耙矿，台班效率为 109t。作业人员不进入开采空间，作业安全，对于局部顶板不稳固的地方，采用锚杆加强支护。

7.2.2.2　近水平矿体中深孔房柱法

　　国外采用大型自行运搬设备，将中深孔房柱法应用于开采水平、近水平的中厚矿体。图 7-10 所示为苏联北哈萨克斯坦铜矿开采厚度为 6~8m 近水平矿体的圆形矿柱房柱采矿法。图 7-11 所示为采场立体图。每个采区内有 6~7 个矿房。回采工作线总长约 150m，可分为 3 个 40~60m 的区段，分别在其内进行凿岩、装矿、锚顶作业。矿房跨度与矿柱尺寸

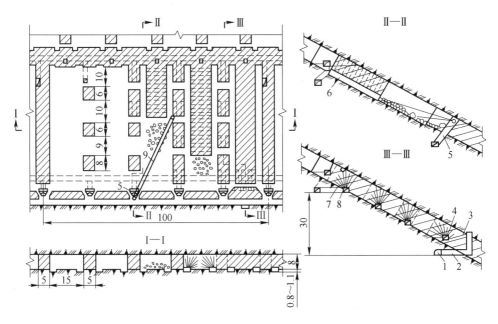

图 7-9 荆襄磷矿王集矿不切顶中深孔房柱采矿法
1—运输平巷；2—联络巷；3—联络平巷；4—拉底切割平巷；5—放矿小井；
6—凿岩上山；7—人行平巷；8—凿岩平巷；9—电耙

取决于开采深度和矿岩坚固性。开采空间的地压主要靠采区矿柱支撑，采区矿柱宽度为10~20m。房间支撑矿柱用于保证矿房跨度不超过其极限跨度。一般矿房跨度为12~16m，圆形矿柱直径4~8m。

采准切割工程（图7-10）简单，沿矿体底板掘进运输巷道与采区巷道，在采区巷道内每隔40m掘进矿房联络道，最初的两侧联络道与切割巷道连通。从切割巷道拉开回采工作面。在采区中央掘进回风巷道。巷道的规格应根据自行设备的技术要求来确定，该矿巷道宽度取4.7m。

回采方法：用履带式双机凿岩台车在直线型垂直工作面上钻凿炮孔，压气装药车装药，爆破下来的矿石用短臂电铲装入自卸汽车（内燃功率为200HP（马力）、车厢容积11m³、载重20t），运至井底车场或转载点装入矿车；使用工作高度为7.5m的顶板检查、撬毛、安装锚杆的轮胎式台车进行顶板管理，金属锚杆的网度按岩石稳固程度不同，由1m×1m 至 2m×2m，若有必要还可加喷厚度为35~40mm的水泥砂浆加强支护。

新鲜空气由运输巷道进入，经采区巷道清洗矿房工作面，污风由回风巷道排出。

开采其他厚度的矿体，除所用设备与采准布置不同外，回采方法基本相同。如果矿体厚度大于8m，则应划分台阶进行开采，各台阶可单独布置采切工程，完全按上述方法进行生产，也可设台阶间的斜坡联络道、数个台阶共用一套采准系统；最上一个台阶高度较小时，可使用前装式装载机铲装矿石。

北哈萨克斯坦铜矿开采厚度6~8m的近水平矿体工作组织实例：工作面长40m，高6m，炮孔呈1.5m×1.5m网度之梅花排列，眼深4m，共需钻凿32排144个眼，炮孔总进尺576m。凿岩工工班效率40m/（工·班），每班凿岩工4人需工作3.5班。炮孔凿完用装

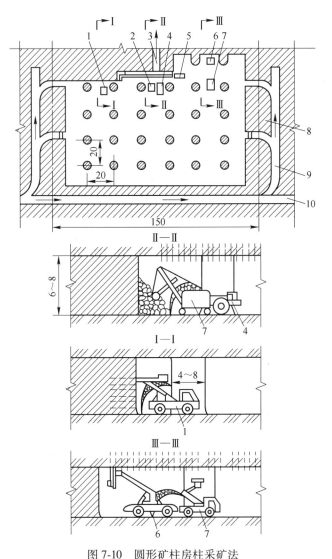

图 7-10　圆形矿柱房柱采矿法

1—自行凿岩台车；2—电铲；3—回风巷道；4—自卸汽车；5—推土机；6—顶板支柱台车；
7—顶板检查台车；8—矿柱；9—采区巷道；10—运输巷道

药车向炮孔装药并爆破，通风 0.5 班。落矿量 2880t，一台电铲配三台自卸汽车作业，平均运搬效率为 720t/班，运搬工作 4 个班完成。顶板支护面积 160m²，需网度 1m×1m 的锚杆 160 根，两个锚杆支柱工工作 4 个班。每循环时间为 4 个班，工作面 140 个工班，工作面工劳动生产率为 72t/(工·班)。

7.2.3　评价及适用条件

房柱采矿法是开采矿岩稳固的水平微倾斜、缓倾斜矿体的一种有效采矿方法。它的优点是：采切工作量小，回采工作组织简单，坑木消耗量小，采场通风好，能使用高效大型机械设备，可实现机械化开采，采场生产力及劳动生产率都比较高，采矿成本低。

房柱采矿法虽可以用提高开采强度、使用锚杆护顶等方法来尽量增加矿房尺寸，以及

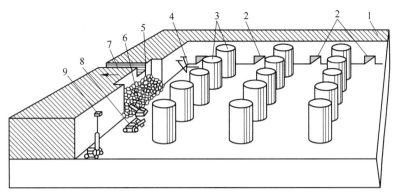

图 7-11 圆形矿柱房柱采矿法立体图

1—采区矿柱；2—矿房联络道；3—圆形矿柱；4—凿岩台车；5—矿堆；
6—电铲；7—回风巷道；8—自卸汽车；9—顶板检查台车

改连续矿柱为不连续矿柱来提高矿石回采率，但还是不能取消永久矿柱。因此，矿石损失率高是该法的最大缺点。

7.2.4 适用条件

适用条件如下：

（1）用于矿体稳固，特别是顶板围岩中等稳固以上的矿体。

（2）矿体倾角不大于 30°。

（3）浅孔落矿方案矿体厚度不大于 8~10m，中深孔和深孔落矿方案矿体厚度可适当大些。

（4）矿体与围岩接触面最好平整。

（5）矿石价值不高或不富的矿床。

金属矿山、非金属矿山主要用它开采层状、似层状的铁、铜、铅锌、铝土、汞与铀矿床，也可以用于开采煤矿。此外，它还是岩盐、钾盐、石灰石等非金属和建筑材料的重要开采方法。

7.2.5 房柱采矿法技术经济指标

房柱采矿法主要技术经济指标见表 7-2。

表 7-2 房柱采矿法主要技术经济指标

矿山名称	矿体及围岩情况		主要技术经济指标								
	矿体	围岩	矿块斜长 /m	矿块生产能力 /t·d⁻¹	采切比 /m·kt⁻¹	损失率 /%	贫化率 /%	工作面工班效率/吨·(工·班)⁻¹	炸药单耗 /kg·t⁻¹	雷管消耗 /发·吨⁻¹	木材消耗 /m³·t⁻¹
锡矿山锑矿（浅孔）	厚 1~4m，倾角 10°~20°，f=12~16	顶板 f=4~6，底板 f=8~12	40~60	60~100	5~15	20~30	5~10	10~14	0.35	0.50	

矿山名称	矿体及围岩情况		主要技术经济指标								
	矿体	围岩	矿块斜长/m	矿块生产能力/t·d⁻¹	采切比/m·kt⁻¹	损失率/%	贫化率/%	工作面工班效率/吨·(工·班)⁻¹	炸药单耗/kg·t⁻¹	雷管消耗/发·吨⁻¹	木材消耗/m³·t⁻¹
荆钟磷矿（浅孔）	厚3.5~5.5m，倾角20°，$f=10~12$	顶板$f=8~10$，底板$f=3~5$	34~37	150~200	11.7	16.6	4.5	11.44	0.187	0.21	0.0005
法国洛林铁矿（中深孔）	厚1.7~7.0m，倾角2°~7°，$f=6~8$	顶板中稳至稳固，底板稳固				15~18	10	70			

7.3 留矿采矿法

留矿采矿法的特点是在采场中由下向上逐层进行回采矿石，每层采下的矿石只放出约1/3的矿量，其余的采下矿石暂留采场中作为继续上采的工作台，并可对采空场进行辅助支撑；待整个采场的矿石落矿完毕后，再将存留在采场内的矿石全部放出。

留矿采矿法是一种较为简单，经济、容易掌握的采矿方法，在我国的冶金、有色、黄金、稀有金属及非金属矿山中得到广泛的使用。

留矿采矿法原则上虽可用于开采厚大矿体，但主要用于开采中厚及中厚以下矿体。本书只就中厚以下矿体留矿法加以论述。

根据矿块布置方式及回采工艺不同，留矿采矿法可分为普通留矿法，无矿柱留矿法及倾斜矿体留矿法。

7.3.1 普通留矿法

留矿柱的浅孔留矿法称普通留矿法，普通留矿法多沿走向布置矿块，如图7-12所示。

7.3.1.1 矿块构成要素

（1）阶段高度一般为30~50m，当矿石围岩稳固，矿体倾角陡、产状稳定时可采用较大的阶段高度。

（2）矿块的长度一般为40~60m，其值取决于矿岩的稳固程度及矿体的厚度。矿房的暴露面积一般可达400~600m²。

（3）间柱的宽度根据矿岩稳固程度及矿体厚度、间柱回采方法等因素来确定，通常为6~8m，当矿体较薄而且采用脉外天井时可取2~3m。

（4）顶柱高度一般为4~6m，当矿体较薄时为2~3m。

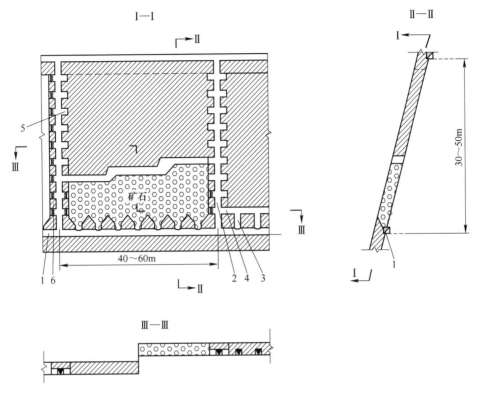

图 7-12 普通留矿法

1—阶段运输平巷；2—天井；3—漏斗颈（井）；4—拉底巷道；5—联络道；6—间柱

（5）底柱高度取决于矿石稳固程度与底部结构的型式，漏斗放矿底部结构为 5~6m，电耙道底部结构为 12~14m。

7.3.1.2 采准与切割工程

采准的主要任务是：掘进阶段运输平巷、矿块天井、联络道、拉底巷道及漏斗井。

当矿体较薄时，可利用勘探时的脉内沿脉巷道作阶段运输巷道；矿体较厚时，应把阶段运输巷道布置在矿体下盘接触线上，以减少矿房开采中局部放矿后的平场工作量；当开采产状变化较大且不太稳固的贵重矿石时，为提高矿石回采率，减少坑道维护工作量，也可把阶段运输平巷布置在矿体的下盘脉外。矿块天井布置在间柱中。在天井的两侧每隔 5~6m 向矿房开联络道。当矿房不分梯段回采时，矿房两侧的联络道应交错布置。在阶段运输平巷的侧上方每隔 4~6m 掘进放矿漏斗颈。矿体较厚时需在拉底水平掘进拉底巷道。

切割的主要任务是为矿块的回采提供自由面和补偿空间，并形成受矿结构。普通留矿法的切割为拉底及扩漏。

A 掘进拉底巷道的拉底扩漏法

在拉底水平从漏斗向两边掘进平巷，与相邻的斗颈（井）贯通，形成拉底巷道，如图 7-13 所示。然后在拉底巷道中用水平浅孔向两侧扩帮至矿体上下盘，形成拉底空间。最后，由斗颈中向上或从拉底空间向下钻凿倾斜炮孔扩漏（扩喇叭口）。

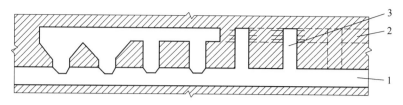

图 7-13　掘进拉底巷道的拉底扩漏法
1—运输平巷；2—拉底平巷；3—漏斗颈

B　不掘进拉底巷道的拉底扩漏法

不掘进拉底平巷的拉底扩漏法如图 7-14 所示，用于厚度不太大的矿体。

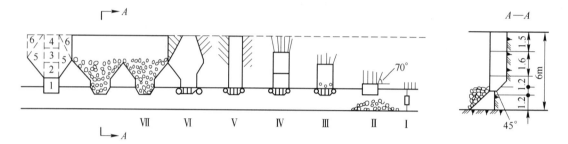

图 7-14　不掘进拉底平巷的拉底扩漏法
1~6—掘进爆破顺序；Ⅰ~Ⅶ—各步骤浅孔布置

7.3.1.3　回采工作

在运输平巷应开漏斗的一侧，按漏斗规格用向上式凿岩机开 40°~50° 的第一茬炮孔。在第一茬炮孔的碴堆上钻凿第二茬约 70° 的炮孔，爆破后将全部矿石出完运走。架设漏斗口及工作台，继续开凿第三茬、第四茬炮孔，爆破后的矿石全由漏斗口放出，此时已形成高为 4~4.5m 的漏斗颈。自漏斗颈上部向四周打倾斜炮孔扩漏，使两相邻漏斗喇叭口扩大至相互连通，从而同时完成拉底及扩漏工作。

矿房回采自下而上分层进行，分层高度为 2~2.5m，工作面多呈梯段布置，采用上向或水平浅孔落矿。

回采工作包括凿岩、爆破、通风、局部放矿、撬毛平场、二次破碎及整个矿房落矿完毕后的大量放矿。

A　凿岩在矿房内的留矿堆上进行

矿石稳固时，多用上向式凿岩机钻凿前倾 75°~85° 的炮孔，孔深 1.5~1.8m。上向孔效率高，工作方便，单梯段也能多机作业，一次落矿量大，作业辅助时间少，梯段的长度可以是 10~15m。上向炮孔的排列形式，根据矿体厚度和矿岩分离的难易程度而定，炮孔排距为 1~1.2m，间距为 0.8~1.0m，目前常用的炮孔排列方式有如图 7-15 所示的几种。

（1）一字形排列：适用于矿岩易分离、矿石爆破效果好、厚 0.7m 以下的矿体。

（2）之字形排列：适用于矿石爆破性较好、矿脉厚度 0.7~1.2m，这种布置能较好的控制采幅宽度。

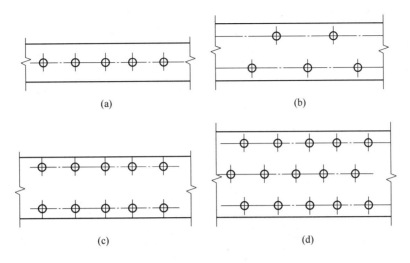

图 7-15 炮孔排列形式

（a）一字形；（b）之字形；（c）平行排列；（d）交错排列

（3）平行排列：适用于矿石坚硬，矿体与围岩接触界线不明显或难于分离、厚度较大盼矿体。

（4）交错排列：用于矿石坚硬、厚度较大的矿体，崩下的矿石块度均匀，在实际生产电使用很广泛。

当矿房中央有天井时，可利用天井作为爆破自由面，否则需在矿房长度的中央掏槽。但不应在矿房两侧联络道或顺路天井附近同时爆破，以免它们被爆下的矿石同时堵住而影响正常的作业。

当矿石的稳固性稍差时，为避免矿石可能发生片落而威胁凿岩工的安全，此时可用水平孔落矿，孔深 2~3m。为增加同时工作的凿岩机数，工作面分成多个梯段，梯段长度较小，一般为 2~4m，梯段高度为 1.5~2m。

B 爆破

一般采用直径为 31mm 的铵油或硝铵炸药卷，装药系数取 0.6~0.7。最好使用微差导爆管起爆。二次破碎在工作面局部放矿后进行，平场撬毛的同时若发现大块，应及时用锤子或炸药破碎。在放矿口闸门处破碎大块，费工费时还易损坏闸门，应尽量避免。

C 通风

新鲜风流从上风向天井进风，天井进风，清洗工作面后，由中央天井出风。或由两侧天井进风，清洗工作面后由中央天井出风。为防止风流短路，应在进风天井的上口、回风天井的下口设置风门。

D 局部放矿

每次落矿爆破后，由于矿石体积膨胀，为保证工作面有 1.8~2.0m 的作业高度，必须放出本次爆破矿石体积约 1/3 的矿石量，这个工作称局部放矿。局部放矿时，放矿工应与平场工紧密配合，在规定的漏斗中放出规定数量的矿石。

放矿中，应随时注意留矿堆表面的下降情况是否与放出矿量相适应，以减少平场工作量和及时发现并设法防止留矿堆内形成空洞。为保证工作的安全，一旦发现空洞，必须及时处理。按空洞的形成原因及位置不同，有拱形空洞与暗藏空洞两种，如图 7-16 所示，前者直接形成于漏斗喇叭口之上，后者潜伏于所留矿石之中。留矿堆内形成空洞的原因很多，概括起来有：矿体倾角或厚度突变，在回采时又没有相应削下部分岩石，放矿时矿石不能顺利流动而形成空洞，局部放矿中大块围岩冒落或落矿中大块矿石潜伏于留矿堆中未被发现，或二次破碎不充分大块堵塞形成空洞；粉矿多、矿石湿度大或开采硫化矿，矿石结块形成空洞；漏斗间距大、回采速度慢或长期停采的采场，矿石结块形成空洞。

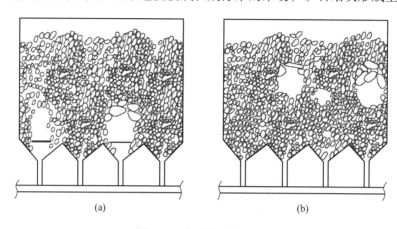

图 7-16　留矿堆中的空洞
（a）拱形空洞；（b）暗藏空洞

为防止空洞产生，应采取如下措施：

（1）正确选择爆破参数及爆破方法，减少大块及粉矿产出率，凿岩爆破尽可能的不破坏上盘围岩。

（2）在上盘局部不稳固处设置流线型小矿柱支撑围岩。

（3）回采时注意矿体倾角及厚度的变化，必要时削去部分围岩。

（4）正确合理地选择漏斗间距，经常均匀地进行放矿。

（5）平场时仔细进行大块破碎。

若在留矿堆中已形成了空洞，可用如下方法进行处理：

（1）在拱形空洞的两侧漏斗进行放矿，破坏拱形空洞的拱脚，使悬空的矿石落下。

（2）在空洞上方埋置较大的药包，借爆力震落悬空的矿石。

（3）使用矿用火箭弹爆破消除空洞。

（4）用高压水冲刷消除空洞。

局部放矿时，严禁任何人员在放矿漏斗上部的留矿堆上作业。必须进入采场处理事故时，下部漏斗应停止放矿，并在留矿堆上铺设木板。

E　撬毛平场

局部放矿之后，确认留矿堆内无空洞时，就可进行撬毛平场工作。先对工作面喷雾洒水，然后敲帮问顶，撬除松动矿岩，将局部放矿所形成的凸凹不平矿堆扒平，为下次凿岩工作做好准备。

上述凿岩、爆破、通风、局部放矿、撬毛平场及二次破碎构成了一个回采工作循环。一个分层的回采可以由一个或几个循环来完成。待矿房所有的分层全部落矿后，即可进行大量放矿，完成整个采场的开采。

7.3.1.4 实例

荆钟磷矿属浅海沉积磷块岩矿床，矿体呈层状，厚度为 3~4m，倾角 85°；矿石中等稳固，$f=7~10$；顶板为灰质白云岩，稳固，$f=8~10$；底板为页岩，一般中等稳固，$f=4~6$。

使用如图 7-17 所示的普通留矿法。回采工作由下向上分层推进，直采至上阶段脉内运输平巷。上阶段的底柱不回采，相邻采场的间柱在回采矿房时一起回采。矿房回采后进行大量放矿。

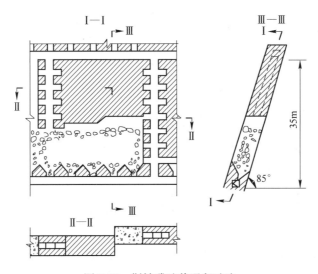

图 7-17 荆钟磷矿普通留矿法

7.3.2 其他留矿采矿法

7.3.2.1 无矿柱留矿采矿法

开采矿岩稳固、厚度在 2~3m 以内的高价矿体，为提高矿石的回采率，可使用无矿柱留矿采矿法。

A 典型方案

典型方案如图 7-18 所示。矿块沿走向布置，阶段高度 40~60m，矿块长度可为 30~100m。

采准切割比较简单。掘进沿脉运输平巷、矿块天井可以利用原有的探矿天井，也可在相邻矿块的回采过程中顺路架设；采场中部布置一个采准天井。天井的短边尺寸若大于矿体的厚度，为保持矿体上盘的完整，可将天井规格超过矿体厚度的部分放在下盘岩石中。

放矿漏斗可以如图 7-19 所示用木料架设。

拉底方法如下：在阶段运输平巷中，向上沿矿脉打 1.8~2.2m 深的炮孔，爆破后在矿石堆上将第一分层的落矿炮孔打完后，将矿石装运出去，然后架设人工假巷及漏斗，并在

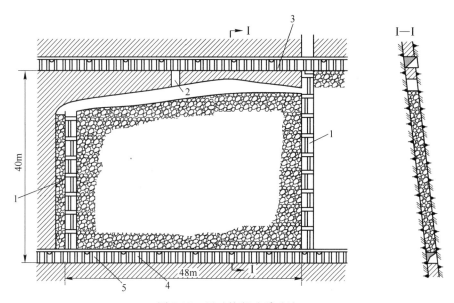

图 7-18　无矿柱留矿采矿法
1—顺路天井；2—采准天井；3—回风平巷；4—运输平巷；5—放矿漏斗口

其上铺些茅草之类的缓冲材料，接着爆破第一分层的炮孔。为防止损坏假巷及漏斗，第一分层的炮孔宜布密些、浅些、装药量少些。局部放矿及平场撬毛后，使工作面的作业空间高度为 1.8~2m，拉底工作即告完成。

回采工艺与普通留矿法相同，因为矿体薄，多用上向孔落矿。

B　实例

湘东钨矿南组矿脉为高中温裂隙充填，以钨为主的多金属急倾斜石英脉，矿石品位很高，脉厚从几厘米到 1m，平均 0.36m，矿脉倾角 68°~80°；围岩为花岗岩，节理不发育，稳固，f=10~14；矿石稳固，f=8~12。

阶段高为 50m，矿块沿走向长 100m。矿块布置如图 7-20 所示。

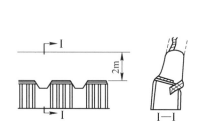

图 7-19　某钨矿急倾斜无矿柱
　　　　　留矿法底部结构

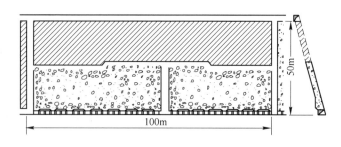

图 7-20　湘东钨矿无矿柱留矿法

阶段运输平巷沿脉布置。采准天井规格为 3.6m×1.2m，分行人、管道、提升和溜矿四格，布置于采场的一端；另一端天井顺路架设，规格为 2m×(1.2~1.5)m，分行人和管道两格。

补充切割从运输平巷顶板开始,切割方法与图 7-18 相同,但使用木材消耗量过大,矿山后来改为混凝土浇灌。

采用不分梯段的直线形工作面,在采区中央拉槽作为爆破自由面。打前倾 75°~85° 的上向眼,眼深 1.4~1.7m,眼距 0.6~0.8m。

7.3.2.2 倾斜矿体留矿采矿法

矿体倾角较缓,矿石不能借自重在采场内运搬,此时可用如图 7-21 所示某岭锡矿电耙耙矿留矿采矿法。这种采矿方法实际上是留矿法的变形方案。

某岭锡矿为似层状矿床,厚 1~3m,平均为 1.05m,倾角 35°~45°。矿石稳固,f=10,品位高,有用成分分布均匀,顶板为稳固的石灰岩,f=8~10,矿体与顶板围岩接触明显。底板为砂岩和花岗岩,与矿体接触面平整。

阶段高 32m,斜高 56m,矿块长 40~60m,顶柱斜高 3~4m,底柱斜高 4~5m,间柱只在矿块的一侧保留,宽为 3~4m。

运输平巷脉内布置,矿块两侧布置天井,并每隔 4~5m 开掘联络道通向矿房,在靠近未采矿块底柱的一侧开放矿漏斗。

矿房内用倾斜长工作面回采,用电耙平场和出矿,电耙绞车安装在天井联络道中。为保证采场的安全,在矿房适当位置留 1~2 个矿柱。

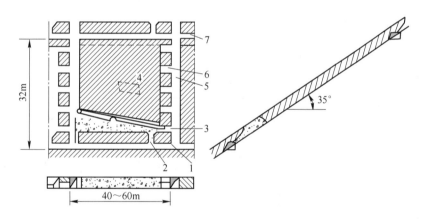

图 7-21 某岭锡矿电耙耙矿留矿采矿法
1—运输平巷;2—放矿漏斗;3—切割平巷;4—矿柱;5—天井;6—联络道;7—回风平巷

7.3.3 评价

留矿采矿法的优点是采场结构、回采工艺、落矿设备简单,生产技术易于掌握,回采工作管理方便;采切工作量小,劳动生产率高,通风条件好,采矿强度大,回采成本低;用浅孔落矿,易适应矿体边界的变化,因而矿房回采矿石的贫化损失量小;可以调节矿井的产量及出矿品位。

留矿采矿法的缺点为:撬毛平场工作量大,又不易使用机械,因此劳动繁重;工人在采场暴露面下作业,留矿堆内又可能隐藏空洞,安全性差;采场积压大量矿石,影响矿山资金周转。

综上所述，留矿采矿法是开采中厚以下，特别是薄与极薄矿体的经济有效的采矿方法。在开采强度、劳动生产率、采场生产能力及回采成本等方面均优于开采这类矿体的其他任何方法。

最近几年，有的矿山用振动放矿机代替漏斗闸门，取得了较好的效果，振动放矿显著改善放矿口的通过能力，可减少卡斗悬拱现象，降低放矿静止角，减小采切比与漏斗脊部残留矿石，改善放矿作业条件，提高放矿工效，很值得进一步的推广。

7.3.4 适用条件

适用条件如下：

（1）矿石与围岩中等稳固以上，无大的构造与破碎带。矿体的厚度越大对矿岩的稳固性要求越高。

（2）矿体厚度用于开采中厚及中厚以下矿体，尤以薄与极薄矿体使用留矿采矿法最为有利。

（3）矿体倾角应大于55°，这样便于采矿运搬与放矿。当矿体倾角较小时，应用其他运搬设备相配合。

（4）矿石无结块性和自燃性，不含或少含泥质，含硫量也不宜太高。

7.3.5 留矿采矿法技术经济指标

留矿采矿法主要技术经济指标见表7-3。

表 7-3 留矿采矿法主要技术经济指标

矿山名称	矿体及围岩情况		主要技术经济指标								
	矿体	围岩	阶段高/m	矿块生产能力/t·d⁻¹	采切比/m·kt⁻¹	损失率/%	贫化率/%	工作面工班效率/吨·(工·班)⁻¹	炸药消耗/kg·t⁻¹	雷管消耗/发·吨⁻¹	木材消耗/m³·t⁻¹
月山铜矿	厚5~8m，倾角70°~85°，稳固	顶板稳固，底板稳固	50	44~55		7.59	13.88	8.39			
湘东钨矿	平均厚0.36m，倾角68°~80°	顶板较稳固，底板稳固	50	100	21.6~31.8	5.6	72.9	5.86	0.73~0.83	0.9~1.0	0.01
香花岭锡矿	厚1~3m，倾角35°~45°	顶板稳固，底板中等稳固	32	60~80	16~18	2~5	15~20	7~12	0.4~0.6	0.5~0.7	0.0012

7.4 分段矿房法

分段矿房法是将阶段划分为若干分段，每个分段又划分为矿房与分段矿柱。分段是独立的回采单元，它们都有独立的落矿、出矿系统。矿房回采时，分段矿柱支撑空区，待矿房矿石采完出尽后，及时回采分段矿柱并处理空区。

留有顶柱、间柱的分段矿房法称分段矿房采矿法。只留顶柱、且顶柱紧跟矿房回采面回采的分段矿房法称分段连续空场采矿法。

分段矿房法的落矿、运搬均在专门的巷道内进行，工人与其所使用的设备均不进入空场。

7.4.1 典型方案

沿走向布置的分段矿房采矿法，如图 7-22 所示。开采的矿体厚度为 8~12m，倾角65°。矿石和围岩均比较稳固。

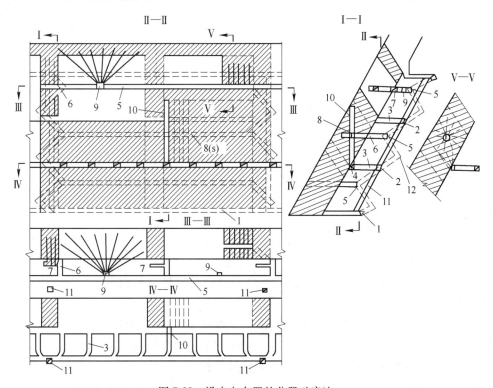

图 7-22 沿走向布置的分段矿房法

1—阶段运输平巷；2—分段运输平巷；3—装矿平巷；4—堑沟拉底平巷；5—矿柱回采平巷；
6—切割横巷；7—间柱凿岩巷道；8—凿岩平巷（通采空区，随回采而消失）；
9—顶柱凿岩硐室；10—切割天井；11—溜矿井；12—斜坡道

7.4.1.1 矿块构成要素

阶段高 40~60m，划分为 3 个分段，分段高 15~20m；沿走向又将分段划分为矿房与间柱，矿房长 35~40m，间柱宽 6m。分段之间留有斜顶柱（即分段矿柱），其真厚为 5m。矿房在垂直走向剖面上呈菱形，上、下两顶点的距离为 25~45m。

7.4.1.2　采准与切割工程

从下盘脉外阶段运输平巷中，每隔 100m 掘进矿石溜井通往各分段运输平巷。阶段运输水平用下盘斜坡道来联络各分段，以便无轨设备、车辆运送人员、设备与材料。从分段运输平巷中，每隔 13m 掘进装矿平巷，连通靠近下盘的堑沟拉底平巷。在分段运输平巷的上部掘进下盘矿柱回采平巷，并通过矿柱回采平巷掘进切割横巷及凿岩平巷、间柱凿岩巷道和顶柱凿岩硐室。在矿房的一侧，从堑沟拉底平巷到分段矿房的最高点掘进切割天井。

7.4.1.3　回采工作

在切割横巷中布置炮孔，以切割天井为自由面，爆破形成切割槽。

在凿岩巷道中布置垂直扇形炮孔，同时从堑沟拉底巷道中凿上向扇形炮孔来进行矿房大量回采。崩下的矿石，自装矿平巷内用斗容为 $3.8m^3$ 的 ST-5A 型铲运机经分段运输平巷卸入溜矿井。

分段矿房回采结束后，立即回采一侧的间柱与上部的分段矿柱；在间柱凿岩巷道、顶柱凿岩硐室内，分别布置回采间柱和顶柱的深孔。矿柱回采顺序是先爆破间柱，并将矿石全部放出，再爆顶柱；由于爆力的抛掷作用，顶柱的大部分矿石可由堑沟中放出。

矿柱回采后，上覆岩石下落填充空区。有的矿山还用深孔崩落上盘围岩，以消除应力集中。

整个矿块的总回采率在 80% 以上，贫化率不大。

沿走向每隔 200m 划为一个回采区段，每区段内有 2~3 个分段同时进行回采。每个分段中有一个矿房正在回采，一个回采矿柱，一个进行切割。矿房的日产量平均为 800t，区段的月产能力可达 4.5 万~6 万吨，较一般矿房采矿法高出若干倍。

7.4.2　实例

东川因民矿面山坑矿床属中温热液泥质白云岩铜矿床，矿体走向长 1600~1800m，倾角 50°~70°，倾斜方向延伸已达 650m，矿体厚度为 2~18m，平均 8~12m，矿体产状较稳定整齐，矿石中等稳固以上，$f=8~10$；上盘为矿化程度较高的白云岩，稳固，$f=8~10$，下盘为紫色板岩，中等稳固，$f=7~9$。

该坑口曾试验采用与国外"瀑布"式采矿法很近似的高分段连续空场采矿法（图7-23）。阶段高 72m，划分为两个高分段，每个分段有堑沟电耙道底部结构的独立出矿系统，并准备在部分位置安装振动放矿机试验连续出矿。

分段内无间柱，只留顶柱（顶底柱合一），形成在倾斜方向上的矿房与矿柱。矿房由矿体的一翼向另一翼回采；在分段凿岩巷道与堑沟拉底巷道内用 YGZ—90 型凿岩机打扇形落矿中深孔。孔径 65mm，最小抵抗线 1.5m，孔底距 1~1.2m，每次爆破 8~10 排。崩下矿石不放完，用以形成下次爆破的挤压条件及防止矿石飞散而造成损失。纯矿石在顶柱的保护下放出。可多分段同时回采，但需超前一定距离。

顶柱回采滞后矿房回采一段距离，当顶柱最大悬距达 120~160m 时，爆破由上分段电耙道向顶柱所打的回柱中孔进行回采。顶柱崩距取 60~80m，不宜过小，以免崩下的矿石

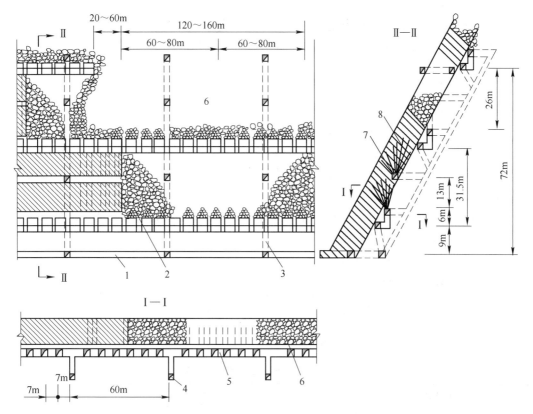

图 7-23　东川因民矿面山坑高分段连续空场采矿法

1—阶段运输平巷；2—矿石；3—天井；4—溜井；5—堑沟拉底巷道；6—冒落废石；
7—下分段凿岩巷道；8—落矿炮孔

过多地落在前次崩顶落下的废石上面而造成损失。此外，为防止回采矿房时崩下的矿石与回采顶柱落下的废石相混，顶柱控距以取 60~80m 为宜。

顶柱回采后，上覆岩石落下填充空区。为消除上盘围岩可能落下造成冲击地压的安全隐患，每隔 100~200m 在电耙道标高的上盘探矿副穿中开凿岩硐室，用 YQ-100 型潜孔钻机打上向束状深孔崩落顶板。

7.4.3　分段矿房法评价

分段矿房法优点如下：

(1) 分段矿房法的落矿、运搬等回采工艺均在专门的巷道内进行，工人不进入空区作业，安全性好。

(2) 在多分段内进行矿房、矿柱回采，工作面多，互不干扰，生产能力大，采矿强度高。

(3) 回采工作循环简单；用中、深孔落矿，爆破效果好，劳动生产率高，坑木消耗量小，采矿成本低。

(4) 及时回采矿柱处理空区，对采场地压管理、降低贫化损失及矿山资金周转有利。

分段矿房法缺点如下：

（1）分段矿房法的主要缺点是采切工程量大，底部结构复杂。

（2）必须有高效运搬设备配合，才能充分发挥其优越性。

7.4.4　适用条件

适用条件如下：

（1）围岩特别是上盘围岩要求中等稳固以上，不然矿石损失贫化增加，且形成安全隐患。此外，矿石必须有一定的稳固性，不然无法形成空场。

（2）矿石在空场内借自重进行运搬，所以矿体倾角不能小于矿石的自然安息角。若在下盘增加底部结构，也可用于缓倾斜矿体。

（3）以开采中厚矿体为宜。矿体薄，采切比太高，经济效益不好。厚度过大，暴露面积大，空场难以维持，安全受威胁。

（4）矿体不含夹石或含夹石少。

（5）矿体规则，矿岩接触面明显。

7.4.5　分段矿房法技术经济指标

分段矿房法主要技术经济指标见表 7-4。

表 7-4　分段矿房法主要技术经济指标

矿山名称	矿体及围岩情况		主要技术经济指标								
	矿体	围岩	阶（分）段高/m	矿块生产能力/t·d^{-1}	采切比/m·kt^{-1}	损失率/%	贫化率/%	工作面工班效率/吨·(工·班)$^{-1}$	炸药单耗/kg·t^{-1}	雷管消耗/发·吨$^{-1}$	木材消耗/m³·t^{-1}
胡家峪铜矿	厚 5~6m，倾角 40°~55°	顶板较稳固，底板不稳固	50（17~25）	303	20.3	10.8	16.7		0.46	0.031	0.004
开阳磷矿	厚 5~7m，倾角 25°~45°	顶板稳固，底板稳固	40（10）	143	10.97	49.2	20.5	5.3	0.22	0.41~0.56	0.002

7.5　阶段矿房法

阶段矿房法是将阶段划分为矿块，矿块再划分为矿房与周边矿柱，矿房用中孔或深孔在阶段全高上进行回采，采下矿石由矿块底部结构全部放出的空场采矿法。矿房回采过程中，空区靠矿岩自身稳固性及矿柱支撑，回采工作是在专用的巷道、硐室、天井内进行。矿房回采完毕再用其他方法回采矿柱。

根据落矿方式不同，阶段矿房法分为分段落矿阶段矿房法、水平深孔落矿阶段矿房法、倾斜深孔落矿爆力运搬阶段矿房法、垂直深孔落矿阶段矿房法。

阶段矿房法是高效率的地下采矿法之一，通常用来开采大型矿床，主要用于开采急倾斜的厚大矿体。

7.5.1 分段落矿阶段矿房法

分段落矿阶段矿房法的特点是：在矿块划分为矿房与周边矿柱的基础上，将矿房在高度上进一步用分段巷道划分为几个分段，在分段凿岩巷道内用中深孔落矿，工作面竖向推进，采下矿石由矿块底部结构放出。分段落矿阶段矿房法与分段采矿法的根本区别在于，前者的分段只有落矿系统，而不具备出矿能力，整个矿房只有唯一的阶段底部结构。

分段落矿阶段矿房法的矿块布置方式有沿走向布置矿块和垂直走向布置矿块两种形式。

7.5.1.1 沿走向布置矿块分段落矿阶段矿房法

当矿体的厚度不超过表 7-5 所列极限值时，采用沿走向布置矿块方案。

表 7-5 沿走向布置矿块的分段落矿阶段矿房法矿体厚度极限值

上盘稳固程度	矿石稳固程度	
	稳固的	极稳固的
稳固的	矿体厚度不大于 15m	矿体厚度不大于 15m
极稳固的	矿体厚度不大于 20m	矿体厚度不大于 30m

A 典型方案

典型方案如图 7-24 所示。

a 矿块构成要素

下面分述各构成要素的选择方法。

（1）阶段高度：阶段高度由矿房高度、顶柱厚度与底柱高度三部分组成，其值取决于围岩的允许暴露面积与暴露时间，一般为 50~70m，围岩稳固、采矿强度大时取大值。

（2）矿房长度：根据围岩及顶柱的允许暴露面积确定，可计算如下（计算结果取小值）：

$$l \leqslant \frac{S_1}{B}$$

$$l \leqslant \frac{S_2 \sin\alpha}{h}$$

式中 l——矿房长度，m，一般常取 40~60m；

S_1——顶柱矿石允许暴露面积，m^2；

S_2——上盘围岩允许暴露面积，m^2；

α——矿体倾角，（°）；

h——矿房垂直高度，m；

B——顶柱宽度，m。

（3）矿房宽度：等于矿体厚度。

（4）顶柱厚度：由矿岩的稳固性及矿体的厚度决定，一般为 6~10m。

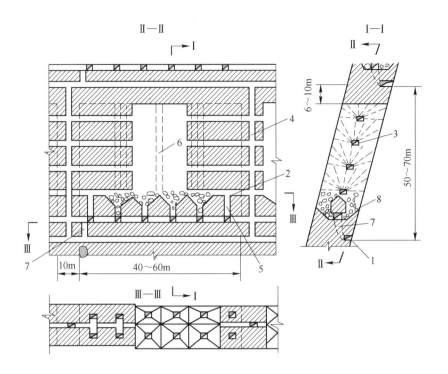

图 7-24　沿走向布置矿块分段落矿阶段矿房法
1—阶段运输巷道；2—拉底巷道；3—分段凿岩巷道；4—通风人行天井；5—漏斗颈；
6—切割天井；7—溜井；8—电耙道

（5）间柱宽度：取决于矿岩的稳固性、间柱的回采方法、矿块天井是否布置在间柱内等因素，一般为 8~10m。

（6）底柱高度：取决于所采用的二次破碎底部结构的型式，采用电耙巷道时为 7~11m，平底或铲运机出矿底部结构可降为 4~6m。

（7）分段高度：即两相邻分段巷道之间的垂直距离，其值取决于所使用凿岩设备的能力，中孔设备凿岩为 8~12m，深孔可为 15~20m。

（8）漏斗间距：一般为 5~7m。

b　采准与切割工程

采准工程有阶段运输平巷、分段凿岩巷道、通风人行天井、溜井、电耙道、斗穿及漏斗颈。切割工程有拉底巷道、切割横巷及切割天井等。

阶段运输平巷布置在脉内外均可。脉内常紧靠下盘布置，以便摸清矿体的下盘变化情况，减少脉外工程。布置在脉外可增加矿房矿量，并可即时回采矿柱。具体采用何种形式，应结合矿山阶段平面开拓设计来综合考虑。

通风人行天井常布置在脉内，具体位置应结合矿柱回采方法来确定，它依次贯通电耙道、拉底巷道、分段凿岩巷道及上阶段运输巷道。

分段凿岩巷道应布置在靠近矿体下盘的位置，以便减小落矿炮孔的深度差，提高凿岩、爆破效率。

溜井的倾角应满足储矿与放矿的要求。此外，其储矿体积最好不小于一列矿车的装载体积，使耙矿与运输工作得以协调。

c 回采工作

回采工作包括补充切割与大量回采。为了补充切割工程的不足，用落矿的手段形成最初的回采工作面称为补充切割。分段落矿阶段矿房采矿法的补充切割工作是扩切割立槽、拉底与扩漏。

切割立槽位置是否合理，关系着矿房的落矿效果及技术经济指标。一般按下列原则确定切割立槽的位置。

当矿体厚度均匀，切割立槽可布置在矿房中央，从中央向两侧退采，回采工作面多，采矿强度高；若矿房长度大，切割立槽也可布置在靠近溜井的一侧，矿石借落矿时的爆力抛掷一段距离，减少电耙运搬距离，提高耙矿效率。

当矿体厚度变化较大时，切割立槽应布置在矿体的最厚部位。当矿体倾角发生变化时，切割立槽应布置在下盘最凹部位，以减少回采中的矿石损失。

浅孔法：在超前回采工作面一排漏斗的范围内，由拉底巷道开始用浅孔扩帮至上下盘，随即进行扩漏。扩漏可以从拉底水平由上向下，也可以从漏斗颈内由下向上进行。扩切割立槽的方法很多，归纳起来可分为浅孔法与深孔法。

（1）浅孔扩切割立槽的实质是把切割立槽当作一个急倾斜薄矿体，用浅孔留矿法回采，大量放矿后形成立槽，切割立槽的宽度为 2.5~3m。此法易于保证切割立槽的规格，但效率低、速度慢、工作条件差、劳动强度大。

（2）深孔法：拉底巷道实际上又是第一分段凿岩巷道，只要把落矿炮孔中倾角最小的炮孔适当加密，爆破后即可形成拉底空间。扩漏法与浅孔法相同。深孔扩立槽又分为水平深孔扩槽法与垂直深孔扩槽法。

1）水平深孔扩立槽法的实质是把切割天井当作深孔凿岩天井，切割立槽当作矿房，拉底后分层爆破的凿岩天井用水平深孔落矿阶段矿房法回采形成切割立槽。此法可形成宽 5~8m 的切割立槽，扩槽效率高，但工人需在凿岩天井的下段，靠近空场处装药爆破，工作安全条件差，并需多次修复工作台板，现使用不多。

2）垂直深孔扩立槽是在垂直分段凿岩巷道并贯通切割天井的切割横巷内，打上向平行深孔，以切割天井为自由面，爆破形成切割立槽，如图 7-25 所示。以前扩槽炮孔多用逐排爆破或多次多排同次爆破，现广泛使用全部扩槽炮孔分段微差一次爆破。

拉底一般与扩漏同时进行。由于回采工作面是竖向推进，故拉底扩漏没有必要、也不应该一次完成，而是采取随回采工作面的推进超前 1~2 对漏斗的拉底扩漏方法。

此外，一些矿山采取如图 7-26 所示的预先切顶措施，来消除最上一分段上向落矿炮孔爆破时对顶柱稳定性的影响。在矿体的中部顶柱下檐沿矿房的长轴方向开切顶巷道，在切顶巷道两帮布置切顶炮孔，回采工作面落矿前爆破切顶炮孔形成切顶空间。切顶只需超前回采工作面 1~2 排落矿炮孔即可。

大量回采是以切割立槽、拉底空间为自由面，通过爆破分段凿岩巷道中的上向炮孔来实现的。现在各矿山多是用扇形炮孔落矿，使用平柱式凿岩机凿岩，孔径 60~75mm，最小抵抗线 1.5m 左右，孔底距 1.5~2.0m，孔深不超过 20m，每次爆破一排或几排炮孔。当补偿空间足够大时，应尽量采用多排孔微差爆破，以提高爆破质量。爆下的矿石一般不在空场中储存，及时经二次破碎底部结构放出。

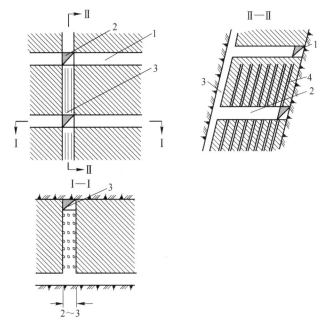

图 7-25　垂直平行深孔开掘切割槽
1—分段凿岩巷道；2—切割横巷；3—切割天井；4—炮孔

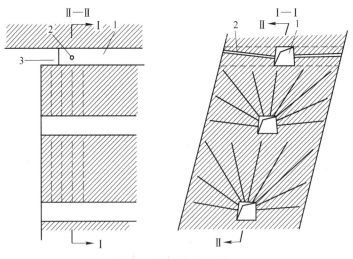

图 7-26　预先切顶措施
1—切顶巷道；2—切顶炮孔；3—切顶空间

　　通风工作比较简单。目前绝大多数矿山是把落矿炮孔全部凿完后再分次爆破落矿，因此不管是单侧还是双侧推进工作面的矿房都由上风向方向的通风人行天井进风，清洗工作面后由下风向方向的通风人行天井回风，如图 7-27 所示。在顶柱中央开凿回风天井会破坏顶柱稳固性，如图 7-27（b）所示，一般不采用，双侧推进仍采用如图 7-27（a）所示通风方式。

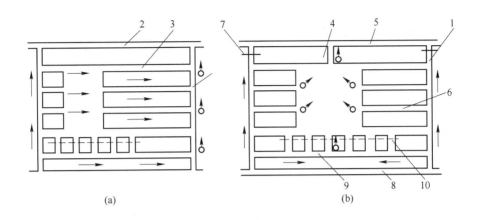

图 7-27 分段落矿阶段矿房法采场通风示意图

(a) 工作面单侧推进；(b) 工作面双侧推进

1—天井；2, 5—上阶段运输平巷；3—切顶巷道；4—顶柱；6—分段巷道；7—风门；

8—本阶段运输巷道；9—电耙巷道；10—漏斗颈

B 实例

寿王坟铜矿属于岩浆后期接触交代硅卡岩型铜铁矿床，矿体倾角 $60°\sim 85°$，厚度 $15\sim 30m$；上盘多为蚀变花岗闪长岩或硅卡岩，下盘多为白云质大理岩，上下盘均稳固至极稳固，$f=8\sim 12$；矿石为致密状、浸染状含黄铜矿之磁铁矿。

沿走向布置矿块，阶段高 $60m$，矿房长 $34\sim 38m$，间柱宽 $12\sim 16m$，顶柱厚度 $10\sim 15m$，底柱高 $14\sim 15m$，分段高 $12\sim 15m$；漏斗受矿电耙道底部结构，斗穿交错布置，间距 $6\sim 8m$。采切工程布置如图 7-28 所示，脉内采准，高度 $20m$ 以上的天井用吊罐法施工，$20m$ 以内的用普通法掘进。在斗颈内用中孔扩漏与拉底，效果良好。

用切割横巷、切割天井上向中深孔拉切割立槽。矿山原用 YG-80 或 BBC-120F 型凿岩机钻凿中孔落矿，孔径 $58\sim 60mm$，孔深 $10\sim 14m$，最小抵抗线 $1.1\sim 1.3m$，孔底距 $1.2\sim 1.3m$。中孔落矿大块产出率虽比深孔低，但装药费时、费力、炮孔成本高，故障率高。后改用 YQ-100 型潜孔钻机钻凿深孔落矿，孔径 $110mm$，孔深 $14\sim 18m$，最小抵抗线 $2.4\sim 2.6m$，孔底距 $2.5\sim 2.7m$。使用 28kW 电耙绞车配 $0.3m^3$ 耙斗或 55kW 电耙绞车配 $0.5m^3$ 耙斗耙矿。

顶柱使用水平深孔回采，间柱用上向深孔回采。

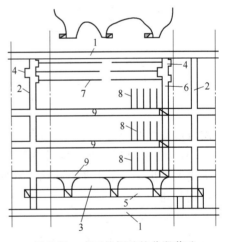

图 7-28 寿王坟铜矿的分段落矿
阶段矿房法

1—阶段运输平巷；2—采准天井；3—底柱；
4—回采顶柱凿岩硐室；5—电耙道；
6—切割天井；7—回采顶柱水平深孔；
8—回采矿房上向深孔；9—分段凿岩巷道

7.5.1.2　垂直走向布置分段落矿阶段矿房法

当开采厚度大的矿体，为减少矿房采空区尺寸，可将矿块垂直矿体走向布置，矿房长即为矿体的水平厚度，宽为 15~20m，有时可达 25m。其矿块构成要素、采切工程、回采工艺，皆与沿走向布置矿房分段落矿阶段矿房采矿法相似。

图 7-29 所示为苏联埃麦尔扎克云母矿垂直走向布置矿块分段落矿阶段矿房采矿法。矿体赋存于透辉石岩层中，矿石围岩极稳固，$f = 14 ~ 16$，云母矿带厚度达 45m，矿体倾角 60°，阶段高为 31m，矿房宽为 12m，间柱宽 8m，顶柱高 6m。采用装矿机出矿平底底部结构。

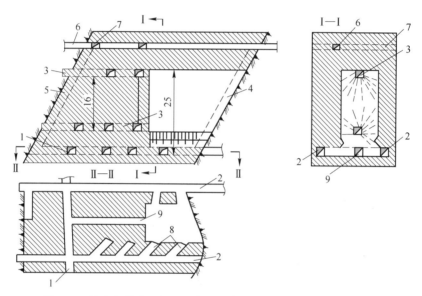

图 7-29　埃麦尔扎克云母矿垂直走向布置矿块分段落矿阶段矿房法
1—运输平巷；2—运输横巷；3—分段横巷；4—切割天井；5—天井；6—通风横巷；7—通风平巷；
8—装矿短巷；9—拉底巷道

阶段运输平巷布置于脉内，在间柱底部布置运输横巷，矿房内布置两条分段横巷。采用 BA-100 型潜孔钻机在分段横巷内钻凿扇形深孔。切割槽布置在矿体下盘，回采工作面由下盘向上盘推进，采下矿石落入平底底部结构，在装矿短巷中用装矿机装矿，经运输横巷至运输平巷运走。

7.5.1.3　评价及适用条件

分段落矿阶段矿房法是我国目前开采矿岩稳固、急倾斜厚大矿体应用较广泛的采矿方法。它具有回采强度大、劳动生产率高、坑木消耗量小、采矿成本低、回采作业安全等突出优点。它的严重缺点是：矿柱所占比重大，达 35%~60%，且矿柱回采损失贫化率高，有时高达 40%~60%；采切工作量大等。

这种方法适用于矿岩稳固（特别是上盘围岩）急倾斜厚大矿体，矿体内不含或很少含夹石，矿体形态比较规则，层、节理不发育，无明显构造破坏，矿岩接触界线明显的矿山。

7.5.1.4　分段落矿阶段矿房法技术经济指标

分段落矿阶段矿房法主要技术经济指标见表 7-6。

表 7-6 分段落矿阶段矿房法主要技术经济指标

矿山名称	阶（分）段高/m	矿房生产能力 /t·d⁻¹	采切比 /m·kt⁻¹	损失率 /%	贫化率 /%	采矿工人劳动生产率 /t·(工·班)⁻¹	炸药消耗 /kg·t⁻¹	木材消耗 /m³·kt⁻¹
						主要技术经济指标		
金岭铁矿	60(12~13)	273	11.4	29~48	24.5	21.3	0.547	19.78
辉铜山铜矿	60(9~11)	300~370	7.69	7~10.5	3~8	16~35	0.46	0.7

7.5.2 水平深孔落矿阶段矿房法

水平深孔落矿阶段矿房法根据凿岩工作地点不同有天井落矿、凿岩横巷落矿、凿岩硐室落矿三种方案。

天井落矿是将天井布置在矿房内，由天井向四周钻凿水平扇形深孔，然后由下而上逐层落矿。由于靠近上盘、下盘与间柱处爆破自由面不甚充分；而且孔底距大，炮孔末端直径又较小，致使该处装药量相对减小，不能充分爆落矿石而使矿房面积逐层减小。再者，每次爆破前必须由上向下修理上次爆破损坏的天井台板，费工费时费料不安全，现已无矿山使用。

凿岩横巷落矿方案由于采切工作量大，也使用不多。这里，着重介绍凿岩硐室落矿方案。

在凿岩天井内每隔一定高度布置凿岩硐室。凿岩天井的位置与数量对提高凿岩效率和矿石回收率、减少采切工程量有较大影响。确定天井位置和数量时既要求炮孔的深度不应过大，又要求落矿范围符合设计要求，防止矿房面积逐渐缩小。采用中孔凿岩机时，孔深一般不超过 10~15m，深孔凿岩则不超过 20~30m。一般凿岩天井多布置在矿房两对角或四角及间柱内。

7.5.2.1 典型方案

水平深孔落矿阶段矿房法典型方案，如图 7-30 所示。

A 矿块构成要素

水平深孔落矿阶段矿房法由于工人是在专用的巷道或硐室内作业，而且顶柱是在矿房最后一个分层落矿后才暴露出来，因此可以采用较大的矿房尺寸。矿块构成要素见表 7-7。

表 7-7 阶段矿房法矿块构成要素

矿块布置	阶段高度 /m	矿块长度 /m	矿块宽度 /m	间柱宽度 /m	顶柱高度 /m	底柱高度/m 有漏斗底部结构	平底结构
沿走向	>50	40~50	矿体厚	10~15	6~8	8~13	6~8
垂直走向	>50	矿体厚	20~30	10~15	6~8	8~13	6~8

B 采准与切割工程

水平深孔落矿量大，大块产出率高，故常用平底二次破碎底部结构。

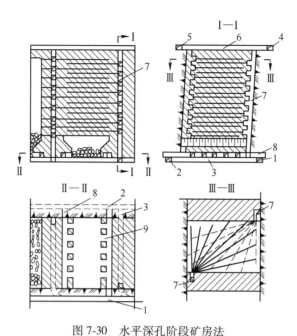

图 7-30　水平深孔阶段矿房法

1—下盘运输平巷；2—上盘运输平巷；3—运输横巷；4—下盘通风平巷；5—上盘通风平巷；
6—通风横巷；7—凿岩天井；8—电耙道；9—放矿口

在间柱下部掘进运输横巷将上、下盘的脉外运输平巷贯通，形成环形运输系统。在运输平巷的上部掘进两条电耙道，在电耙道中每隔 6~8m 掘进放矿口连通矿房底部的平底，形成二次破碎平底底部结构。凿岩天井在间柱中矿房对角线的两端，凿岩天井旁的凿岩硐室垂直距离为 6m，两天井的凿岩硐室交错布置。为保证凿岩硐室的稳固，上下相邻两凿岩硐室的投影不应重合。

第一排水平深孔的爆破补偿空间是平底底部结构的拉底空间，其拉底方法见图 7-31~图 7-33。

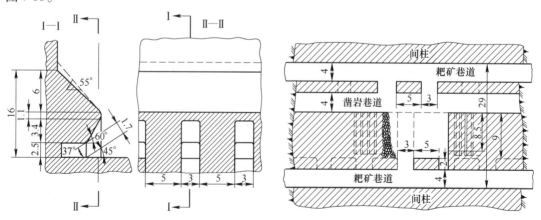

图 7-31　电耙巷道及放矿口（单位：m）　　图 7-32　平底底部结构矿房拉底平面图（单位：m）

电耙道的上部留有梯形保护檐。电耙道、放矿口的规格、位置应满足电耙耙矿的要求。两放矿口之间留有 5m×2m 的矿柱，以增加保护檐的强度（图 7-31）。

　　拉底工作分两步进行。先在一条电耙道的侧方开掘与其平行的凿岩巷道，垂直凿岩巷道在矿房中部开切割巷道，以切割巷道为自由面，爆破在凿岩巷道中布置的水平深孔形成第一步骤的拉底空间（图7-32）。于电耙道中每隔8m开放矿口，两条电耙道的放矿口交错布置，以利放矿。在电耙水平上部约12m处沿矿房长轴方向开掘第2条拉底凿岩横巷（图7-33），自第一步骤拉底水平中心处，向上开凿切割天井连通凿岩横巷，然后用下向深孔将其扩大成垂直凿岩横巷的切割自由面，并将矿石全部放出。最后，沿凿岩横巷分次逐排爆破下向扇形深孔，形成整个拉底空间。

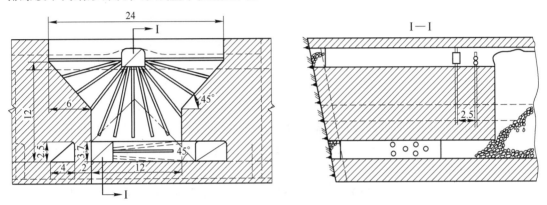

图7-33　平底底部结构矿房拉底第二步骤（单位：m）

C　回采工作

　　使用YQ-100型凿岩机钻凿水平扇形深孔，最小抵抗线3m左右，孔底距2.85～3.9m。为保护底柱及适应拉底补偿空间的需要，初次爆破1～2排为宜，以后可适当增加爆破排数。凿岩硐室的规格应满足操作钻机的需要，通常高为2.2～2.4m，长度与宽度不小于3m。

　　水平扇形深孔常用的布置方式，如图7-34所示有6种。

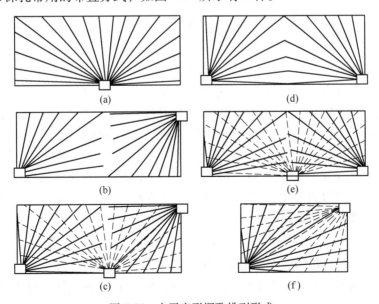

图7-34　水平扇形深孔排列形式
　　（a）下盘单一布置；（b）上、下盘对角式；（c）上、下盘对角与中央混合式；
　　（d）下盘对称式；（e）下盘对称与中央混合式；（f）上、下盘对角交错式

（1）下盘单一布置。天井布置于矿房下盘的中央，在每个硐室内打两排炮孔。这种布置，天井、硐室的掘进、维修工作量小，但不易控制上盘与间柱方向的矿房界线。

（2）上、下盘对角式。天井布置于间柱内，硐室对角布置。这种布置，容易控制矿房边界，天井今后可作回采矿柱之用、每个硐室仍需打两排炮孔。

（3）上、下盘对角与中央混合式。这种布置为上两种布置的混合使用，容易控制矿房边界，每个硐室只钻一排孔，落矿爆破对天井的破坏小，两侧天井仍可用于矿柱回采。此方案掘进工程巨大。

（4）下盘对称式。这种布置对下盘边界控制较好，其他同（2）。

（5）下盘对称与中央混合式。这种布置对下盘控制最好，其他同（3）。

（6）上、下盘对角交错式。这种布置一个硐室只钻一排孔，交错控制矿房边界，效果好，但炮孔长度大，易产生偏斜，矿房长度不大时常用这种布置。

矿山经验表明，靠近矿房上盘的矿石较易崩落，即使落矿时未能崩落，在放矿过程中往往电会与围岩一齐片落，故靠近上盘的矿石损失较小，而下盘未崩下的矿石则易形成永久损失。因此，选择炮孔布置方式时应考虑有利于控制下盘边界，并且使与下盘相交的炮孔超出矿体边界0.2~0.3m。

矿房落矿炮孔通常一次钻凿完毕，而后分次爆破。分次爆破的间隔时间不宜过长，以免炮孔变形。矿柱若用大爆破回采，则其落矿炮孔应与矿房回采炮孔同时凿完，矿房矿石放完后，间柱、顶柱与上阶段矿房底柱同期分段爆破。

7.5.2.2　实例

大吉山钨矿为岩浆后期高温热液裂隙充填型黑钨石英脉群矿床、矿脉平行密集成带，单脉平均厚度仅0.4m，脉间距0.2~2m。该矿将矿脉群组合开采，开采厚度达20m。矿体倾角为65°~85°，上下盘均为砂板岩、闪长岩与花岗岩，坚硬致密，稳固至中等稳固。矿石无氧化自燃与结块特性，矿石坚固，$f=8~14$。矿岩接触界线明显，较易分离。

矿块布置如图7-35所示，沿走向布置，矿块长50m，间柱宽10m，阶段高54m，顶柱厚度6~8m，底柱高8~9m。

布置脉内或脉外上下盘运输平巷，在间柱下部掘进穿脉运输平巷，形成环形运输系统。在间柱中，布置上下盘对角凿岩天井与矿块中央下盘脉外凿岩天井，在立面上两间柱内的凿岩硐室对称布置，它们又与下盘布置的凿岩硐室交错布置，同一凿岩天井内两相邻硐室之间的垂距为6m。采用不设格筛的自溜放矿平底底部结构。

使用BA-100型潜孔钻机凿岩，炮孔直径100~130mm和直径85mm的圆柱药包落矿。

初期最小抵抗线取3m，孔底距2.85~3.9m，后期将最小抵抗线减小至2.5m，孔底距3~3.75m，爆破效果得到了改善。爆破后块度大于400mm的大块仅为13%~15%。大块在二次破碎水平用裸露药包破碎。

7.5.2.3　评价及适用条件

水平深孔落矿阶段矿房法在矿房垒断面上落矿与出矿，生产能力大，劳动生产率高；采切工程量小，约为分段落矿方案的50%；作业人员均在专用的巷道或硐室内作业，工作安全，劳动条件好；炸药及坑木等材料消耗少，采矿成本低。

缺点是矿柱矿量比重高，矿石贫化损失大；大块产出率高，二次破碎作业繁重，工作

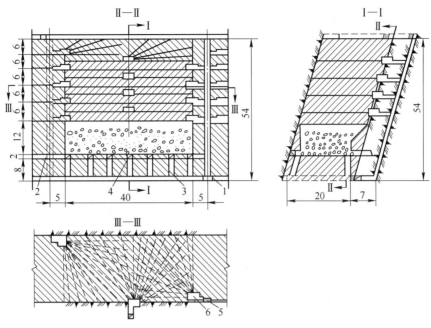

图 7-35 大吉山钨矿的水平深孔崩矿阶段矿房法（单位：m）

1—运输平巷；2—二次破碎巷道；3—放矿小溜井；4—漏斗穿脉；5—凿岩天井；6—凿岩硐室

量大，劳动条件差；二次破碎炸药消耗量大。

本法适用于矿岩均稳固的急倾斜厚或极厚矿体，矿体形态规则，矿岩接触界线分明，不含或少含夹石的中、低价矿体。

7.5.2.4 技术经济指标

水平深孔落矿阶段矿房法主要技术经济指标见表 7-8。

表 7-8 水平深孔落矿阶段矿房法主要技术经济指标

矿山名称	矿体及围岩情况		主要技术经济指标								
	矿体	围岩	阶段高度/m	矿块生产能力/t·d⁻¹	采切比/m·kt⁻¹	损失率/%	贫化率/%	工作面工班效率/吨·(工·班)⁻¹	炸药消耗/kg·t⁻¹	雷管消耗/发·吨⁻¹	木材消耗/m³·t⁻¹
大吉山钨矿	矿脉厚 0.3~0.6m，倾角 70°~85°	顶板稳固，底板稳固	50~58	210~450	3.6~6.5		70~90	25~60	0.25~0.35	0.23~0.24	
红透山铜矿	厚 8~12m，倾角 72°~83°	顶板较稳固，底板不稳固	60	300~400		20~25	18~20	50~68（回采）	0.26~0.49	0.42~0.8	0.00004
锦屏磷矿	厚 2~30m，倾角 40°~75°	顶板稳固，底板中等稳固	60	360~500	5.7	10~16	8~14	22.5	0.53	0.42~0.8	0.0003

7.5.3　倾斜深孔落矿爆力运搬阶段矿房法

开采倾斜矿体，矿石不能沿采场底板自溜运搬。此时，可凭借炸药爆破时的能量将矿石抛运一段距离，矿石便可借助动能与位能沿采场底板滑行、滚动进入重力放矿区。爆力运搬的采场结构如图 7-36 所示，这种采场结构可避免人员进入空区作业及在底盘布置大量漏斗。

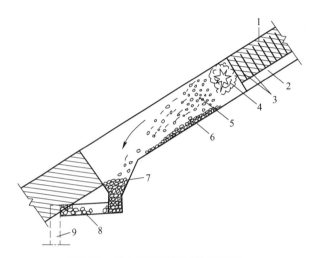

图 7-36　爆力运搬采场结构示意图

1—矿体；2—凿岩上山；3—炮孔；4—正在爆炸的药包；5—抛掷中的矿石；6—滑行、滚动中的矿石；
7—重力放矿区；8—铲运机；9—溜矿井

7.5.3.1　实例

图 7-37 所示为胡家峪铜矿倾斜中孔落矿爆力运搬阶段矿房法。矿体赋存于片岩与厚层大理岩接触带之中，为细脉浸染型透镜状中厚矿体，矿体厚度 10m，倾角 45°。矿石为矿化大理岩，节理发育，断层较多，中等稳固，$f = 8 \sim 10$。顶板为黑色片岩或钙质云母片岩中等稳固，$f = 6 \sim 8$。底板为厚层大理岩，中等稳固，$f = 8 \sim 10$。

阶段高 50m，矿块沿走向布置，长 50m，间柱宽度 8~10m，矿块斜长 55~70m，顶柱厚度为 4~6m，漏斗电耙道底部结构，漏斗间距 5~6m。

在矿体下盘布置脉外运输平巷，间柱内布置矿块天井，溜矿井的上部开电耙道，在拉底水平布置切割平巷，矿房内布置两条凿岩上山。

补充切割为扩漏与拉底。先形成垂直矿体走向的小切割立槽，再爆破拉底巷道中的扇形中孔形成拉底空间。斗颈内打的扩漏炮孔与拉底炮孔同期先爆。

扇形中深孔落矿，炮孔排面垂直矿体的倾斜面，孔径 68~72mm，最小抵抗线 2.2~2.6m，每次爆破 2~3 排孔，爆力运搬距离 24~60m，每米中孔崩矿量 6.5~7t，抛掷爆破炸药量控制在 0.27~0.32kg/t 之间。

7.5.3.2　评价及适用条件

爆力运搬方案与底盘漏斗方案相比，采切工程量小，底盘废石切割量小；与房柱法相比，人员不进入空场，安全性好。

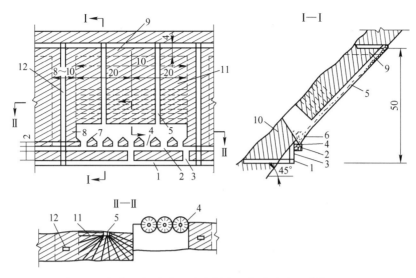

图 7-37 胡家峪铜矿阶段矿房爆力运搬采矿法（单位：m）

1—脉外运输平巷；2—电耙道；3—溜矿井；4—漏斗；5—凿岩上山；6—切割平巷位置；7—矿房；
8—间柱；9—顶柱；10—底柱；11—扇形孔；12—天井

主要缺点是：矿柱所占比重较大，特别是用大爆破回采矿柱，损失量大；使用条件严格；爆破量受重力放矿区的容积限制，因此落矿爆破次数多；凿岩上山维护工作量大。

适用条件：开采矿岩稳固，矿石爆破后块矿多、粉矿少、含泥量少，底板界线平整、沿倾斜方向产状变化小、倾角 40°～50° 的非富、非高价矿床开采。

7.5.4 垂直深孔落矿阶段矿房法

垂直深孔落矿阶段矿房法按凿岩方向不同，分为上向落矿方案与下向落矿方案。由于凿岩设备及操作技术等原因，下向落矿方案应用较为广泛，因此这里着重介绍下向深孔大孔径球状药包落矿阶段矿房法。

VCR 采矿法是下向深孔大孔径球状药包落矿阶段矿房法的简称，是由加拿大国际镍公司列瓦克镍矿 1975 年回采充填体之间的矿柱试验成功的。

VCR 采矿法的实质是：用地下潜孔钻机，按最优的网孔参数，从采场顶部的切顶凿岩空间向下打垂直、倾斜的平行大直径深孔或扇形深孔直通采场的拉底层。然后，用高密度、高威力、高爆速、低感度的炸药，以装药长度不大于药包直径 6 倍的球状药包，按自下而上的顺序向下部拉底空间分层爆破落矿，然后用高效率的出矿设备，将爆下的矿石通过下部巷道全部运出。

7.5.4.1 典型方案

典型方案，如图 7-38 所示。

A 矿块构成要素

矿体厚度不大时，沿走向布置采场，其长度视围岩稳固程度与矿石允许暴露面积而定，一般为 30～40m；矿体厚大则垂直走向布置，宽度一般为 8～14m。

阶段高度除考虑矿岩稳固程度外，还取决于下向深孔钻机的技术规格。太深的炮孔，

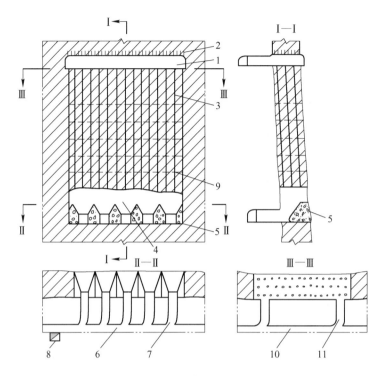

图 7-38　下向平行深孔球状药包落矿阶段矿房法
1—凿岩硐室；2—锚杆；3—钻孔；4—拉底空间；5—人工假底柱；6—下盘运输巷道；
7—装运巷道；8—溜井；9—分层崩矿线；10—进路平巷；11—进路横巷

除凿岩效率低以外，炮孔还容易发生偏斜，一般以 40~80m 为宜。

　　间柱的宽度取决于矿石的稳固程度与间柱的回采方法：矿房回采并胶结充填后，可用与矿房相同的方法回采。沿走向布置矿块时，间柱宽度取 8~14m，垂直走向布置时可取 8m。

　　顶柱高度根据矿石稳固程度决定，一般为 6~8m。

　　底柱高度取决于出矿设备的技术规格，铲运机出矿可取 6~7.5m，为提高矿石回采率，有的矿山采用人工浇灌混凝土底柱而不留矿石底柱。为此先将拉底和回采一、二分层的矿石全部出空，并对空间进行胶结充填达底柱高度，然后在充填体内爆破形成铲运机出矿平底结构，从而免除了架设模板之烦。也有的矿山只掘进装运巷道直通开采空间而不另做底部结构，待整个矿房矿石出完后，再用无线遥控铲运机进入采空区，运出原拉底空间残留的矿石。

　　B　采准切割

　　在顶柱下面开凿凿岩硐室，硐室的长应比矿房长 2m，硐室的宽比矿房宽 1m，以便钻凿边界孔时安装钻机。凿岩硐室为拱形断面，墙高 4m，拱顶全高 4.5m。用管缝式全摩擦锚杆加金属网护顶，锚杆长 1.8~2m，梅花形布置，网度为 1.3m×1.3m，锚固力为 68670~78480N。

　　采用铲运机出矿，由下盘运输巷道掘进装运巷道通达矿房底部拉底层，与拉底巷道贯通。装运巷道间距 8m，巷道断面为 2.8m×2.8m，转弯曲率半径为 6~8m。为使铲运机在直道中铲装，装运巷道长度不得小于 8m。

当采用垂直扇形深孔落矿时，如图 7-39 所示，在顶柱下掘进凿岩平巷，便可向下钻凿炮孔。

切割工作只有一条拉底巷道。

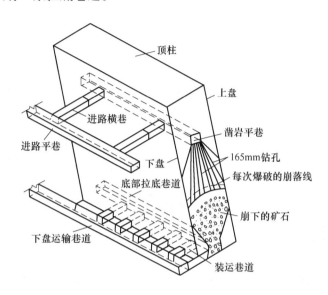

图 7-39　下向扇形深孔球状药包落矿阶段矿房法

C　回采工作

（1）补充切割。VCR 采矿法的补充切割只有拉底一项，使用铲运机平底结构时，拉底高度一般为 6m。当留矿石底柱时，在拉底巷中央上掘高 6m、宽 2~2.5m 的上向扇形切割槽，再爆破拉底巷道中的上向扇形中孔，形成平底堑沟式的拉底空间。

（2）大量回采。

1）深孔凿岩。为控制炮孔的偏斜度与球状药包结构，国内外多用 165mm 的炮孔落矿。炮孔的排列有下向平行与下向扇形两种。下向平行炮孔能使两侧间柱面保持垂直平整，为间柱回采创造良好条件，而且炮孔利用率高，矿石破碎均匀，容易控制炮孔的偏斜。但硐室开挖量大，当矿石稳固性差时，硐室支护量大。采用扇形深孔，凿岩巷道的工程量显著减小，在回采间柱时可考虑采用。

下向平行深孔的孔网规格一般为 3m×3m，各排炮孔交错排列或呈梅花形布置，周边孔适当加密，并距上下盘一定距离，以便控制贫化和保持间柱的几何尺寸。

凿岩设备可用潜孔钻机或地下牙轮钻机。

2）爆破。球状药包所用的炸药，必须是高密度（1.35~1.55g/cm³）、高爆速（4500~5500m/s）、高威力（以铵油炸药为 100，则该炸药应为 150~200）及低感度的炸药。

采场可单分层落矿，也可以多分层落矿。装填药包之前为了准确确定药包重心，必须测量炮孔深度并堵塞孔底。测孔方法如图 7-40 所示，将一根中部绑有测绳长 0.6m 左右的一英寸胶管送入孔内，待胶管从孔口下方出来后，拉紧测绳测出孔深，然后再用力把测管拉出来。全部孔深测完。即可绘出分层崩矿线，并进行落矿设计。

可采用带碗形胶皮环的水泥堵孔塞堵孔，如图 7-41 所示，用尼龙绳将堵孔塞放入孔内，胶皮上翻，堵孔塞借自重下落，直出炮孔下口；然后上提将堵孔塞重新拉入孔内，此时胶皮下翻呈倒置的碗形紧贴孔壁，具有一定的承载能力。

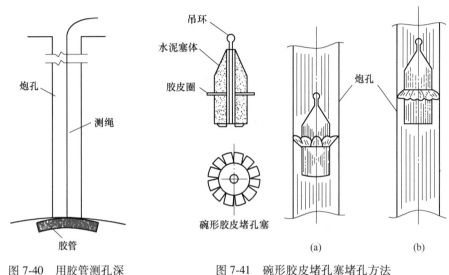

图 7-40　用胶管测孔深　　　　　图 7-41　碗形胶皮堵孔塞堵孔方法
（a）下放孔塞；（b）上提堵孔

分层爆破高度为 3~4m，图 7-42 所示为单分层爆破装药结构，孔径 165mm，耦合装药，球状药包总重 30kg。首先，装入适量河沙，用于调整药包重心位置，使用带铁钩的尼龙绳吊装一个 10kg 的药包入孔，然后用导爆索把装有 250g 熔铸起爆弹（TNT 和黑索金各50%）的 5kg 药包送入，再吊装一个 5kg、一个 10kg 的药包。药包上部填入河砂，填塞高度以 2.5m 为宜。

采用如图 7-43 所示的起爆网路，即强力起爆弹-孔内导爆索-导爆管-孔外导爆索-电雷管起爆系统。孔内外导爆索之间用导爆管双向连接。这种方法除了便于选择孔内爆破段位外，还可以减少拒爆的可能性。

采用多分层落矿可以大大减少清孔、量孔、堵孔、装填、避炮、通风等辅助作业时间。每次落矿的数量应视采场下部补偿空间的大小及安全技术要求等因素来确定。多分层落矿的工艺与单分层落矿相似。

7.5.4.2　实例

凡口铅锌矿金星岭东盘区 1 号采场，位于 Jb2 主矿体西端，矿体上盘近于直立，下盘局部不规则。围岩均为花斑状、条纹状灰岩，中等稳固，$f=8~10$。矿石为致密块状黄铁铅锌矿，中等稳固，$f=9~10$，矿体厚度 30m。

采场如图 7-44 所示垂直走向布置，矿房宽 8m，阶段高 48m，凿岩硐室布置在 -104m 水平，使用管缝式锚杆和金属网联合支护。出矿水平为 -152m 阶段，采用铲运机单侧出矿平底结构，出矿巷道间距 8m，用网度为 1.0m×0.8m 的管缝式锚杆支护。

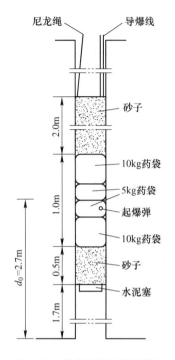

图 7-42　单分层爆破装药结构

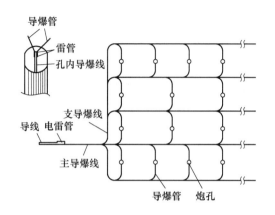

图 7-43　起爆网路示意图

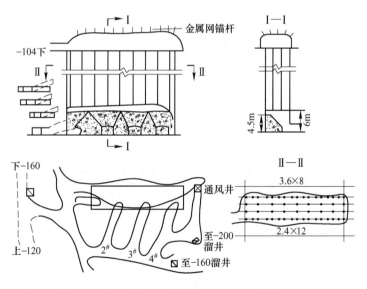

图 7-44　凡口铅锌矿 1 号采场 VCR 法（单位：m）

采场全面拉底后，再采去矿房中的适量矿石，矿石全部出完后，用混凝土胶结充填料充填，最后再次扩漏形成人工底柱。

凿岩设备为配 COP-6 冲击器的 ROC-306 和 DQ-150J 型潜孔钻机各一台、两台 VY-2.2/5-15 型增压机，设备平均效率为 19.83m/（台·班）。采用下向垂直平行深孔落矿，孔径

165mm，炮孔排距 2.5m，矿房边部炮孔间距 2.4m，中部 3.6m，共 44 个孔，每个孔深 42m。

经计算球状药包重量为 30kg，$d_0 = 2.61$m。装药结构见图 7-42。6 个单分层爆破均采用分区微差起爆。分段药量均控制在 350kg 以内。

采场出矿使用 LF-4.1 型 2m³ 铲运机，平均运距 45m，出矿能力平均达 420t/d。

7.5.4.3　评价

优点：

（1）采场结构简单，采切工程量小。

（2）采场生产能力高，劳动生产率高，采矿成本低，是一种高效而经济的采矿方法。

（3）矿石破碎效果好，大块产出率低，有利于提高铲装效率。

（4）工艺简单，工作安全，各项工作可实现机械化作业，工人劳动条件好。

缺点：

（1）大型设备购置费高，凿岩技术要求高，若无铲运机、胶结充填等先进技术配合，不能充分发挥其优越性。

（2）对矿体整体性要求高，不能有大的裂隙或断层穿插其间，不然很容易发生堵孔事故。

（3）要使用高爆速、高密度、高威力及低感度的炸药、爆破成本高。

（4）矿体形态变化较大时，矿石损失贫化率高。

7.5.4.4　适用条件

（1）急倾斜厚大或中厚矿体，水平微倾斜、缓倾斜极厚矿体。

（2）矿体规则、产状稳定，矿体不含或少含夹石，否则贫化损失量大。

（3）矿体无分层现象，无较大的裂隙、断层、破碎带穿插。

（4）围岩中稳至稳固，矿石中稳以上。

（5）用于胶结充填后的间柱回采最为有利。

7.5.4.5　技术经济指标

下向深孔大孔径球状药包落矿阶段矿房法主要技术经济指标见表 7-9。

表 7-9　下向深孔大孔径球状药包落矿阶段矿房法主要技术经济指标

矿山名称	矿体及围岩情况		主要技术经济指标							
	矿体	围岩	阶段高度/m	矿块生产能力/t·d⁻¹	采切比/m³·kt⁻¹	损失率/%	贫化率/%	每米炮孔崩矿量/t·m⁻¹	工作面工班效率/吨·（工·班）⁻¹	大块产出率/%	炸药消耗/kg·t⁻¹
凡口铅锌矿（矿房回采）	厚 20~60m，倾角 45°~70°	顶板稳固，底板稳固	40	182~304	52.3~67.6	2~4	4~8.4	15~20	19.23	0.98~1.04	0.4~0.43
凡口铅锌矿（间柱回采）	厚 20~60m，倾角 45°~70°	顶板稳固，底板稳固	40	161~301	48.9~63	3	5.9~10.9	18~25		1.18~2	0.28~0.33

矿山名称	矿体及围岩情况		主要技术经济指标								
	矿体	围岩	阶段高度/m	矿块生产能力/t·d^{-1}	采切比/m^3·kt^{-1}	损失率/%	贫化率/%	每米炮孔崩矿量/t·m^{-1}	工作面工班效率/吨·(工·班)$^{-1}$	大块产出率/%	炸药消耗/kg·t^{-1}
金川二矿区	厚98~118m，倾角60°~75°	顶板欠稳固，底板稳固性较差	50	250	85.1	6.3	0.93	14.66			0.495

7.6 矿柱回采和采空区处理

应用空场采矿法时，矿房回采以后，还残留大量矿柱（包括顶柱、底柱和间柱）。对于缓倾斜和倾斜矿体，柱矿量占15%~25%，对于急倾斜厚矿体，矿柱矿量达40%~60%。为了充分回采地下资源，及时回采矿柱，是空场采矿法第二步骤回采的不可忽视的工作。矿柱存在时间过长，不仅增加同时工作的阶段数目，积压大量的设备和器材，延长维护巷道和风、水、压风管道的时间，增加生产费用，而且由于地压增加，使矿柱变形和破坏，为以后回采矿柱增加困难，甚至不能回采，造成永久损失。同时，矿房回采后在地下形成大量采空区，严重地威胁下部生产阶段的安全，成为以后发生大规模地压活动的隐患。我国辽宁、湖南、江西等省的某些矿山，曾经先后发生的灾害性地压活动，对生产和资源已经造成很大损失。因此，及时回采矿柱和处理采空区，是极其重要的二步回采工作。

矿房在敞空条件下，回采矿柱的同时，就应处理采空区，二者必须互相适应。

7.6.1 矿柱回采方法

7.6.1.1 矿柱回采的要求和顺序

（1）矿柱回采是矿块回采的一个组成部分，要求与矿房一并考虑采准、切割工程，并按矿量比例编制出采掘计划。

（2）根据地表是否允许塌落，确定回采矿柱的方法。

（3）分段出矿时，分段回采结束后即可进行矿柱回采，而阶段出矿时，一般待阶段回采结束后才能进行矿柱回采。

（4）矿柱回采应不影响或破坏矿石运输线路和通风线路等。

7.6.1.2 顶、底柱的回采

一般情况下，在充满崩落矿石的已采矿房内，顶、底、间柱可同时或分次进行回采，在未充填的已采矿房内，顶、底、间柱一般是同时进行回采；在缓倾斜的矿房内一般先采间柱，后采顶、底柱。

顶、底柱一般是一并进行回采，即上阶段的底柱和本阶段对应的顶柱，在同时间内进行回采，其回采方式有如下两种：

（1）上阶段的底柱和本阶段的顶柱，一并纳入矿房回采或同时回采。纳入矿房回采一般用于缓倾斜采场和逆倾斜回采的倾斜采场，同时回采用于急倾斜中厚（或厚）矿体的充满崩落矿右或放空矿石的采场内。

（2）上阶段底柱，利用上阶段运输平巷进行回采，而本阶段的顶柱，利用矿房进行回采。

先利用沿脉平巷回采底柱，向上、下盘扩大成拉底层，然后采用浅孔压顶或挑顶回采，或用中深孔钻凿，采透上部采场的拉底层，并采用后退式回采矿柱。对急倾斜矿体的底柱一般全部回采；对缓倾斜矿体的底柱可全部或间隔回采。如间隔回采时，间隔的分段长度为 8~10m，或两个漏斗颈之间的距离。采下的矿石用装岩机（或装运机）从平巷中运出。

矿房充满崩落矿石下的顶柱回采。底柱回采后，开始本阶段顶柱的回采。对于缓倾斜矿体，充满崩落矿石矿房的急倾斜薄矿体和急倾斜中厚、厚矿体可直接在空场内钻凿浅孔或中深孔。

急倾斜薄矿脉采用留矿法矿山的空场内回采顶柱的方法有：

（1）在充满崩落矿石的矿房内进行顶柱的回采，如图 7-45 所示。

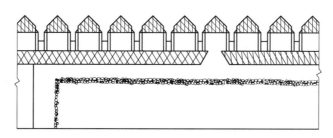

图 7-45　充满崩落矿石下的顶柱回采

矿房在大量放矿前，为贯通上阶段沿脉平巷，在顶柱中选择一、二处掘进小井。然后在崩落矿石上对顶柱钻凿浅孔或中深孔。放炮后矿房和矿柱的崩落矿石一起放出。并视放矿过程中围岩的片落程度来确定贫化、损失的大小，一般只回收 50%~60% 的矿石。

（2）在放空矿石的矿房内进行顶柱回采，如图 7-46 及图 7-47 所示。回采顶柱时，由于矿脉厚度较薄，直接在顶柱下架设工作台，用压顶或挑顶来回采。

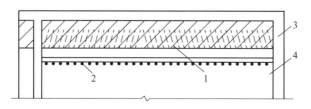

图 7-46　横撑支柱回采顶柱
1—炮孔；2—工作平台；3—天井；4—采空区

采用急倾斜阶段矿房法、分段空场法和深孔留矿法的采场，顶、底柱的回采方法有：

（1）顶、底同时回采，采用大量崩矿法；

（2）顶、底柱分别回采采用分段崩矿法和分层崩矿法。

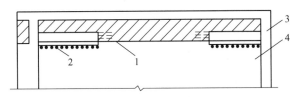

图 7-47 上向水平梯段回采顶柱
1—炮孔；2—工作平台；3—天井；4—采空区

急倾斜矿体顶、底柱回采一般多采用中深孔和深孔崩矿。

回采顶柱时，可用上向垂直中深孔和水平扇形深孔。一般在凿岩天井、凿岩平巷或凿岩硐室内钻凿炮孔。

回采底柱时，一般在原有的运输平巷和电耙道中钻凿上向扇形和上向平行中深孔。利用漏斗和运输巷作补偿空间。

7.6.1.3 间柱回采

（1）矿块的一侧留不设天井（或上山）的间柱，一般出现在薄矿体的采场内。间柱宽度一般为 1.5~2.0m。

缓倾斜采场内，一般待沿走向推进至矿块边界时，同时回采间柱。而急倾斜薄矿脉采场内，为了不使采空区过早陷落，一般对间柱不予回采。

（2）矿块的一侧有采准天井（或切割上山）和联络道的间柱。

缓倾斜矿体的采场间柱，一般利用切割上山，在倾角较缓的地段钻凿浅孔，在倾角较陡的地段，钻凿中深孔来回采间柱。根据采场的具体条件，有如下的回采方式：

1）回采半边，留下半边；

2）回采上（或下）半部，留下下（或上）半部；

3）间隔回采，留下间隔矿柱；

4）全部回采。一般把全斜长分成 3~4 个分段；分段间采用自上而下逐次回采，而分段内采用自下而上的回采。

急倾斜薄矿脉一般利用间柱中的天井和联络道，钻凿中深孔，待矿房中的崩落矿石放空后，与顶、底柱一起爆破和放矿。急倾斜中厚（或厚）矿体的间柱回采，根据空场内的条件和顶、底柱的回采顺序来选择回采方式。一般回采方法有：大量崩矿法、分段崩矿法和分层崩矿法。

大量崩矿法适用于矿房和相邻矿房为放空矿房。一般采用顶、底柱和间柱同时爆破出矿，见图 7-48。崩落矿石经漏斗或间柱补充漏斗自重放出。矿石损失率达50%~60%。

分段崩矿法适应于顶、底柱已用大量崩落法回采，间柱宽度大于 6~7m，见图 7-49。这种方法回采率比大量崩落法高。

分层崩落法一般用于矿石稳固性较差，品位较高或价值较大的矿石。

7.6.1.4 采场内矿柱的回采

采场内所留矿柱，主要用于支护顶板岩石。从安全要求，一般作为永久性损失。但个别品位较高的矿柱也可回采，回采前，事先需要在所回收矿柱的周围加砌石垛后，方可进行回采。

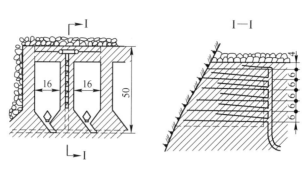

图 7-48 用深孔大量崩矿回采矿柱（单位：m）

场内矿柱的留存或爆破与采空区的处理方法有关。采用充填处理采空区，场内矿柱可以留存，而采用崩落处理采空区，则可根据地压的要求爆破部分或全部矿柱，以利顶板岩石崩落。如洛林铁矿其场内矿柱，随回采而崩落。

图 7-50 所示为某矿用留矿法回采矿房后所留下的矿柱情况。为了保证矿柱回采工作安全，在矿房大放矿前，打好间柱和顶底柱中的炮孔。放出矿房中全部矿石后，再爆破矿柱。先爆间柱，后爆顶底柱。

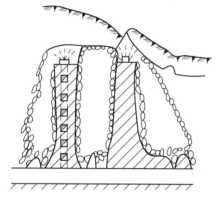

图 7-49 分段崩矿法回采间柱

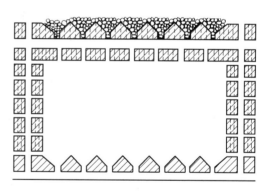

图 7-50 留矿法矿柱回采方法

降低矿柱的损失率，可以采取以下措施：

（1）同次爆破相邻的几个矿柱时，可先爆中间的间柱，再爆与废石接触的间柱和阶段间矿柱，以减少废石混入。

（2）及时回采矿柱，以防矿柱变形或破坏，且不能全部装药。

（3）增加矿房矿量，减少矿柱矿量。例如矿体较大或开采深度增加，矿房矿量降低 40%以下时，则应改为一个步骤回采的崩落采矿法。

7.6.2 采空区处理

采空区处理的目的是，缓和岩体应力集中程度，转移应力集中的部位，或使围岩中的应变能得到释放，改善其应力分布状态，控制地压，保证矿山安全持续生产。

采空区处理方法有：崩落围岩法、充填法和封闭法三种。

7.6.2.1 崩落围岩法

崩落围岩处理采空区崩落围岩处理采空区的目的，是使围岩中的应变能得到释放，减小应力集中程度；用崩落岩石充填采空区，在生产地区上部形成岩石保护垫层，以防上部围岩突然大量冒落时，冲击气浪和机械冲击对采准巷道、采掘设备和人员的危害。

崩落围岩又分自然崩落和强制崩落两种。矿房采完后，矿柱是应力集中的部位。按设计回采矿柱后，围岩中应力重新分布，某部位的应力超过其极限强度时，即发生自然崩落。从理论上讲，任何一种岩石，当它达到极限暴露面时，应能自然崩落。但由于岩体并非理想的弹性体，往往远未达到极限暴露面积以前，因为地质构造原因，围岩某部位就可能发生破坏。

当矿柱崩落后，围岩跟随崩落或逐渐崩落，并能形成所需要的岩层厚度，这是最理想的条件。如果围岩不能很快自然崩落，或者需要将其暴露面积逐渐扩大才能崩落，为保证回采工作安全，则必须在矿房中暂时保留一定厚度的崩落矿石。当暴露积扩大后，围岩长时间仍不能自然崩落，则需改为强制崩落围岩。

一般说，围岩无构造破坏、整体性好、非常稳固时，需在其中布置工程，进行强制崩落，处理采空区。爆破的部位，根据矿体的厚度和倾角确定：缓倾斜和中厚以下的急倾斜矿体，一般崩落上盘岩石；急倾斜厚矿体，崩落覆岩；倾斜的厚矿体，崩落覆岩和上盘；急倾斜矿脉群，崩落夹壁岩层；露天坑下部空区，可崩落边坡。

崩落岩石的厚度，一般应满足缓冲保护垫层的需要，达 15~20m 以上为宜。对于缓倾斜薄和中厚矿体，可以间隔一个阶段放顶，形成崩落岩石的隔离带，以减少放顶工程量。

崩落围岩方法，一般采用深孔爆破或药室爆破（极坚硬岩石，崩落露天坑边坡）。崩落围岩的工程，包括巷道、天井、硐室及钻孔等，要在矿房回采的同时完成，以保证工作安全。

在崩落围岩时，为减弱冲击气浪的危害，对于离地表较近的空区，或已与地表相通的相邻空区，应提前与地表或与上述空区崩透，形成"天窗"。强制放顶工作，一般与矿柱回采同段进行，且要求矿柱超前爆破。如不回采矿柱，则必须崩塌所有支撑矿（岩）柱，以保证较好强制崩落围岩的效果。

7.6.2.2 充填法

在矿房回采之后，可用充填材料（废石、尾砂等）将矿房充满，再回采矿柱。这种方法不但处理了空场法回采的空区，也为回采矿柱创造了良好的条件，提高矿石回采率。

用充填材料支撑围岩，可以减缓或阻止围岩的变形，以保持其相对的稳定，因为充填材料可对矿柱施以侧向力，有助于提高其强度。充填法处理采空区，应用于下列条件：

（1）上覆岩层或地表不允许崩落。

（2）开采贵重矿石或高品位的富矿，要求提高矿柱的回采率。

（3）已有充填系统、充填设备或现成的充填材料可再利用。

（4）深部开采，地压较大，则有足够强度的充填体，可以缓和相邻未采矿柱的应力集中程度。

7.6.2.3 封闭法

充填采空区与充填采矿法在充填工艺上有不同的要求。它不是随采随充，而是矿房采完后一次充填。因此，充填效率高。在充填前，要对一切通向空区的巷道或出口，进行坚固地密闭。如用水力充填时，应设滤水构筑物或溢流脱水。干式充填时，上部充不满，充填所产生的冲击气浪，遇到隔墙时能得到缓冲。

这种方法适用于空区体积不大，且离主要生产区较远，空区下部不再进行回采工作的情况。对于处理较大的空区，封闭法只是一种辅助的方法，如密闭与运输巷道相通的矿石溜井，人行天井等。

封闭法处理采空区，上部覆岩应允许崩落，否则不能采用。

复习思考题

7-1 空场法的基本特征是什么，采矿场内留下支撑柱还能说是空场吗？

7-2 全面采矿法适宜于开采什么样的矿体，这种采矿方法的特点有哪些？

7-3 全面采矿法布局比较灵活，针对这种情况的采场顶板有哪些管理措施？

7-4 房柱采矿法和全面采矿法相比，主要区别在哪里，其结构参数怎样选取？

7-5 为什么说房柱法是开采矿岩稳固的水平和缓倾斜矿体最有效的采矿方法？

7-6 浅孔留矿法的阶段高度和矿块长度应怎样选取，矿柱尺寸怎么确定？

7-7 浅孔留矿法的底部切割工作有哪几种施工方法？

7-8 浅孔留矿法在实践中衍生出哪些变形方案，这些方案的主要特征是什么？

7-9 用留矿法开采极薄矿脉，应首先解决哪些问题？

7-10 分段凿岩阶段矿房法与同样条件下的浅孔留矿法相比，为什么可以取大的矿块尺寸，这样做有什么好处？

7-11 垂直深孔落矿的阶段矿房法，即 VCR 法的主要特征和关键工艺是什么？

8 充填采矿法

随回采工作面的推进，逐步用充填料充填采空区的采矿方法，称充填采矿法，主要特征在于充填工序作为回采工序的一环，有时还用支架与充填料相配合，以维护采空区，称支架充填采矿法。充填法可在工作面内手选，矿柱可以用充填体代替，矿石损失、贫化较低，在开采贵金属、稀有金属、有色金属富矿等矿山中得到了较为广泛的应用。

充填采矿法的应用条件主要是：围岩不稳固，或围岩及矿石均不稳固的有色金属富矿或贵金属、稀有金属矿床。由于近年来采用了无轨设备、高分层落矿及充填系统自动化等技术，使采矿成本下降，采场生产能力及劳动生产率提高，在一些矿石及围岩均稳固的矿山，也开始使用充填法，并取得了较好的采选综合经济效果。充填法有利于开采深部矿床，水下、建筑物下和构筑物下矿床以及有自燃倾向的矿床。

按矿块结构和回采工作面推进方向，充填采矿法可分为：

（1）单层充填采矿法。

（2）上向水平分层充填采矿法。

（3）上向倾斜分层充填采矿法。

（4）下向分层充填采矿法。

（5）分采充填采矿法，等等。

根据所采用的充填和输出方法不同，充填采矿法又可分为：

（1）干式充填采矿法，用矿车、风力或其他机械输送干充填料（如废石、砂石等）充填采空区。

（2）水力充填采矿法，用水力沿管路输送选厂尾砂、冶炼厂炉渣、碎石等充填采空区。

（3）胶结充填采矿法，用水泥或水泥代用品与脱泥尾砂或砂石配制而成的胶结性物料充填采空区。

我国应用充填法已有悠久的历史，有色矿山于 20 世纪 50 年代初期开始使用干式充填采矿法，这种采矿方法采矿强度低，体力劳动繁重，安全条件差，从 50 年代末逐步被其他采矿方法所代替。60 年代后期开始使用水力充填工艺。进入 70 年代后，金属矿山运用煤矿水砂充填的经验，从外国引进尾砂充填和胶结充填技术以及无轨自选设备，大力发展水力充填法和胶结充填法，使回采工艺发生了根本变化，场生产能力及劳动生产率均大为提高，劳动条件大为改善，充填法发展到了一个新的水平，在我国得到日益广泛的应用。目前我国黄金矿山中充填法的比重已占 31%，有色矿山充填法的比重上前约 22%，从发展趋势来看，充填采矿法是具有广阔前景的采矿方法。

8.1 单层充填采矿法

单层充填采矿法多用于开采水平微倾斜和缓倾斜薄矿体，或者上盘岩石由稳固到不稳固，地表或围岩不允许崩落的矿体。

将阶段（或盘区）划分成矿块（或采区），沿矿块（采区）倾斜全长用壁式工作面沿走向回采，或沿倾向划分成分条按一定顺序将矿体全厚单层一次回采。随着工作面的推进，有计划地用水砂或胶结充填采空区，以控制顶板崩落。由于采用壁式工作面回采，也称为壁式充填法。

湖南湘潭锰矿的单层充填采矿法，如图 8-1 所示。该矿床为缓倾斜为主的似层状薄矿体。走向长 2500m，倾斜延深 200~600m，倾角 30°~70°，厚度 0.8~3m；矿石稳固，有少量夹石层；顶板为黑色页岩，厚 3~70m，不透水，含黄铁矿，易氧化自燃，且不稳固；其上部为富含水的砂页岩，厚 70~200m，不允许崩落；底板为砂岩，坚硬稳固。

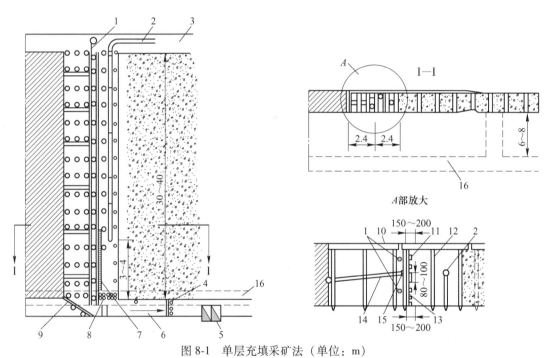

图 8-1　单层充填采矿法（单位：m）

1—钢绳；2—充填管；3—上阶段脉内巷道；4—半截门子；5—矿石溜井；6—切割平巷；7—帮门子；8—堵头门子；9—半截门子；10—木梁；11—木条；12—立柱；13—砂门子；14—横梁；15—半圆木；16—脉外巷道

8.1.1　采场结构参数

阶段高 20~30m，矿块斜长 30~40m，沿走向长度 60~80m。控顶距 2.4m，充填距 2.4m，悬顶距为 4.8m。矿块间不留矿柱，一个步骤回采。

8.1.2　采准和切割

由于底板起伏较大，顶板岩石有自燃性，阶段运输巷道掘在底板岩石中，距底板 8~10m。在矿体内布置切割平巷，作为崩矿的自由面，同时可作行人、通风和排水等用。上山多布置在矿块边界处。沿走向每隔 15~20m 掘矿石溜井，联通切割平巷与脉外运输巷道。不放矿时，矿石溜井可做通风和行人的通道。

8.1.3 回采

长壁工作面沿走向一次推进 2.4m，沿倾斜每次的崩矿量根据顶板允许的暴露面积决定，一般为 2m 左右。用 YT-24 型浅孔凿岩机凿岩，孔深 1m 左右。崩下的矿石，用 2JP-13 型电耙运搬；先将矿石运至切割平巷，再倒运至矿石溜井。台班效率 25~30t。

由于顶板易冒落，要求边出矿，边架木棚，其上铺背板和竹帘。当工作面沿走向推进 4.8m 时，应充填 2.4m。充填前应做好准备工作，包括清理场地，架设充填管道，钉砂门子和挂砂帘子等。砂门子分帮门子、堵头门子和半截门子等，其主要作用是滤水和拦截充填料，地充填料堆积是预定的充填地点。

水力充填是逆倾斜由下而上间断进行，即由下向上分段拆除支柱和充填。每一分段的长度和拆除支柱的数量，根据顶板稳固情况而定。也可以不分段一次完成充填，但支柱回收率很低。

采用胶结充填时，一般用采矿巷道回采矿石，其矿壁起模板的作用。

8.1.4 评价

当开采水平或缓倾斜薄矿体时，在顶板岩层不允许崩落的复杂条件下，单层充填法是优选的采矿方法。此采矿法矿石回采率一般高于 92%，贫化率一般小于 7%，其缺点是采矿工效较低，国内统计一般采矿效率在 4~5 吨/（工·班），坑木消耗量大约 18~22m³/kt。

8.2 上向分层充填采矿法

上向分层充填采矿法的矿块多用房式回采。将矿体划分为矿房和矿柱，第一步骤回采矿房，第二步骤回采矿柱。回采矿房时，自下向上平分层进行，随工作面向上推进，逐层充填采空区，并留出继续上采的工作空间。充填体维护两帮围岩，并作为上采的工作台。崩落的岩石落在充填体表面上，用机械方法将矿石运至溜井中。矿房回采到最上面分层时，进行接顶充填。矿柱则在采完若干矿房或全阶段采完后，再进行回采，视情况采用不同的方式回采矿柱。回采矿房的充填方法，可用干式充填、水力充填或胶结充填。干式充填方法，目前应用很少。水力充填采矿法虽然充填系统复杂，基建投资费用高，但充填体致密，充填工作易实现机械化，工人作业条件好，矿山使用较多。

8.2.1 水力充填方案

8.2.1.1 矿块结构和参数

矿体厚度不超过 10~15m，矿房的长轴沿走向布置；超过 10~15m 时，矿房垂直走向布置。矿房沿走向布置的长度，一般为 30~60m，有时达 100m 或更大。垂直走向布置矿房的长度，一般控制在 50m 以内；此时，矿房宽度为 8~10m。上向水平分层水力充填采矿法，如图 8-2 所示。

阶段高度一般为 30~60m。如果矿体倾角大，倾角和厚度变化较小，矿体形态规整，则可采用较大的阶段高度。

间柱的宽度取决于矿石和围岩的稳固性以及间柱的回采方法。用充填法回采间柱时，其宽度为 6~8m，矿岩稳固性较差取大值。阶段运输巷道布置在脉内时，一般需留顶柱和底柱。顶柱厚 4~5m，底柱高 5m。为减少矿石损失和贫化，也有用混凝土假巷，以代替矿石矿柱。

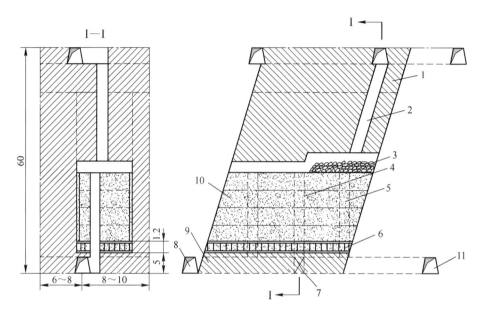

图 8-2　上向水平分层水力充填采矿法（单位：m）

1—顶柱；2—充填天井；3—矿石堆；4—人行滤水井；5—放矿溜井；6—主副钢筋；

7—人行滤水井通道；8—上盘运输巷道；9—穿脉巷道；10—充填体；11—下盘运输巷道

8.2.1.2　采准和切割工作

在薄和中厚矿体中，掘进脉内运输巷道；在厚矿体中，掘进脉外沿脉巷道和穿脉巷道，或上、下盘沿脉巷道和穿脉巷道。

在每个矿房中至少布置两个溜矿井、一个顺路人行天井（兼作滤水井）和一个充填天井。溜矿井用混凝土浇灌，壁厚 300mm，圆形内径为 1.5m。人行滤水井用预制钢筋混凝土构件砌筑（图 8-3），或浇灌混凝土（预留泄水小孔）。充填天井断面为 2m×2.4m，内设充填管路和人行梯子等，是矿房的安全出口，其倾角为 80°~90°。

在底柱上部掘进拉底巷道，并以为自由面扩大至矿房边界，形成拉底空间，再向上挑顶 2.5~3m，并将崩下的矿石经溜矿井放出。形成 4.5~5m 高的拉底空间后，即可浇灌钢筋混凝土底板。底板厚 0.8~1.2m，配置双层钢筋，间距 700mm。钢筋混凝土底板结构，如图 8-4 所示。

8.2.1.3　回采工作

用浅孔爆破落矿，回采分层高为 2~3m。当矿石和围岩很稳固时，可以增加分层高度（达 4.5~5m），用上向孔和水平孔两次崩矿，或者打上向中深孔一次崩矿，形成的采空区可高达 7~8m。

崩落的矿石，一般用电耙出矿。近年来，国外广泛使用装运机或铲运机装运矿石。矿石出完后，清理底板上的矿粉，然后进行充填。充填前要浇灌溜矿井，砌筑（或浇灌）人

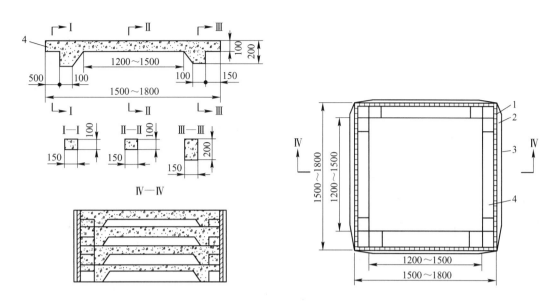

图 8-3 钢筋混凝土预制件结构的人行滤水井（单位：mm）
1—草袋；2—固定木条；3—箍紧铁丝；4—混凝土预制件

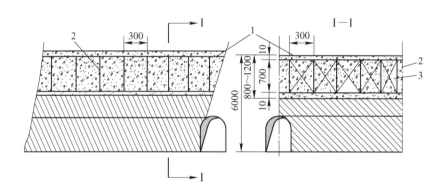

图 8-4 钢筋混凝土底板结构图（单位：mm）
1—主钢筋（$\phi 12mm$）；2，3—副钢筋（$\phi 8mm$）

行滤水井，浇灌混凝土隔墙等工作。先用预制的混凝土砖（规格为 300mm×200mm×500mm）砌筑隔墙的外层，然后浇灌 0.5m 厚的混凝土，形成隔墙的内层，其总厚度为 0.8m。混凝土隔墙的作用，主要为第二步骤回采间柱创造良好的回采条件，以保证作业安全和减少矿石损失和贫化。

目前广泛使用选矿厂脱泥尾砂或冶炼厂的炉渣，沿直径 100mm 的管道水力输送到工作面，充填采空区。充填料中的水，渗透后经滤水井流出采场，充填料沉积在场内，形成较密实的充填体。

为防止崩落的矿粉渗入充填料以及为出矿创造良好的条件，在每层充填体的表面铺设 0.5~0.2m 厚的混凝土底板。1 天后即可在其上部凿岩，2~3 天后即可进行落矿或行走自行设备。

8.2.2　胶结充填方案

用干式、水砂、尾砂充填料充填空区，虽可以承受一定的压力，但它们都是松散介质，受力后被压缩而沉降，控制岩石移动效果差。回采矿房时需砌筑混凝土隔墙、浇灌钢筋混凝土板，但回采矿柱时，隔墙隔离效果不理想，还需要建立水力充填料及混凝土输送的两套系统及排水、排泥设施。

目前，为更有效地控制岩石移动，保护地表，降低矿石损失贫化指标，国内外的矿山越来越多地采用胶结充填采矿法。图 8-5 所示为胶结充填采矿法的典型方案。

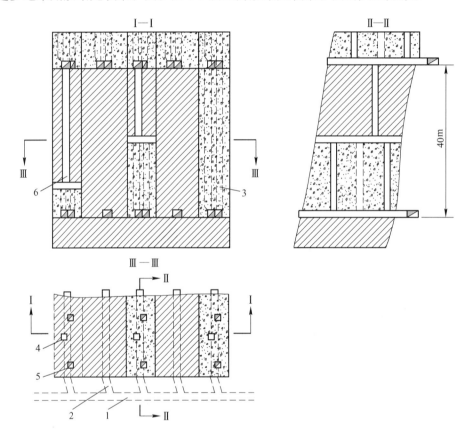

图 8-5　胶结充填采矿法的典型方案
1—运输巷道；2—穿脉巷道；3—胶结充填体；4—溜矿井；5—行人天井；6—充填天井

从图 8-5 看出，胶结充填方案的矿块采准、切割和回采等，与水力充填方案基本相同，区别仅在于顺路行人天井不要按滤水条件构筑，溜矿井和行人天井在充填时只需立模板就可形成，因为胶结充填不必构筑隔墙、铺设分层底板和建筑人工底柱。

由于胶结充填成本很高，第一步回采应取较小尺寸，但所形成的人工矿柱，必须保证第二步回采的安全；而第二步可以采用水力充填回采，故可选取较大的尺寸。

为了较好地保护地表和上覆岩层不移动，胶结充填接顶问题，必须很好解决。常用的接顶方法有人工接顶和砂浆回压接顶。人工接顶就是将最上部一个充填分层，分为 1.5m

宽的分条，逐条浇注。浇注前先立 1m 多高的模板，随充填体的加高逐渐加高模板。当充填体距顶板 0.5m 高时，用石块或混凝土砖加砂浆砌筑接顶，使残余空间完全填满。这种方法接顶可靠，但劳动强度大，效率低，木材消耗也大。

砂浆加压接顶是用液压泵，将砂浆沿管路压入接顶空间，使接顶空间填满。在充填前必须做好接顶空间的密封，包括堵塞顶板和围岩中的裂缝，以防砂浆流失。体积较大的空间（大于 30~100m³），如有打垂直钻孔的条件，可采用垂直管道加压接顶；反之，则采用水平管道加压接顶。

此外，我国还做过混凝土泵和混凝土浇注机风力充填接顶的试验，接顶效果良好。在日本采用喷射式接顶充填。将充填管道铺设在接顶空间的底板上，适当加大管道中砂浆流的残余力，使排出的砂浆，具有一定的压力和速度，以形成向上的砂浆流，使此充填料填满接顶空间。

8.2.3 上向倾斜分层充填采矿法

此法与上向水平分层充填法的区别是，用倾斜分层（倾角近 40°）回采，在采场内矿石和充填料的运搬，主要靠重力。这种采矿方法，只能使用干式充填。

过去，这种采矿方法用矿块回采(图 8-6)。充填料自充填井溜至倾斜工作面，自重铺撒。铺设垫板后进行落矿，崩落的矿石靠自重溜入溜矿井，经漏口闸门装入矿车。在矿块内，回采分为 3 个阶段，首先回采三角形底部，以形成倾斜工作面，然后进行正常倾斜工作面的回采，最后采出三角顶部矿石。

应用自行设备后，倾斜分层充填采矿法，改为沿全阶段连续回采（图 8-7）。最初只需掘进 1 个切割天井，形成倾斜工作面，沿走向连续推进。崩下的矿石沿倾斜面自重溜下，用自行装运设备运出。充填料从回风水平用自行设备运至倾斜面靠自重溜下。

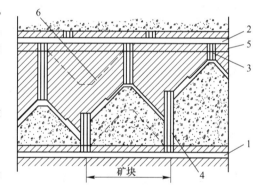

图 8-6 矿块回采倾斜分层充填法
1—运输巷道；2—回风巷道；3—充填天井；4—行人、溜矿井；5—顶柱；6—倾斜回采工作面上部边界

随着上向水平分层充填采矿法的机械化程度提高，利用重力运搬矿石和充填料的优越性越来越不突出。倾斜分层回采的使用条件较严格（比如要求矿体形态规整；中厚以下矿体，倾角应大于 60°~70° 等），铺设垫板很不方便，以及不能使用水力和胶结充填等，矿块回采的倾斜分层充填法，将被上向水平层充填法所代替。连续回采倾斜分层方案，可能还会采用。

8.2.4 上向分层充填采矿法的评价

充填采矿法最突出的优点，是矿石损失贫化小、但效率低，劳动强度大。应用水力充填和胶结充填技术，以及回采工作合作无轨自选设备，使普通充填采矿法提高到新的水平（机械化充填采矿法），进入高效率采矿方法行列，合作范围不断扩大，而且有进一步发展的趋势。

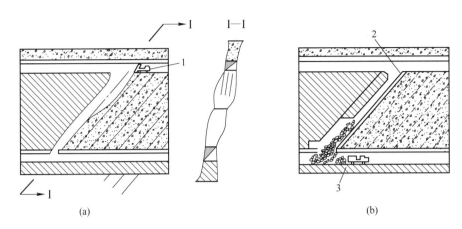

图 8-7　连续回采倾斜分层充填法
（a）充填阶段；（b）落矿阶段
1—自行矿车；2—垫板；3—自行装运设备

　　回采工作使用自行设备（凿岩台车、铲运机等），要求开凿斜坡道，能使这些设备进入所有回采分层，这就改变了过去充填法的采准方式，增大沿走向布置的矿房长度（达150~600m 或更大），或采用垂直走向布置矿房和矿柱的采区开采形式，使采场结构发生较大的变化。

　　胶结充填虽然改进了水力充填某些缺点，但还存在以下问题：

　　（1）充填成本高。据统计，水力充填费用占采矿直接成本的 15%~25%，而胶结充填则占 35%~50%。成本高的原因是采用价格较贵的水泥和采用压气输送胶结充填料。因此，应寻求廉价的水泥代用品或采用较小灰砂比（1:25~1:32）以及采用胶结材料输送新方法。

　　（2）充填系统复杂。我国一般先用胶结充填回采矿房，然后用水力充填回采间柱，这就使充填系统和生产管理复杂化。如果两个步骤都用胶结充填，成本就要增高。应该进行技术经济分析和研究，求得合理的技术经济效果。

　　（3）阶段间矿柱回采困难。水力或胶结充填都为间柱回采创造了安全和方便条件，但顶底柱回采仍很困难。我国使用充填法矿山，都积压了大量的顶底柱未采。提高人工底柱建造速度，以人工底柱代替矿石底柱，是解决这个问题的有效途径。

8.3　下向分层充填采矿法

　　下向分层充填采矿法，用于开采矿石很不稳固或矿石和围岩均很不稳固，矿石品位很高或价值很高的有色金属或稀有金属矿体。这种采矿方法的实质是：从上往下分层回采和逐层充填，每一分层的回采工作，是在上一分层人工假顶的保护下进行。因此，采矿工作面的安全主要取决于人工充填假顶的质量，与矿石的稳固程度无关。回采分层为水平的或与水平成 4°~10°（胶结充填）或 10°~15°（水力充填）倾斜。倾斜分层主要是为了充填接顶，同时也有利于矿石运搬，但凿岩和支护作业不如水平分层方便。

　　下向分层充填法按充填材料可划分为水力充填和胶结充填两种方案，但不能用干式充填。两种方案均用矿块式一个步骤回采。

8.3.1 下向分层水力充填采矿法

8.3.1.1 矿块结构和参数

下向分层水力充填采矿法矿块结构如图 8-8 所示：阶段高度为 30~50m，矿块长度为 30~50m，宽度等于矿体的水平厚度；不留顶柱、底柱和间柱。

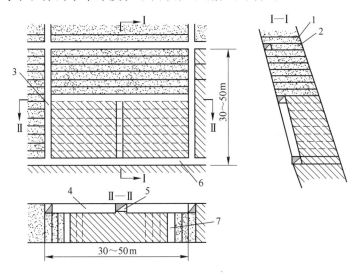

图 8-8 下向分层水力充填采矿法

1—人工假顶；2—尾砂充填体；3—矿块天井；4—分层切割平巷；5—溜矿井；6—运输巷道；7—分条采矿巷道

8.3.1.2 采准和切割工作

运输巷道布置在下盘接触线处或下盘岩石中。天井布置在矿块两侧的下盘接触带，矿块中间布置一个溜矿井。随回采分层的下降，行人天井逐渐为建筑在充填料中的混凝土天井所代替，而溜矿井从上往下逐层消失。

第一分层回采前，先沿下盘接触带掘进切割巷道。当矿体形状不规则或厚度较大时，切割巷道也可布置在矿体的中间。

8.3.1.3 回采工作

回采方式分为巷道回采和分区壁式回采两种。当矿体厚度小于 6m 时，沿走向布置两条采矿巷道，先采下盘的，后采上盘的。当矿体厚度大于 6m 时，采矿巷道垂直或斜交切割巷道，且采取间隔回采。

分区壁式回采是将每一分层，按回采顺序划分为区段，以壁式工作面沿区段全长推进。回采工作面以溜井为中心按扇形布置，每一分区的面积控制在 $100m^2$ 以内（图 8-9）。

如果上下分层矿体长度和厚度相同，用壁式工作面回采较为合理；反之，则用巷道回采。

回采分层高度一般为 2m、2.5m、3m，回采巷道的宽度为 2m、2.4m、3m。用浅孔落矿，孔深 1.6~2m。我国多用 7kW 或 14kW 电耙出矿，国外也有用装运机或输送机的。巷道多用木棚支护，间距 0.8~1.2m。壁式工作面则用带长梁的成排立柱支护，排距 2m，间距 0.8m。

充填前要做好下列工作：清理底板，铺设钢筋混凝土底板，钉隔离层及构筑脱水砂门

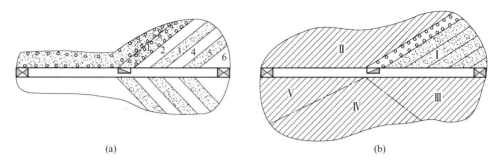

图 8-9   黄砂矸 5 号矿体下向尾砂充填法

（a）巷道回采；（b）扇形壁式工作面回采

1~6—回采顺序；Ⅰ~Ⅴ—回采顺序

等。铺设钢筋混凝土底板，一般采用直径 10~12mm 的主筋和直径 6mm 的副筋，网度为 200mm×200mm~250mm×250mm。巷道回采时，主筋应垂直巷道布置，其端部做成弯钩，以便和相邻巷道的主筋连成整体。采用水泥：砂：石等于 1：17：29 的混凝土体积配比，要求达到 100~150 号，就足以保证下分层回采作业的安全。

钉隔离层是将准备充填的巷道或分区与未采部分隔开，预防充填体的坍塌。每隔 0.7m 架一根立柱，柱上钉一层网度为 20mm×20mm~25mm×25mm 的铁丝网，再钉一层草垫或粗麻布，在底板处留出 200mm 长的余量并弯向充填区，用水泥砂浆严密封住以防漏砂。其结构如图 8-10 所示。

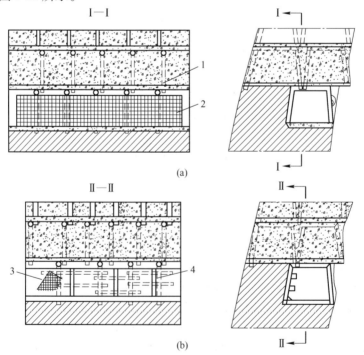

图 8-10   隔离层构筑

（a）金属网隔离层；（b）竹席隔离层

1—钢筋混凝土底板；2—铁丝网；3—竹席；4—板条

脱水砂门是一种设在切割巷道中靠待充填巷道或分区边界上，用混凝土砖或红砖砌筑的墙，墙中埋设若干短竹筒或钢管，一般每隔 0.5m 高设一排，每排 2~3 根（图 8-11）。

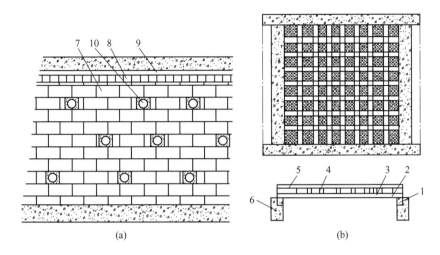

图 8-11 脱水砂门的结构

（a）砖砌的脱水砂门；（b）预制混凝土构件的脱水砂门

1—50mm×50mm 的条木；2—50mm×20mm 的条木；3—30mm×15mm 的条木；4—旧麻布袋；

5—30mm×15mm 的条木；6—混凝土墙；7—混凝土预制砖；8—红砖；9—充填管；10—泄水管

脱水砂门开始只砌 1.2~1.5m 高，随充填料的加高逐步加砌直到接顶。若回采巷道长度大于 50m，应设两道脱水砂门，以利提高充填质量（图 8-12）。

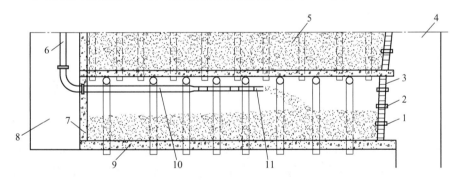

图 8-12 充填工作面布置示意图

1—木塞；2—竹筒；3—脱水砂门；4—矿块天井；5—尾砂充填体；6—充填管；

7—混凝土墙；8—人行材料天井；9—钢筋混凝土底板；10—软胶管；11—楠竹

上述工作完成后，即可进行充填。充填工作面的布置示于图 8-12。充填管紧贴顶梁，于巷道中央并向上仰斜 5°架设，以利充填接顶，其出口距充填地点不宜大于 5m。如巷道很长或分区很大，应分段进行充填。若下砂方向与泄水方向相反，可采用由远而近的后退式充填。整个分层巷道或分区充填结束后，再在切割巷道底板上，铺设钢筋混凝土底板和构筑脱水砂门，然后充填。切割巷道充填完毕，再做好闭层工作，即可开始下一分层的切割和回采工作。

8.3.2 下向倾斜分层胶结充填采矿法

它与下向分层水力充填采矿法的区别，仅在于充填料不同，从而取消了钢筋混凝土底板和钉隔离层，只需在回采巷道两端构筑混凝土模板，这样就大大简化了回采工艺。矿块结构、采准及回采工艺，与前述采矿法基本相同。

一般采用巷道回采，其高度为 3~4m，宽度 3.5~4m 甚至可达 7m，主要取决于充填体的强度。巷道的倾斜度（4°~10°），应略大于充填混合物的漫流角。回采巷道间隔开采（图 8-13），逆倾斜掘进，便于运搬矿石；顺倾斜充填，利于接顶。上下相邻分层的回采巷道，应互相交错布置，防止下部采空时上部胶结充填体脱落。

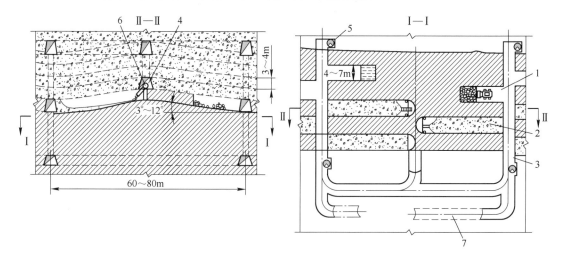

图 8-13 下向倾斜分层胶结充填采矿法

1—回采巷道；2—进行充填的巷道；3—分层运输巷道；4—分层充填巷道；5—矿石溜井；6—充填管路；7—斜坡道

用浅孔落矿，采用轻型自行凿岩台车凿岩，自行装运设备运搬矿石。自行设备可沿斜坡道进入矿块各分层。

从上分层充填巷道，沿管路将充填混合物送入充填巷道，以便将其充填至接顶为止。充填尽可能连续进行，有利于获得整体的充填体。在充填体的侧部（相邻回采巷道），经 5~7 昼夜，便可开始回采工作，而其下部（下一分层），至少要经过两周才能回采。

对于深部矿体（500~1000m 或更大）或地压较大的矿体，充填前应在巷道底板上铺设钢轨或圆木，在其上面铺设金属网，并用钢绳把底梁固定在上一分层的底梁上，充填后形成钢筋混凝土结构，可增加充填体的强度。

8.3.3 下向分层充填采矿法的评价

这种采矿方法适用于复杂的矿山开采条件，如围岩很不稳固，围岩和矿石很不稳固，以及地表和上覆岩层需保护等。此法目前应用虽然不广泛，但实践表明，用它代替分层崩落法，可取得良好的技术经济效果。

下向分层水力充填法结构和工艺较复杂，保护围岩和地表的可靠性，又不如下向胶结充填方案。在特殊复杂的条件下，矿石价值又很贵重，采用下向分层胶结充填法，就该认为是合理的。它突出的优点，就是矿石损失很小（3%~5%），一个步骤开采简化了结构。但是，这种采矿法目前的生产能力较低（60~80t/d），采矿工作面工人的劳动生产率不高（5~6吨/(工·班)）。国外的实践表明，采用自行设备进行凿岩和装运，矿块的技术经济指标，完全可以达到较高的水平。

随着矿床开采深度的增加，地压加大，下向分层胶结充填采矿法，具有广阔的应用前景。

8.4 分采充填采矿法

矿石品位较高的薄矿体（小于0.8m），如果只采矿石则工人无法在工作面工作，为保证开采时的正常工作空间宽度（0.8~0.9m），必然要采下部分围岩，若将废石与矿石混合开采，在经济上不合理。此时可将矿石与围岩分别采下，矿石运走，岩石留在空区作为充填料，也作为继续上采的工作平台。这种采矿方法称分采充填采矿法或削壁充填采矿法。回采时，若矿石比围岩稳固则先爆破围岩，若围岩比矿石稳固则先采矿石。

这种采矿法矿块尺寸不大（段高30~50m，天井间距50~60m），掘进采准巷道便于更好的探清矿脉。运输巷道一般切下盘岩石掘进。为了缩短运搬距离，常在矿块中间设顺路天井（图8-14）。

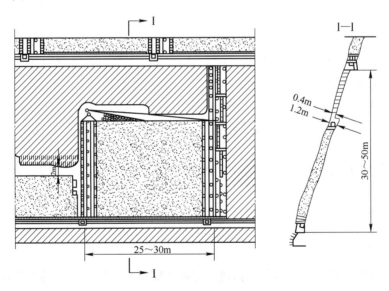

图8-14 分采充填采矿法

自下向上水平分层回采时，可根据具体条件决定先采矿石或先采围岩。当矿石易于采掘，有用矿物又易被震落，则先采矿石；反之，先采围岩（一般采下盘围岩）。在落矿之前，应铺设垫板（木板、铁板、废输送带等），以防粉矿落入充填料中。采用小直径炮孔，间隔装药，进行松动爆破。

削壁围岩厚度需要根据矿脉宽度而定，其原则是每分层削壁围岩的松散体积正好分层空区充填。因此，根据采场充填条件，确定合适的开掘宽度，是这种采矿方法回采中的重要问题。要使崩落下的围岩刚好充满采空区，则必须符合下列条件：

$$M_y K_y = (M_q + M_y) k \tag{8-1}$$

即

$$M_y = M_q \frac{k}{K_y - k} \tag{8-2}$$

式中　M_y——采掘围岩的厚度，m；

　　　M_q——矿脉厚度，m；

　　　K_y——围岩崩落后的松散系数，取 1.4~1.5；

　　　k——采空区需要充填的系数，取 0.75~0.8。

　　由于矿脉很薄，开掘的围岩往往多于采空区所需充填的废石，此时应设废石溜井运出采场。当采幅宽较大（1.0~1.3m）时，可采用耙斗为 0.15m³ 的小型电耙运搬矿石和耙平充填料。20 世纪 70 年代以来，应用分采充填法的矿山，为回采工作面创造机械化条件，有增大采幅宽度的趋势（达 1.2~1.3m）。

　　用分采充填法开采缓倾斜极薄矿脉时，一般逆倾斜作业。回采工艺和急倾斜极薄矿脉条件相似，但充填采空区常用人工堆砌，体力劳动繁重，效率更低。可用电耙和链板输送机在采场内运搬矿石，采幅高度一般比急倾矿脉要大。

　　这种采矿法由于铺设垫板质量达不到要求，矿石损失较大（7%~15%），因矿脉很薄落矿时不可避免地带下废石混入矿石中，贫化率较高（15%~50%）。因此，铺设垫板的质量好坏，是决定分采充填法成败的关键。

　　尽管这种方法存在工艺复杂，效率低，劳动强度大等缺点，但对开采极薄的贵重金属矿脉，在经济上仍比混采留矿法优越。今后应研制适合于窄工作面条件下作业的小型机械设备，并研究有效的铺垫材料和工艺。

8.5　分采充填与留矿联合采矿法

　　当开采围岩属中等稳固以上的极薄矿脉时，可采用分采充填与留矿采矿法回采矿脉，该方法是将分采充填法（削壁充填法）的工艺特点与普通浅孔留矿法的工艺特点结合起来应用的一种新型采矿方法。

8.5.1　方法简述

　　为尽量减少废石量，合理利用巷道进行探矿，同时为了放矿漏斗易于放矿，将中段运输平巷沿矿体下盘边界掘进。为了提高采出矿石品位和矿石质量品级，减少废石外运量，在采场中部砌混凝土墙构筑废石格。削壁废石运至废石格充填采空区。

　　采场间留设宽度为 6m 左右的间柱，采场顶柱一般高 3m。采用漏斗放矿底部结构，漏斗间距根据矿体厚薄而定，一般为 5~6m。

8.5.1.1　采准切割

　　自中段运输平巷，在矿块两侧间柱内掘进通风人行材料天井，与上中段运输平巷贯通，天井断面 2m×1.5m，在天井中按垂距 5m 掘采场联络道，联络道断面 1.5m×2m，沿中段运输平巷每隔 5~6m 掘漏斗并安装木材漏斗闸门。

8.5.1.2 矿房回采

矿房回采作业有凿岩爆破、采场通风、运输、局部放矿、平场及削壁充填等。由下往上回采，矿体厚度小于0.8m时均按0.8m的采幅宽度进行分别回采（爆下盘围岩），矿石与围岩分采分运。采用YSP-45型向上式凿岩机凿岩，浅孔落矿，落矿分层高1.5~1.8m，按"之"字形布置炮孔。

采场通风采用贯穿风流通风，新鲜风从采场一侧人行通风井进入采场工作面，污风由采场另一侧间柱内的人行通风井汇入上中段回风巷道。

每次落矿后，落在充填格上部的矿石采用手推车运输或直接扒至两侧留矿格内，通过下部的漏斗放出部分的矿石，其余矿石留在采场内，以保证作业面有2~2.5m高的作业空间，待采场最上一分层落矿完成后，再进行采场大量出矿。

采场削壁产生的废石直接运往采场中部设置的废石充填格内，废石充填格长度需要根据采场削壁的废石量决定，废石充填格与留矿格之间使用毛石砂浆隔墙进行分隔，隔墙一般顺路砌筑。砌筑隔墙的水泥应加入速凝剂，标号不低于C425，终凝时间以不超过半小时为宜。

8.5.1.3 矿柱回采

因矿脉薄，在矿柱内除天井、联络道已掘矿石外，剩下矿石量仅是联络道间3m高的一小部分矿石，所以在保证安全前提下尽量利用采场天井、联络道回采联络道间的矿柱，利用中段运输平巷回采顶底柱矿石。

分采充填与留矿联合采矿方法，如图8-15所示。

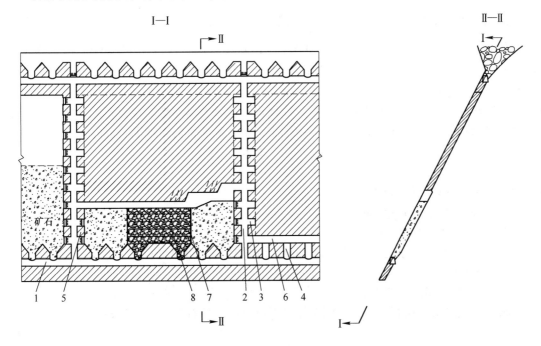

图8-15 分采充填与留矿联合采矿方法
1—中段运输平巷；2—人行通风材料天井；3—联络道；4—斗颈；
5—间柱；6—拉底平巷；7—隔墙；8—削壁废石

8.5.2 废石格长度及每循环放矿量

废石格长度，即废石格两侧隔墙内壁之水平距离。废石格长度的确定需要根据采场削壁废石量的多少来确定，可用下面公式进行计算：

$$L_y = \frac{L_c B_y K_y}{B_c} \qquad (8-3)$$

式中 L_y——废石格长度，m；

       L_c——采场内部净长度，即不计算间柱在内的采场长度，m；

       B_y——削壁废石厚度，m，$B_y = B_c - B_k$；

       B_c——工作面采幅宽，m；

       B_k——矿体厚度，m；

       K_y——围岩崩落后的松散系数，取 1.4~1.5。

根据式（8-3）可确定出各种厚度的极薄矿体开采时废石格的长度，根据云南某矿山设计，其采场内部净长度为44m，围岩松散系数取1.5，采幅宽为0.8m，则几种典型的方案可见表8-1。

表 8-1　云南某矿区采场废石格长度及放矿控制量

矿体厚度/m	0.2	0.3	0.4	0.5	0.6	0.7
最小削壁厚度/m	0.6	0.5	0.4	0.3	0.2	0.1
废石格长度/m	42	41.25	33	24.75	16.5	8.25
留（放）矿格总长度/m	1.6	2.35	10.6	18.85	27.1	35.35
每循环放矿百分比/%	100	90.5	67.9	54.3	45.3	38.8

从表 8-1 可知，当矿体厚度等于 0.3m 时，其废石格长度已达 41.25m，留矿格仅为 2.35m，此时的采矿法与削壁充填法相似。故分采充填与留矿采矿法适合于开采矿体厚度在 0.3~0.8m 的矿体。

每次落矿后，需要放出部分的矿石，以保证作业面有 2m 高的作业空间，放出矿石量的多少可根据留矿格长度及矿体厚度等因素来确定，其计算公式如下：

$$p = 1 - \frac{B_c L_k}{L_c B_k K_k} \qquad (8-4)$$

式中 p——每循环爆破后放矿率，%；

       B_c——工作面采幅宽，m；

       L_k——留矿格长度，m；

       L_c——采矿内部净长度，即不计算间柱在内的采场长度，m；

       B_k——矿体厚度，m；

       K_k——矿石崩落后的松散系数，取 1.4~1.5。

根据以上公式，花石头矿区不同矿体厚度所对应的矿石放出量见表 8-1。

8.6　矿　柱　回　采

用两步骤回采的充填法（主要是上向分层充填法），矿房回采后，矿房已为充填材料所充满，就为回采矿柱创造了良好的条件。在矿块单体设计时，必须统一考虑矿房和矿柱的回采方法及回采顺序。一般情况下，采完矿房后，应及时回采矿柱。否则，矿山生产后期的产量，将会急剧下降，而且矿柱回采的条件也将变坏（矿柱变形或破坏，巷道需要维修等），造成矿石损失的增加。

矿柱回采方法的选择，除了考虑矿岩的地质条件外，主要是根据矿房充填状况及围岩或地表是否允许崩落而定。

间柱回采条件有以下几种：

（1）胶结充填矿房或在矿房两侧砌筑混凝土隔墙，顶底柱回采条件比较复杂。其上部可以用胶结充填或筑钢筋混凝土假底，也可能是松散充填料充填的，后者应用很少。

（2）松散充填料充填矿房（干式和水力充填）；如前所述，矿房的充填方法，主要决定于矿石品位和价值。当矿石品位高或价值大时，应采用胶结充填或带混凝土隔墙和人工假底回采矿房；反之，则用干式充填或水砂充填回采矿房。

8.6.1 胶结充填矿房的间柱回采

矿房内的充填料形成一定强度的整体。此时，间柱的回采方法有：上向分层充填法、下向分层充填法、留矿法和房柱法。

当矿岩较稳固时，用上向水平分层充填法（图8-16）或留矿法（图8-17）随后充填回采间柱。为减少阶段回采顶底柱的矿石损失和贫化，间柱底部5~10m高，须用胶结充填，其上部用水砂充填。当必须保护地表时，间柱回采用胶结充填，否则，可用水力充填。

留矿法随后充填采空区回采矿柱，可用于具备适合留矿法的开采条件。由于做人工漏斗费工费时，一般都在矿石底柱中开掘漏斗，充填采空区前，在漏斗上存留一层矿石，将漏斗填满后，再在其上部进行胶结充填，然后再用水砂或废石充填。

在顶板稳固的缓倾斜或倾斜矿体中，当矿房胶结充填体形成后，可用房柱法回采矿柱（图8-18）。在矿房充填时，应架设模板，将回采矿柱用的上山，切割巷道和回风巷道等预留出来，为回采矿柱提供完整的采准系统。

当矿石和围岩不稳固或胶结充填体强度不高（294.3~588.6kPa），应采用下向分层充填法回采间柱（图8-19）。

胶结充填矿房的间柱回采劳动生产率，

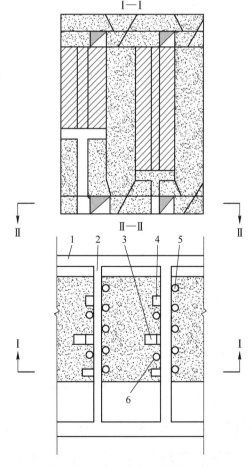

图8-16 上向水平分层充填法回采间柱
1—运输巷道；2—穿脉巷道；3—充填天井；
4—人行泄水；5—放矿漏斗；6—溜矿井

与用同类采矿方法回采矿房基本相同。由于部分充填体可能破坏，矿石贫化率为
5%~10%。

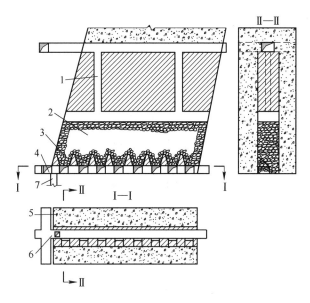

图 8-17   用留矿法回采间柱
1—天井；2—采下矿石；3—漏斗；4—运输巷道；5—充填体；6—电耙巷道；7—溜矿井

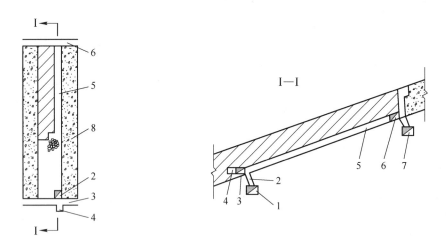

图 8-18   房柱法回采矿柱
1—运输巷道；2—溜矿井；3—切割巷道；4—电耙硐室；5—切割上山；
6—回风巷道；7—阶段回风巷道；8—胶结充填体

8.6.2   松散充填矿房间柱回采

当矿房用水砂充填或干式充填法回采，或者用空场法回采随后充填（干式或水砂充
填）的条件下，如用充填法回采间柱，须在其两侧留 1~2m 矿石，以防矿房中的松散充填
料流入间柱工作面。如地表允许崩落，矿石价值又不高，可用分段崩落法回采间柱。

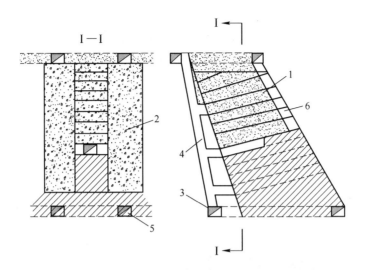

图 8-19 下向分层充填法回采间柱

1—间柱的充填体；2—矿房的充填体；3—运输巷道；4—脉外天井；5—穿脉巷道；6—充填天井

间柱回采的第 1 分段，应能控制两侧矿房上部顶底柱的一半，这样，顶底柱和间柱可同时回采（图 8-20）；否则，顶底柱分别回采。

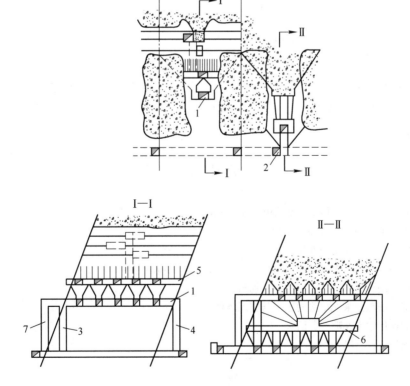

图 8-20 有底柱分段崩落法回采间柱

1—第 1 分段电耙巷道；2—第 2 分段电耙巷道；3—溜矿井；4—回风天井；
5—第 1 分段拉底巷道；6—第 2 分段拉底巷道；7—行人天井

　　回采前将第 1 分段漏斗控制范围内的充填料放出。间柱用上向中深孔，顶底柱用水平深孔落矿。第 1 分段回采结束后，第 2 分段用上向垂直中深孔挤压爆破回采。

　　这种采矿方法回采间柱，劳动生产率和回采效率较高，但矿石损失和贫化较大。因此，在实际中应用较少。

8.6.3　顶底柱回采

　　如果回采上阶段矿房和间柱构筑了人工假底，则在其下部回采顶底柱时，只须控制好顶板暴露面积，用上向水平分层充填法就可顺利地完成回采工作。

　　当上覆岩层不允许崩落时，应力求接顶密实，以减少围岩下沉。如上覆岩层允许崩落时，用上向水平分层充填法上采到上阶段水平后，再用无底柱分段法回采上阶段底柱（图 8-21）。

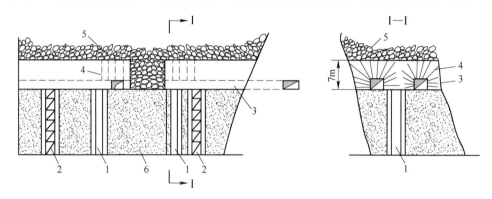

图 8-21　无底柱分段崩落法回采底柱
1—溜矿井；2—行人天井；3—上阶段运输巷道；4—炮孔；5—崩落岩石；6—充填体

　　由于采准工程量小，回采工作简单，无底柱分段崩落法回采底柱的优越性更为突出，但单分段回采，不能形成菱形布置采矿巷道，其一侧或两侧的三角矿柱，无法回收，因此，矿石损失较大。

復习思考题

8-1　什么是充填采矿法，充填采矿法有哪些主要采矿方案？
8-2　上向分层充填法的应用条件是什么？
8-3　下向分层充填法的应用条件是什么？
8-4　试比较全面法与壁式单层充填法的特点与区别，各自的应用条件是什么？
8-5　试比较留矿法与上向分层充填法的区别与应用条件。
8-6　试比较留矿法与分采充填法的区别与应用条件。
8-7　充填体的作用体现在哪些方面？
8-8　常用的充填材料有哪些？

9 崩落采矿法

崩落采矿法是一种国内外广泛应用、高效率、能够适应多种矿山地质条件的采矿方法。据统计，我国重点地下铁矿山中有 94.1%，重点地下有色矿山中有 44.4% 采用崩落采矿法开采，化工原料地下矿山中采用崩落法占 35.7%，铀矿山地下开采崩落法占 26.3%。国外矿山地下开采崩落法比重也较大。

崩落采矿法控制采场地压和处理采空区的方法是随着回采工作的进行，有计划、有步骤地崩落矿体顶板或下放上部的覆盖岩石。落矿工作通常采用凿岩爆破方法，此外还可以直接用机械挖掘或利用矿石自身的崩落性能进行落矿。崩落采矿法的矿块回采不再分为矿房与矿柱，故属于单步骤回采的采矿方法。由于采空区围岩的崩落将会引起地表塌陷、沉降，所以地表允许陷落成为使用这类方法的基本前提之一。

崩落采矿法根据矿石是否在上部崩落废石覆盖下放出，分为围岩崩落采矿法与矿石围岩崩落采矿法两组。前者，矿石在空场情况下运搬出采场；后者，矿石在上部崩落松散废石覆盖下放出。对于后者如何预测和控制放矿的损失与贫化是重要问题。

对于空场法和充填法，围岩不稳会给开采造成困难，而对于崩落法则相反，围岩易崩落反而有利于开采。

根据采场回采时的特点和采场结构布置的不同，崩落采矿方法可分为以下五种：

(1) 单层崩落采矿法。

(2) 分层崩落采矿法。

(3) 有底柱分段崩落采矿法。

(4) 无底柱分段崩落采矿法。

(5) 阶段崩落采矿法。

9.1　单层崩落采矿法

单层崩落采矿法是开采缓倾斜中厚以下顶板不稳固矿体的一种采矿方法。它的特点是矿体全厚作为一个分层（单层）回采，随工作面的推进，有计划地崩落顶板岩石，借以充填处理采空区和降低工作面地压。

根据工作面形状和尺寸等的不同，单层崩落采矿法可分为长壁式、短壁式与进路式、单层长壁工作面综合机械化崩落采矿法等方案。

9.1.1　单层长壁式崩落采矿法（简称长壁法）

图 9-1 所示为单层长壁式崩落采矿法。

9.1.1.1　构成要素

矿块斜长主要根据顶板稳固情况及运搬设备有效运搬距离而定，通常为 30~60m，如

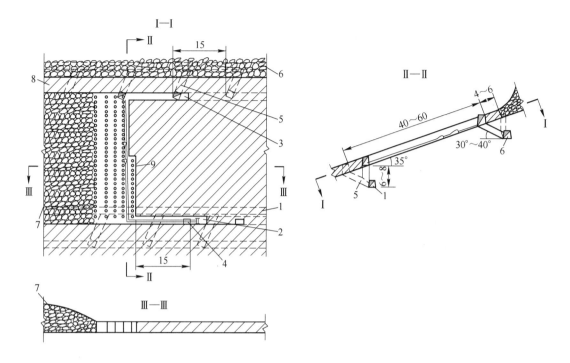

图 9-1　单层长壁崩落采矿法（单位：m）

1—脉外运输巷道；2—切割拉底巷道；3—脉内回风巷道；4—小溜井；5—人行通风材料斜井兼做
安全出口；6—脉外回风巷道；7—放顶区；8—矿柱；9—长壁工作面

用电耙运搬则不大于 60m，顶板很不稳固时还可适当缩短。阶段沿走向每隔一定距离，用切割上山划分成矿块，其长度一般不大于 200m；当矿山年产量大，断层多，矿体沿走向赋存条件变化大时，取小值。在阶段之间，矿块的上部有时留永久或临时矿柱，斜长为4~6m，当矿石的稳固性差，地压大时取大值。

9.1.1.2　采准切割

A　阶段运输平巷

在矿体内或在下盘围岩中掘进，并有双巷与单巷两种形式（图 9-2~图 9-4）。

在单层崩落法中，脉外采准比脉内采准布置有许多优点，可开采多层矿体，通风条件好，巷道维修费用低，运输条件好等；但较脉内采准的工程量大，但若按掘进体积数统计工作量，则相差不大。

B　切割上山

用来拉开最初的工作面，一个矿块掘进一条，一般布置于矿块一侧（也可以布置于矿块中央）。上山宽度通常为 2~2.4m，高度等于矿层厚度，最小不低于 0.8~1m。

C　小溜井与安全出口

从脉外运输平巷每隔 15~20m 向切割巷道掘进小溜井，与回采工作面连通，以备出矿。安全出口与小溜井间隔布置。

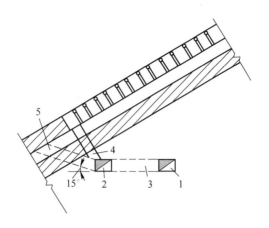

图 9-2 下盘脉外双巷的采准布置

1—阶段运输平巷；2—装矿平巷；3—联络巷道；4—小溜井；5—材料人行斜巷兼做安全出口

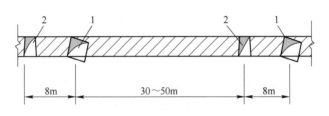

图 9-3 脉内双巷的采准布置

1—阶段运输平巷；2—通风平巷兼安全出口

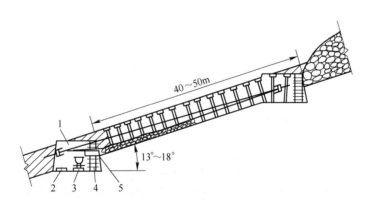

图 9-4 脉内双线单巷布置

1—分段采矿平巷；2—调车线路；3—装车线；4—混凝土块垛；5—铁板装矿溜子

D 切割拉底巷道与脉内回风巷道

随长壁工作面推进而掘进，但必须超前 1~2 个小溜井或安全出口的间距，以便通风和人行。

9.1.1.3 回采工作

矿块回采工作的回采工艺循环主要由落矿、通风、运搬、支柱、架设密集切顶支柱、回柱放顶等工序组成。后 3 个工序可合称顶板管理。当前四项工序使工作面推进到一定距离后，进行一次回柱放顶。

由于回采工序多，若工作面推进距离小，一次落矿量少，各工序多次重复变换，会严重影响工作面劳动生产率和采矿强度的提高，并给劳动组织及安全生产带来困难。故只要顶板稳固程度允许，应加大每次工作面推进距离，以提高劳动生产率及采矿强度。

A　落矿

一般用浅孔爆破法。当矿体厚度为 1.2m 以下，炮孔呈三角形排列；当矿体厚度为 2m 或 2m 以上时，炮孔呈之字形或梅花形排列，孔间距 0.6~1m，边孔距顶底板 0.1~0.25m；沿走向一次推进距离为 0.8~2.5m。根据顶板稳固程度，可沿工作面全长一次落矿，但推进的距离应为实际采用支柱排距的整数倍。

B　运搬

多用 14~28kW 电耙，耙斗容积为 0.2~0.3m^3。可分两段耙矿：工作面电耙将矿石耙至拉底巷道后，再由另一电耙耙到小溜井中。为提高效率，可用两个箱形耙斗串联耙矿。若矿石较轻而软，可用链板运输机辅以人工装矿来运搬。

C　顶板管理

这是保证壁式崩落法进行正常生产极为重要的环节。许多矿山认为长壁式顶板压力显现规律基本符合悬臂梁地压假说。根据龙烟铁矿在倾角 30°顶板不稳固的矿层中回采时，对顶板压力的试验和压力活动规律的观测，有如下认识：

顶板压力沿长壁倾斜工作面上的分布，其最大值集中于距顶柱 2/3 的地段（图 9-5）。直接顶板压力在悬顶距内，距工作面越远压力越大（图 9-6）。

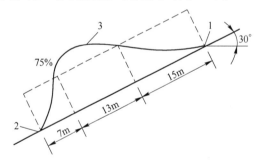

图 9-5　沿倾向顶板压力曲线

1—安全出口处（或顶柱）；2—小溜井处（或底柱）；3—顶板压力曲线

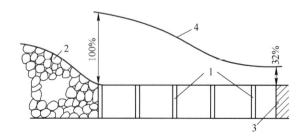

图 9-6　沿走向顶板压力曲线

1—采场支柱；2—放顶区；3—工作面；4—顶板压力曲线

工作面的压力随悬顶时间的延长而增加。所以回采时应采取措施，尽可能加快工作面的推进速度，特别是开采顶板不太稳固的矿层，加快工作面推进速度，对顶板管理、安全生产、劳动生产率及坑木回收率的提高，都是十分重要的。

开采空间顶板一般用木支护，崩落的矿石运走后，即应迅速用有柱帽的立柱（图9-7）、丛柱（二合一或三合一的）或棚子支柱（图9-8）支护顶板。工作面的支柱应沿走向成排架设，以利耙矿。支柱的直径为18~20cm，支柱排距一般为1~2m，支柱沿倾斜间距为0.7~1m。工作面支柱的作用是防止工作空间顶板冒落。当顶板岩石比较破碎而不稳固时，采用棚子支架，常用的有一梁二柱和一梁三柱（图9-8）。

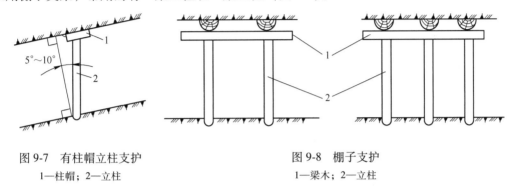

图9-7 有柱帽立柱支护
1—柱帽；2—立柱

图9-8 棚子支护
1—梁木；2—立柱

随着长壁工作面的不断向前推进，顶板岩石的暴露面积越来越大，长壁工作面立柱所受的压力也越来越大。为了减小工作面的压力；保证安全和回采工作的正常进行，并且也是为了处理采空区，在长壁工作面推进一定距离后，将靠近崩落区的一部分支柱撤回，有计划地放落顶板岩石，这就是放顶。

放顶前，长壁工作面顶板沿走向暴露的宽度，称为悬顶距；每次放落顶板的宽度，称为放顶距；放顶后，长壁工作面上保留能正常作业的最小宽度称为控顶距。悬顶距为放顶距与控顶距之和（图9-9）。控顶距一般不小于2m，悬顶距一般不大于6~8m。

放顶时，应将放顶线上的支柱加密，且不加柱帽，以增加其刚性，确保顶板能沿预定的放顶线折断。密集支柱的作用在于切断顶板（因此，密集支柱亦有切顶支柱之称），并阻止冒落的岩石涌入工作面。

放顶线上的密集支柱安设好后，即用回柱绞车（一般安设在上部）将放顶区内的支柱自下而上，由远而近地撤除。密集切顶支柱中每隔3~5m要留出0.8m的安全出口，以便回柱人员撤离。矿体倾角小于10°时，撤柱的顺序不限。如果放顶时顶板很破碎，压力很大，回柱困难时，则可用炸药将支柱崩倒，或用绞车拉倒。若撤柱后顶板岩石不能及时崩落，或者虽

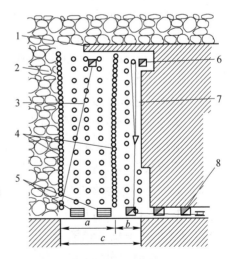

图9-9 放顶工作示意图
a—放顶距；b—控顶距；c—悬顶距；
1—顶柱；2—崩落区；3—撤柱绞车钢绳；
4—密集切顶支柱；5—已封溜井；6—安全
出口；7—长壁工作面；8—溜井

能自行冒落但其冒落厚度不足以充填采空区时，则应在密集支柱外 0.5m 处向欲放顶区开凿倾角为 60° 的放顶炮孔，爆破后强制其崩落。

单层长壁式崩落法顶板管理的数据见表 9-1。

表 9-1 单层长壁式崩落法顶板管理数据

名　称		庞家堡铁矿	焦作黏土矿	王村铝土矿	明水铝土矿
木支柱	直径/mm	180~200	180~220	180~200	150~200
	排距/m	1.4~1.8	1~1.2	1.2	1.2
	间距/m	0.7~1.0	1~1.4	1.0	0.8
	柱帽	沿走向放置	沿走向一梁二柱	沿走向	沿走向
悬顶距/m		6~10	4.5	4.8	4.8
控顶距/m		2~4	1.5	3.6	3.6
放顶距/m		4~6	3	1.2	1.2
回柱绞车/kW		15	20	HJ-14/15	15

D　矿块的通风

新鲜风流从本阶段运输平巷经超前于工作面的小溜井进入工作面，污风从材料人行斜巷排至上阶段运输平巷（脉外回风巷道）。

9.1.1.4　评价

单层长壁式崩落法优点：

（1）长壁式工作面的巷道布置简单，便于实现机械化，工作面工效较高。

（2）有可能选别回采和手选，将废石弃于采空区，降低贫化率。

（3）脉外采准时，通风条件好。

（4）采空区处理及时，而且费用低。

单层长壁式崩落法缺点：

（1）回采工艺比较复杂。

（2）矿体地质条件复杂时安全性较差。

9.1.1.5　单层长壁式崩落法适用条件

（1）顶板岩石不稳固至中等稳固，矿石稳固性不限。

（2）最宜于开采厚度为 0.8~4m 的水平及缓倾斜（倾角小于 35°）的规则矿体。

（3）地表及围岩允许崩落。

9.1.1.6　主要技术经济

我国应用长壁式崩落采矿法的几个矿山的主要技术经济指标见表 9-2。

表 9-2 长壁式崩落采矿法的主要技术经济指标

名　称	庞家堡铁矿	焦作黏土矿	王村铝土矿	明水铝土矿
矿块生产能力/t·d⁻¹	143~217	60~100	160~240	160~200

名 称	庞家堡铁矿	焦作黏土矿	王村铝土矿	明水铝土矿
工作面工效/吨·(工·班)$^{-1}$	5.8	4~5.5	5.0~5.3	4.5
采切比/m·kt^{-1}	20~40	20~40	8	10~20
矿石贫化率/%	4.6		5	5
矿石损失率/%	26.4	17	17	10
坑木回收率/%	34.6	80	70	80~90
坑木复用率/%	24.5	60		
炸药/kg·t^{-1}	0.3~0.4	0.00224	0.16~0.17	0.15~0.18
雷管/个·吨$^{-1}$	0.4	0.08	0.3~0.36	0.4
导火线/m·t^{-1}	1.0		0.4~0.52	0.6
硬质合金/g·t^{-1}	0.319~0.563			
钎子钢/kg·t^{-1}	0.038~0.063			0.05~0.06
坑木/m^3·t^{-1}	0.007~0.011	0.0125	0.009	0.008~0.01

9.1.2 单层短壁式与进路式崩落采矿法

当开采顶板岩石稳固性很差，或底板起伏变化很大的矿体时，可沿倾向用分段平巷或沿走向用切割上山将采区进一步分成许多小方块，把长壁式工作面缩短，加快出矿，以减少顶板暴露面积和时间，这就形成了短壁式崩落采矿法（图9-10）。短壁工作面上的作业与长壁式崩落法相同，只是上部短壁面的矿石经下部短壁面或者经分段平巷、切割上山运至阶段运输平巷。

有些矿山的实践证明，只有当短壁工作面相互超前一定距离后，才能有效地减小地压，但又给通风和运输造成困难。

当顶板压力很大，以致短壁工作面也无法应用时，则自分段巷道或切割上山向两侧或一侧用进路（采矿巷道）回采。进

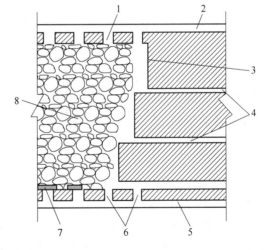

图9-10 短壁式崩落法
1—安全口；2—回风巷道；3—短壁工作面；4—分段巷道；
5—运输巷道；6—矿石溜子；7—隔板；8—崩落区

路回采工艺近似于巷道掘进工艺，进路中用棚子支护。若地压很大，还可在进路靠近放顶区一侧留临时矿柱加强支护。每采完一条进路后，即进行放顶工作。进路式崩落采矿法，如图9-11所示。

短壁式与进路式崩落法的采场生产能力和劳动生产率都较低；独头进路工作面只有一个出口，安全与通风条件不佳；留临时矿柱，又加大矿石损失率。所以，只有在因条件限

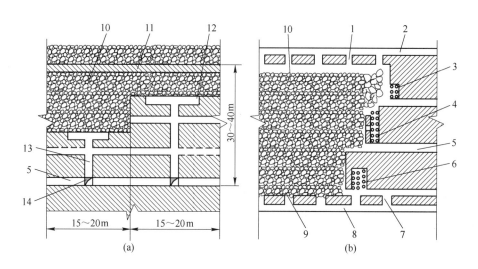

图 9-11　进路式崩落采矿法

(a) 自上山向两侧回采进路；(b) 自分段平巷回采进路

1—安全口；2—回风巷道；3—窄进路；4—临时矿柱；5—分段巷道；6—宽进路；7—矿溜子；
8—运输巷道；9—隔板；10—崩落区；11—顶柱；12—工作面；13—上山；14—矿石溜井

制不能采用其他更好的采矿方法时，才使用这两种方案。

9.1.3　单层长壁工作面综合机械化崩落采矿法

柱式长壁工作面回采采矿法生产能力大，机械化条件好，采矿效率高，经济效益好 (图 9-12) 该法沿走向布置盘区运输平巷，沿倾斜方向每隔 30~50m 掘进回采巷道，两条回采巷道之间的矿体即所谓长壁柱。长壁工作面落矿可以用凿岩爆破或联合采矿机，运搬采用电耙或运输机。根据工作空间支护方法不同，分为两种方案：立柱（木质的或金属的）和全液压掩护支架。立柱方案生产能力小。全液压掩护支架生产能力大。现以某锰矿为例。

坚固的锰矿石需要凿岩爆破方法落矿，为此该矿制造了专用综采机组。它由移动式全液压掩护支架（图 9-13）、工作面刮板运输机、联合采矿机和皮带转载机组成。

全液压掩护支架在工作面的状态，如图 9-13 所示由多个单节支架组成，每节包括工作面液压立柱、升降液压柱、护顶板、移动液压缸、隔离板、挡护板。挡护板悬挂在立柱上，可操纵自由移动。爆破前将它伸出，挡护住刮板运输机，减轻刮板机的启动负荷，并可防止崩落矿石抛入支柱之间，打坏液压管路，妨碍以后支架移动，加大矿石损失。挡护板上有许多孔，用以消除爆破冲击波。

炮眼深 1.3m。整个长壁工作面凿岩完毕后，全液压掩护支架连同刮板运输机整体移向工作面。掩护支架后面顶板冒落。挡护板借助液压缸伸向前方。崩落矿石堆积在长壁工作面底板和挡护板上，随着挡护板升高，矿石落入刮板运输机。底板残留矿石的装载和工作面清理可采用联合采矿机。

刮板运输机以及皮带转载机的设计生产能力相等。矿石经铁道运输至井底车场。

当矿石松软时联合采矿机上装有切割头，可以直接落矿和装载。工作面长度 50m 时，

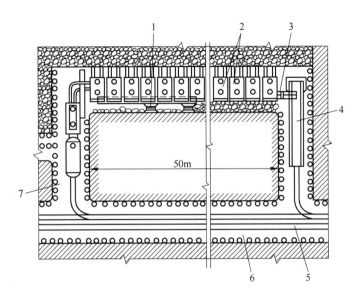

图 9-12 液压支架联合采矿机长壁工作面采矿法

1—联合采矿机装载；2—单节液压支架；3—刮板运输机；4—转载机；5—铁轨；6—盘区运输平巷；7—通风巷道

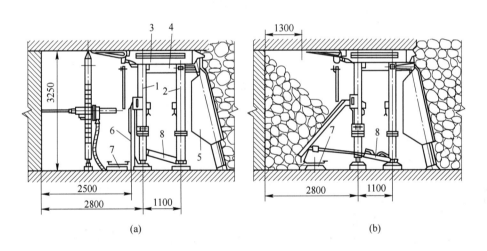

图 9-13 掩护支架在工作面的状态

（a）移动前（出矿后）；（b）移动后（出矿前）

1—立柱；2—升降压柱；3—护顶板；4—移动液压缸；5—隔离板；6—挡护板；7—刮板运输机；8—液压缸

回采工作面生产能力可达 600~800t/d，比机械化进路式采矿高 2~3 倍，回采工作成本低 30%~40%。

9.2 分层崩落采矿法

当采用自下而上的分层方法开采矿岩均极不稳固的急倾斜矿体时，由于工作空间的上部矿岩极易冒落，会给回采作业安全带来严重威胁，因此，当地表允许陷落时，可采用分层崩落法由上而下分层开采（图 9-14）。

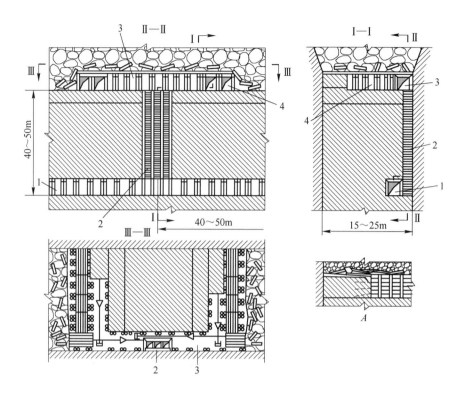

图 9-14　进路回采电耙运搬分层崩落法

A—回采进路纵剖面图；

1—运输平巷；2—三格天井；3—分层巷道；4—回采进路

　　分层崩落法有许多严重的缺点，主要是坑木消耗太大，产量低，所以它在有色金属矿山应用的比例大幅度下降，有被下向分层充填法替代的趋势。

　　分层崩落法的特点是将矿块划分为2~3m高的水平分层，自上而下逐层回采。随着分层的下降、上部采空区围岩及覆岩随之崩落，并充填采空区。为保证分层回采工作安全，不受上部崩落岩石冲击，防止崩落岩石漏入工作空间矿岩相混，必须在工作分层上部造成人工假顶。人工假顶由隔板（或金属网）废木料层、崩落岩石垫层三部分组成（图 9-15）。

　　人工假顶形成后，即可在假顶的保护下回采分层。分层的回采可用进路式（图9-15），或长壁工作面进行。长壁工作面，工作空间暴露面积大，木料隔板有断裂危

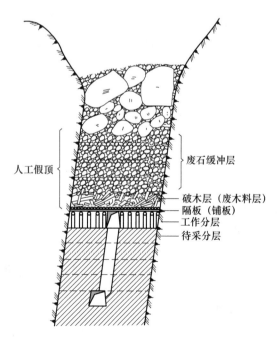

图 9-15　人工假顶示意图

险，所以应用很少。进路回采工艺包括落矿、运搬、工作面支护。一条进路采完后铺设回采下一分层的隔板，然后放顶。矿石运搬可采用两个电耙接力运搬，先将矿石耙到分层巷道，再由分层巷道耙入天井溜矿格中。小型矿山可用人工运搬。

分层崩落法与单层崩落法的不同点是：分层崩落法顶板为人工假顶，底板是矿石，分层回采；而单层崩落法顶板是岩石，底板也是岩石，矿层全厚一次采完。此外，分层崩落法每次放顶前需铺设隔板为开采下一分层创造条件。

分层崩落法的突出缺点之一是木材消耗很大，且破木层腐烂发热，污染井下空气。近年国内外有的矿山采用钢筋混凝土人工假顶取代人工木假顶。

9.3 有底柱分段崩落采矿法

有底柱分段崩落采矿法在我国矿山应用较广，其特点如下：

（1）阶段内矿块不再分为矿房与矿柱，沿矿体走向按一定顺序，以一定的步骤连续回采。

（2）在高度上将矿块划分为若干个由 8~15m 至 25~40m 的分段，自上而下依次开采。

（3）落矿前一般需在崩落层的下部或侧面开掘补偿空间，进行自由空间爆破，或小补偿空间挤压爆破。

（4）在回采过程中，围岩自然地或强制地崩落填充采空场，放矿是在崩落的覆盖岩石下进行。

（5）各分段下部均留有底柱，并在其中开凿专门的底部结构承担受矿、储矿、放矿、运搬及二次破碎等任务。

分段是个较大的开采单元，回采时需将它进一步划分为采场（一般一条电耙巷道负担的出矿范围称为一个采场）。采场的布置方式主要取决于矿体厚度、倾角。在急倾斜矿体中，矿体厚度小于 15m 时，采场沿走向布置；大于 15m 时，垂直走向布置在缓倾斜和倾斜的中厚矿体中，根据倾角大小，采场可沿倾向或沿走向布置成单一分段。

有底柱分段崩落法的方案很多，可以按爆破方向、爆破类型以及炮孔类型加以划分及命名，也有按放矿方式划分的。

（1）按爆破方向可以分为水平层落矿方案、垂直层落矿方案与联合方案。

（2）按爆破类型分为自由空间落矿方案和挤压爆破落矿方案。后者又可分为向相邻采场松散矿岩挤压落矿（简称侧向挤压落矿）及向切割槽（井）挤压落矿方案（小补偿空间挤压爆破）。

（3）按落矿炮孔类型又可分为深孔与中深孔等方案。

（4）有底柱分段崩落法按放矿方式可分为底部放矿与端部放矿。

9.3.1 主要方案

9.3.1.1 水平层深孔落矿有底柱分段崩落法

水平层深孔落矿有底柱分段崩落法以易门狮山矿水平层深孔落矿方案为例，如图 9-16 所示。

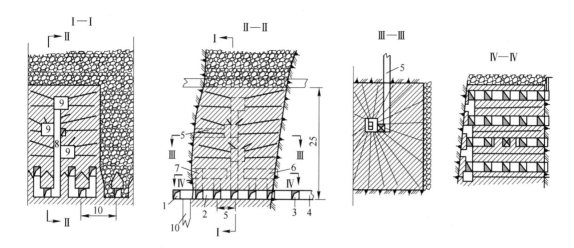

图 9-16 易门狮山矿水平层深孔落矿方案（单位：m）
1—上盘分段联络道；2—电耙道；3—下盘分段联络巷道；4—回风道；5—凿岩联络道；
6—拉底巷道；7—拉底硐室；8—凿岩天井；9—凿岩硐室；10—采场小溜井

A 构成要素

阶段高度 50m，分为两个分段，分段高度 25m；分段底柱高 5~6m，电耙巷道（采场）垂直走向布置，间距 10m。

B 采准切割巷道布置

在阶段水平沿矿体上下盘分别开运输平巷，每隔 60~80m。用穿脉巷道连通，构成环行运输系统。在各分段运输水平，沿矿体均开有上、下盘脉外分段联络巷道，其间每隔 10m 用电耙巷道连通。各电耙巷道的垂直溜井均直通上盘沿脉运输巷道。沿矿体走向每隔 300m 左右布置人行、材料、进风和回风天井，与各分段上、下盘联络道连通。

电耙道采用密集支护。为便于架设支柱，斗穿对称式布置，间距 5m，垂直走向连通斗颈形成拉底巷道。拉底巷道间留有临时矿柱。在两采场中央利用一个斗颈上掘凿岩天井（净断面 1.8m×1.8m）与上分段（阶段）巷道贯通。沿凿岩天井每隔 6~7m 开凿一个凿岩硐室 9（尺寸 3.6m×3.6m×3m），上下硐室交错布置。凿岩天井与硐室位置的选择应保证炮孔布置均匀，且位于矿岩较稳固处，并便于和上阶段贯通，以创造良好的通风条件。

C 回采

凿岩采用 YQ-100 型钻机。在每个硐室内布置 2~3 排 5°~20° 的扇形深孔，最小抵抗线 3~3.5m，炮孔密集系数为 1~1.2。炮孔直径为 105~110mm，孔深一般不超过 20m。在临时矿柱中打水平拉底深孔。当矿体厚度大于 30m 时可开两个凿岩天井。两个采场及临时矿柱的拉底深孔同期分段爆破。耙运层以上的巷道，作为爆破补偿空间，约为崩落矿石体积的 15%~20%。由于耙运层上部所有巷道的空间小于自由空间爆破所需的补偿空间，因此崩落矿石的松散系数也较小，与限制空间挤压爆破类似。

出矿采用 28kW 或 30kW 电耙绞车。

9.3.1.2 垂直层中深孔切割井落矿有底柱分段崩落法

以胡家峪铜矿为例的垂直层中深孔切割井落矿有底柱分段崩落法，如图 9-17 所示。

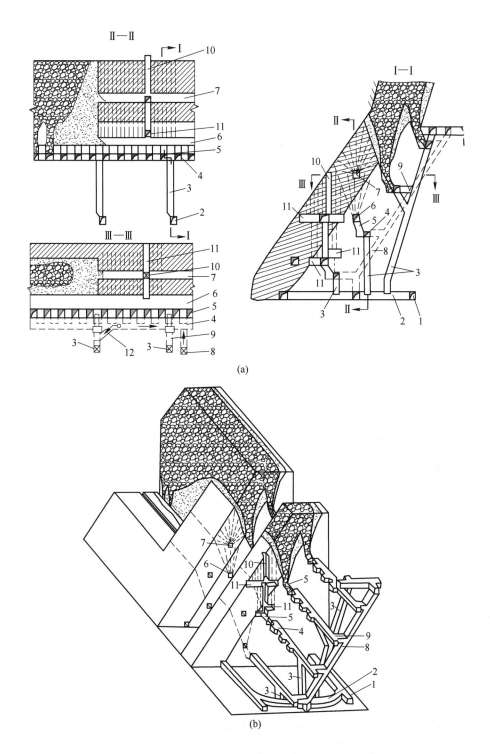

图 9-17 垂直深孔落矿有底柱分段崩落法
（a）三面投影图；（b）立体图
1—阶段沿脉运输巷道；2—阶段穿脉运输巷道；3—矿石溜井；4—耙矿巷道；5—斗颈；6—堑沟巷道；7—凿岩巷道；
8—行人通风天井；9—联络道；10—切割井；11—切割横巷；12—电耙巷道与矿石溜井的联络道（回风用）

A　构成要素

阶段高 50~60m；采场沿走向布置，其长度与耙运距离一致，为 25~30m；分段高度 10~13m；在垂直走向剖面上每个分段开采矿体范围近于菱形。

B　采谁切割

阶段运输水平采用穿脉装车的环行运输系统，穿脉巷道间距 25~30m。

在下盘脉外布置底部结构，一般采用单侧堑沟受矿电耙道，斗穿间距 5~5.5m，斗穿斗颈规格均为 2.5m×2.5m，堑沟坡面角 60°。上两个分段用倾角 60°以上的溜井及分支溜井与电耙道连通，下两个分段采用独立垂直溜井放矿。在分段矿体中间部位设专门凿岩巷道并用切割井与堑沟拉底巷道连通。每 2~3 个矿块设置一个进风人行天井，用联络道与各分段电耙绞车硐室连通。每个矿块的高溜井均与上阶段脉外运输巷道贯通，并用联络道与各分段电耙道连通，兼作各个采场的回风井。采场沿走向每隔 10~12m 开凿切割井和切割横巷（图 9-17），以保证耙运层以上的补偿空间体积达 15%~20%。

C　回采

凿岩主要采用 YG-80 和 YGZ-90 型凿岩机。扩切割槽的最小抵抗线为 1.6~1.7m，孔底距为 (0.5~0.7)W。落矿的最小抵抗线 W 为 1.8~2m，炮孔密集系数为 1~1.1。最终孔径一般不大于 65mm，孔深 10~13m。切割槽与落矿炮孔同期、分段起爆。

出矿采用 30kW 电耙绞车和 0.3m³ 的耙斗，在生产中的实际放矿制度是：首先由近而远，然后再由远而近地单斗顺序放矿。

为了减少放矿时的废石混入，阻止崩落废石过快落入耙巷，可在崩落矿岩接触带设法形成一个细碎矿石隔层（崩落废石块度则较大）。有的矿山采取减小上部炮孔孔底距，由一般的 2.3~2.8m，减小到 1.5~1.8m，爆破后在矿岩接触面处形成 5m 左右的细碎矿石隔层，可使矿石贫化率下降到 5.2%（图 9-18）。

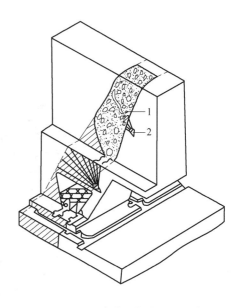

图 9-18　分段崩落法加密炮孔示意图
1—细碎矿石隔层；2—凿岩巷道

9.3.2　综述

9.3.2.1　适用条件

适用条件如下：

（1）矿体上部没有流砂层、含水层，地表允许陷落。

（2）覆盖岩层不稳固，易于自然崩落成大块。

（3）矿石以中稳为宜。

（4）急倾斜矿体厚度大于 5m，缓倾斜矿体厚度大于 8~10m，开采厚度大于 15~20m，倾角大于 70°~75° 的矿体，效果最好。

（5）矿体最好不含或少含夹石。

（6）矿石崩落后有较好的流动性，在围岩覆盖下不难放出。

（7）不宜用来开采高品位及贵重金属矿床。

9.3.2.2 评价

有底柱分段崩落法优点：

（1）采用不同的方案能够适应多种矿山地质条件，有较大的灵活性。

（2）电耙巷道生产能力较大，每次爆破量大，易实现强化开采。

（3）劳动生产率与空场采矿法相近。

（4）所用设备比较简单，操作与维修都很方便。

（5）材料消耗少，采矿成本低。

（6）利于调节生产。

（7）通风条件较好。

有底柱分段崩落法缺点：

（1）采准切割工程量大（特别是开采缓倾斜中厚矿体），采切巷道掘进机械化程度低。

（2）矿石损失率与贫化率高，一般大于 20%~25%。

（3）管理工作比较复杂。

（4）存在地表陷落或垮山滚石所带来的危害。

这种采矿方法的发展趋势是：加大分段高度，采用平行深孔落矿；改善落矿质量，推广小补偿空间挤压爆破；改自重放矿为振动强制放矿连续回采；改进与简化底部结构。

9.3.2.3 主要技术经济指标

我国某些采用有底柱分段崩落法的金属矿山的主要技术经济指标见表9-3。

表9-3 有底柱分段崩落法金属矿山的主要技术经济指标

生产矿山	狮山矿	胡家峪	筻子沟	大姚铜矿
矿块生产能力/t·d^{-1}	200~250	200~300	200~300	180~220
采矿掌子面工效/吨·(工·班)$^{-1}$	65~95	30~35	30~40	25~35
损失率/%	5~10	10~15	14~25	25~35
贫化率/%	20~30	15~20	20~30	20~30
炸药/kg·t^{-1}	0.35~0.5	0.6~0.75	0.4~1.0	0.4~0.5
木材/米^3·万吨$^{-1}$	44~90			40~60
直接成本/元·吨$^{-1}$			2.7~3.5	3~4
原矿成本/元·吨$^{-1}$	18.45~19.05	17~18	14~19	18~20

9.4 无底柱分段崩落采矿法

无底柱分段崩落法是一种机械化程度高、劳动消耗量小的高效率采矿方法。它与端部放矿的有临时底柱的分段崩落法极其近似，主要区别在于取消了回采巷道上部的分段临时底柱，亦因此得名无底柱分段崩落法。由于适用于无底柱分段崩落法的高效率设备的出现，这种采矿方法得到了较广泛的应用。

9.4.1　典型方案

无底柱分段崩落法典型方案标准三视图见图 9-19。

9.4.1.1　特点

将阶段用分段巷道划分为分段（图 9-19）；分段再划分为分条，每一分条内有一条回采巷道（进路）；分条中无专门的放矿底部结构，而是在回采巷道中直接进行落矿与运搬。分条之间按一定顺序回采，分段之间自上而下回采。随着分段矿石的回采，上部覆盖的崩落围岩下落，充填采空区。分条的回采是在回采巷道内开凿上向扇形炮孔，以小崩矿步距（1.5~3m）向充满废石的崩落区挤压爆破；崩下的矿石在松散覆岩下，自回采巷道的端部底板直接用装运设备运到溜井。

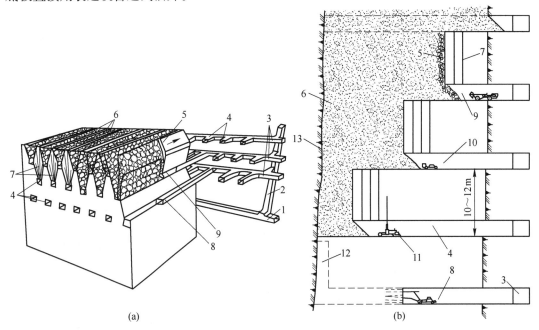

(a)　　　　　　　　　　　　　　　　(b)

图 9-19　无底柱分段崩落法

（a）立体图；（b）垂直走向剖面图

1—阶段运输巷道；2—矿石溜井；3—分段巷道；4—回采巷道；5—回采巷道端部崩落矿石；
6—冒落的覆岩；7—上向扇形孔；8—正在掘进的回采巷道；9—回采巷道端部装矿点；
10—装药和爆破的回采巷道；11—凿岩台车；12—切割槽；13—上盘围岩

9.4.1.2　采准工程

一个溜井所负担的范围称为一个矿块。矿体厚度小于 15m 时，分条多沿走向布置，反之垂直走向布置。矿块构成要素与回采巷道的布置和所用运搬设备类型有关，无底柱分段崩落法矿块规格见表 9-4。

分段之间的联络，主要有两种方案：设备井方案和斜坡道方案。无底柱分段崩落法典型方案，如图 9-20 所示。

表9-4 无底柱分段崩落法矿块规格 （m）

名称	装运机或有轨运搬		铲运机运搬	
	沿走向布置	垂直走向布置	沿走向布置	垂直走向布置
阶段高度	60~120	60~120	60~120	60~120
分段高度	7~12	7~12	10~15	10~15
矿块长度	60~80	40~60	100~150	80~120
矿块宽度	矿体水平厚度	小于50	矿体水平厚度	小于100
回采巷道（进路）间距	6~10	6~10	10~12	10~12

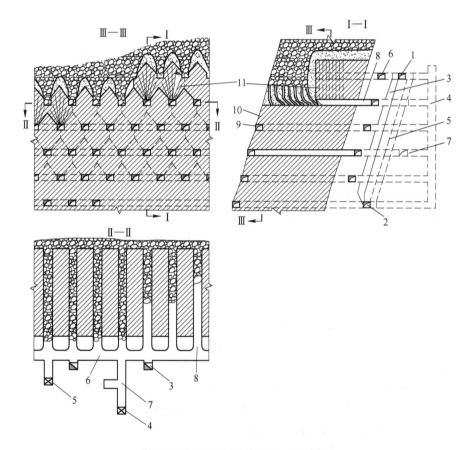

图9-20 无底柱分段崩落法典型方案

1,2—上、下阶段沿脉运输巷道；3—矿石溜井；4—设备井；5—通风行人天井；6—分段运输平巷；
7—设备井联络道；8—回采巷道；9—分段切割平巷；10—切割天井；11—上向扇形炮孔

主要采准巷道有阶段运输平巷、天井、分段巷道、回采巷道。

阶段运输平巷在下盘。天井有3~4条，分别用于溜矿、下放废石、上下人员和通风、上下设备和材料；有时人员上下与设备材料提升分开，人员上下利用电梯；设备井安装大罐笼，用慢动绞车提升，上下设备、材料。

溜矿井一般布置在脉外，溜井之间的距离取决于所用运输设备的合理运距。采用

ZYQ-14 装运机时，合理运距不大于 40~50m。当沿走向布置分条溜井在矿块中央时，溜井间距可达 120m。开采稳固的急倾斜厚矿体，阶段高度可取大值，部分矿山有达 100~150m 以上的。

由天井按设计的分段高度掘进分段巷道。由分段巷道掘进回采巷道，回采巷道的断面取决于凿岩及运搬设备的工作规格。回采巷道与分段巷道一般是垂直相交，但当设备转弯半径大时，则需采用弧形相交。

分段高度大，可减少采切工程量，但分段高度受凿岩爆破技术和放矿时矿石损失贫化指标的限制。在现有风动凿岩设备条件下，孔深大于 12~15m 时，凿岩效率急剧下降，且易发生卡钎、断钎等事故。所以从凿岩角度考虑，分段高度以 10m 左右为宜，采用液压凿岩机凿岩，可提高分段高度。

分段巷道应有一定的坡度，以利于排水及运搬设备重载下坡行驶。若矿石中含有大量黄泥或矿石遇水黏结，则不能将水排入溜矿井，可采取打专用泄水孔等措施，以免发生堵塞溜矿井等事故。

9.4.1.3　切割工程

切割工程包括掘进切割巷道、切割天井及形成切割槽。

分条在回采之前，首先要在回采巷道端部拉开切割槽，为最初落矿创造挤压爆破条件和补偿空间。切割槽宽度不小于 2m，一般等于切割巷道宽度。

拉切割槽的工作非常重要。切割槽质量验收标准有两条：

（1）达到设计边界，最好超过分条回采落矿边界。

（2）充分贯通上部崩落区，为分条回采创造挤压爆破条件。若切割槽质量不符合要求，分条回采时可能发生悬顶，形成小空场，不仅崩下矿石不能全部安全放出，造成矿石损失，而且悬顶突然冒落，会造成严重事故，悬顶的处理也很困难。

常用的拉切割槽方法有两种：

（1）切割天井与切割巷道联合拉槽法。矿体较规则时，沿各回采巷道端部矿体边界掘进切割巷道，根据需要在切割巷道中掘进一个或几个切割天井，在切割巷道内钻凿与天井平行的若干排上向深孔，以切割天井为自由面后退逐排爆破，形成切割槽（图 9-21 (a)）。如果矿体不规则或回采巷道沿走向布置时，可在每一个回采巷道端部各掘进一条切割巷道及切割天井（图 9-21 (b)）。这种方法虽然巷道工程量大，但拉槽可靠，质量好。

（2）切割天井和扇形炮孔拉槽法。这种方法不掘进切割巷道，而在每个回采巷道端部各掘进一个切割天井。天井断面为 1.5m×2m，位于回采巷道中间，天井的长边与回采巷道方向一致。在天井两侧用台车或台架凿三排扇形深孔，用微差爆破一次成槽（图 9-21 (c)）。这种方法只要切割天井高度足够，即可以顺利拉开切割槽。它的优点是不用切割巷道；切割炮孔与回采炮孔都可用台车凿成，工艺简单。缺点是天井数量多。

为减少切割工作量，有的矿山采用了不掘进切割天井或切割天井和切割巷道都不掘进的扩槽方法。

这种方法是在切割巷道中或回采巷道中，凿若干排角度不同的扇形孔，一次或分次爆破形成切割槽。

（1）楔形掏槽一次爆破拉槽法，特点是不掘进切割天井，但仍需掘进切割巷道。在切割巷道顶板，凿 8 排角度逐渐增大的炮孔，每排 3 个孔，然后用微差爆破一次形成切割

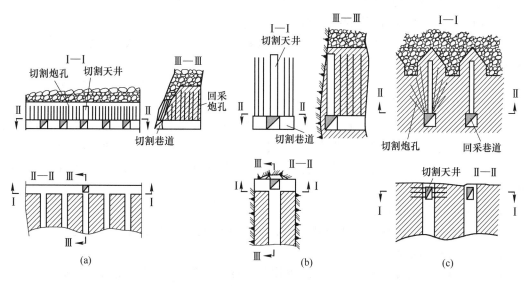

图 9-21　拉切割槽的方法

槽，如图 9-22（a）所示。

（2）分次爆破拉槽法，特点是不仅不掘进切割天井，而且不掘进切割巷道，而是在距回采巷道端部 4~5m 处，凿 8 排扇形炮孔，每排 7 个孔，按排分次爆破形成切割天井，而后再布置 9、10、11 三排切割孔，每排 8 个眼，将切割井扩成所需的切割槽，如图 9-22（b）所示。

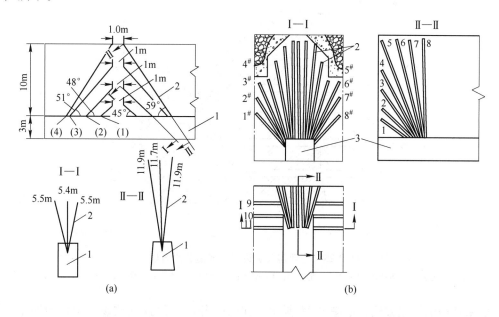

图 9-22　无切割天井拉槽法
（a）楔形掏槽一次爆破拉槽法；（b）分次爆破拉槽法
1—切割巷道；2—切割炮孔；3—回采巷道

在选择切割方法时，既要考虑减少采切工作量，又要重视拉槽的质量与可靠性。

9.4.1.4　崩落废石覆盖层的形成

用无底柱分段崩落采矿法回采最上一个分段时，在其上部要形成崩落废石覆盖层。这是因为：

（1）没有覆盖废石层不能构成挤压爆破的条件，爆下矿石崩入空场，大部分矿石在本分段将放不出来。

（2）没有覆盖废石做缓冲层时，如果上部围岩突然大量崩落，巨大的冲击地压将造成严重的安全事故。废石覆盖层的最小厚度应保证分段回采放矿时，不会使巷道端部与上部空区贯通。一般认为，崩落废石覆盖层的最小厚度应等于分段高度的 1.5~2 倍（约 15~20m）。

覆盖层的形成有四种方法：

（1）矿体上部已用其他采矿方法回采，采空区已处理充满废石，改用这种采矿方法时，则已经自然形成废石覆盖层。

（2）由露天开采转入地下开采时，可用处理露天边帮或舍弃的废石形成覆盖层（图9-23）。

（3）围岩不稳固的盲矿体，随矿石的回采，围岩可自然崩落形成废石覆盖层。

（4）围岩稳固的盲矿体，需要人工强制崩落顶板形成废石覆盖层。形成的方法有随回采随崩落顶板和大面积崩落顶板两类。

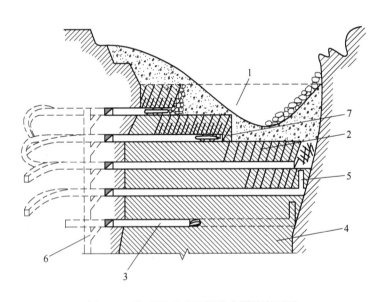

图 9-23　处理露天矿边帮形成覆盖废石层

1—露天矿；2—扇形深孔；3—采准分段；4—矿体；5—切割槽；6—矿石溜井；7—铲运机出矿

随采随崩的放顶方法，如图 9-24 所示。在第一分段上部掘进放顶巷道，与回采一样形成切割槽，随下部回采工作的进行，逐排起爆或一次起爆 2~3 排放顶孔。用这种方法在第一分段回采中即能形成覆盖层及挤压爆破条件，可以正常出矿。但形成覆盖层的爆破条件差，组织工作复杂。

大面积崩落放顶方法，如图 9-25 所示。当回采形成一定暴露面积后，自放顶区侧部的凿岩巷道或天井中钻凿深孔，二次大面积崩落顶板。这种方法第一分段的矿石大部分留于空场中，放出矿量少，但放顶爆破条件好，组织工作比较简单。

以上两种放顶方法，一般都用 YQ-100 型潜孔钻机钻凿大直径深孔。炮孔最小抵抗线和孔底距都比较大，通常为 4~8m，将废石崩成大于矿石块度的大块，以减少放矿贫化。

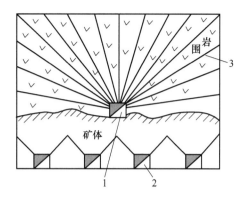

图 9-24 随回采随崩落顶板的放顶方法
1—放顶凿岩巷道；2—回采巷道；3—放顶炮孔

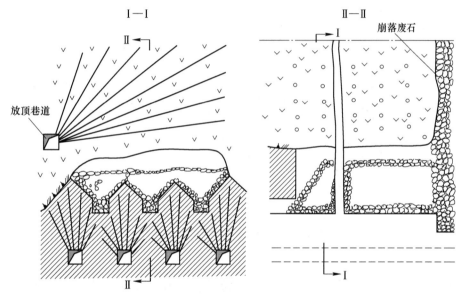

图 9-25 大面积崩落放顶方法

9.4.1.5 回采

回采工作包括落矿、出矿、通风及地压管理。

A 扇形炮孔布置与崩矿步距

炮孔布置与爆破参数对矿石回收率有很大影响。炮孔布置可通过炮孔排间距、排面角、边孔角、深度、孔底距等来表示。每次爆破的矿层厚度称为崩矿步距，它等于排间距与爆破排数之乘积。矿山生产中，崩矿步距多采用 1.8~3m。扇形炮孔排面与水平面间的夹角称为排面角，它与分条端壁倾角相等，有前倾、垂直与后倾三种（图 9-26）。边孔角是扇形排面最边侧两个炮孔与水平面的夹角，有三种，即 5°~10°、40°~50° 与 70°以上（图 9-27）。因为放出角一般都大于 70°，故边孔角以大于 70° 的爆破效果最好。

B 凿岩爆破

应用无底柱分段崩落法的矿山，主要使用 CZZ-700 型胶轮自行凿岩台车，或圆盘凿岩

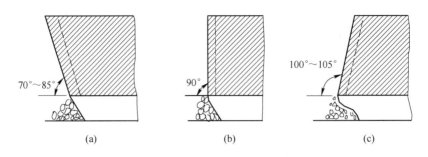

图 9-26 炮孔排面角示意图

(a) 前倾布置；(b) 垂直布置；(c) 后倾布置

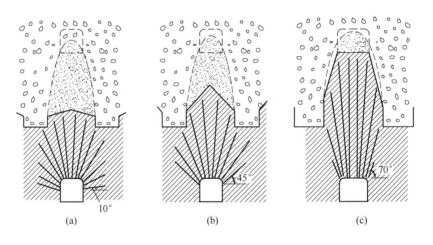

图 9-27 不同边孔角扇形布孔示意图

(a) 10°；(b) 45°；(c) 70°

台架，装 YG-80，YGZ-90 或 BBC-120F 重型凿岩机。为保证爆破效果，需特别注意炮孔质量。炮孔的深度与角度都应严格按设计施工，并建立严格的验收制度。装药一般采用装药器。每次爆破一排孔时，用导爆线或同段雷管起爆；每次爆破两排以上炮孔时，用导爆线与毫秒雷管或继爆管微差起爆。目前，我国有的矿山为提高爆破质量，采用同期分段起爆，中央炮孔先爆，边侧炮孔后爆。

C 矿石运搬

我国金属矿山过去主要用 ZYQ-14 型风动自行装运机装运矿石，近年来许多矿山采用内燃无轨铲运机。

D 地压管理与回采顺序

当矿石坚固性大和稳固时，回采巷道地压不大，一般都不进行支护；当矿岩稳固性差，节理裂隙发育时，用喷锚支护即可保持回采巷道的稳固完好。

同一分段内各回采巷道的回采工作面，应尽量保持在一条整齐的回采线上。这样，可以减少回采工作面的侧部废石接触面，有利于降低矿石的损失与贫化；同时，还有利于保持巷道的稳固性。反之，若有一条回采巷道滞后，如图 9-28 所示，它不仅将承受较大的地压，还将受到相邻回采巷道落矿时的多次震动破坏。因此，这条回采巷道可能严重失稳，并需特别加强支护。而加强支护又会拖延回采速度，更加大地压，影响安全与正常生产，严重时甚至于整条巷道全部冒落报废。当矿石稳固性差时，更应避免造成这种生产条件。

E　通风

无底柱分段崩落法的回采巷道都是独头巷道，数目多，断面大且互相联通，每条回采巷道都通过崩落区与地表相通。当采用内燃无轨设备时，所需风量又特别大。因此，通风比较困难，回采巷道工作面一般要用风筒和局扇供风，通风管理也较为复杂。

设计采矿方法时，应尽量使每个矿块都有独立的新鲜风流。采用内燃设备时，要坚持在机内净化符合要求的基础上，加强通风与个体防护。图 9-29 所示为回采矿块通风系统示意图。

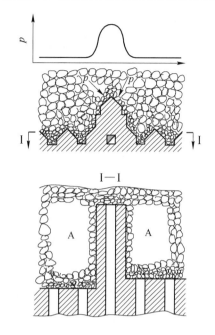

图 9-28　滞后的回采巷道压力增高示意图
p—承受压力；A—崩落区

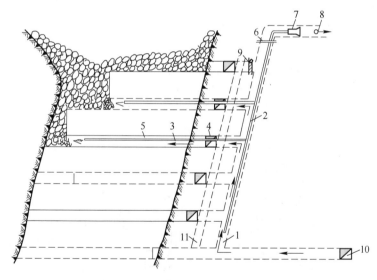

图 9-29　回采矿块通风系统示意图
1—通风天井；2—主风筒；3—分支风筒；4—分段巷道；5—回采巷道；6—隔风板；
7—局扇；8—回风巷道；9—封闭墙；10—阶段运输平巷；11—溜矿井

9.4.2　崩落废石覆盖下端部放矿矿岩移动规律

无底柱分段崩落法是在废石覆盖下自回采巷道端部放出崩落的矿石。因为每次只爆破 1~2 排扇形孔，崩矿量少，废石接触面多，所以，要求选取的结构参数及回采工艺要符合放矿时崩落松散矿岩的移动规律，否则矿石的损失与贫化将很高，使开采效果远低于其他采矿方法。据统计，当结构参数与工艺合理时，贫化率为 15%~20%，矿石回收率为 85%~90%；不合理时，同样贫化率时的矿石回收率达不到60%。

9.4.2.1　放出体的形态

实验证明，端部放矿的矿岩移动规律，基本上与平面底部放矿相同。这些规律仍然可以通过放出椭球体、松动椭球体、废石降落漏斗和放出角等概念加以简单概括。但端部放矿体崩落矿石是从巷道的端部放出的，矿石流动受到了放出口上部待采的分条端壁及其摩擦阻力的影响，使放出椭球体的流轴（中心轴）发生偏斜，放出椭球体也发育不完全，形成一个纵向不对称、横向对称的椭球体缺形态。不同端壁倾角的放出椭球体缺形态，如图 9-30 和图 9-31 所示。

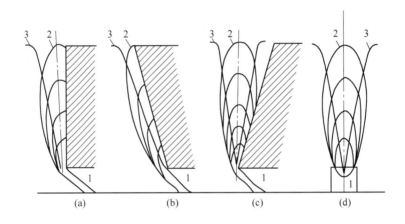

图 9-30　端部放矿时放出椭球体缺的发育与废石降落漏斗示意图

（a）端壁倾角 90°；（b）端壁倾角 70°；（c）端壁倾角 105°；（d）三种端壁倾角垂直回采巷道剖面图
1—回采巷道；2—放出椭球体缺；3—废石降落漏斗

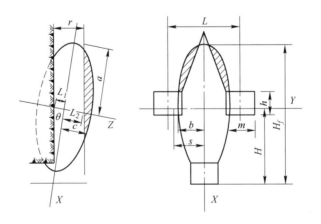

图 9-31　放出体形态

9.4.2.2　脊部损失

指每次爆破后实际放出矿石量小于崩落矿石量，这部分矿量损失称为脊部损失。根据位置不同，脊部损失又分为两侧脊部损失与正面脊部损失。端部放矿脊部损失，如图9-32所示。

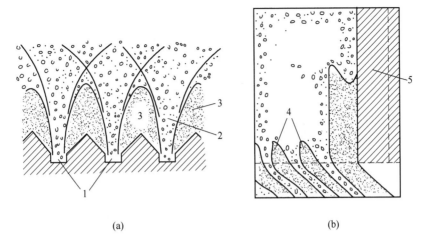

图 9-32 端部放矿脊部损失

（a）回采巷道两侧脊部损失；（b）回采巷道正面脊部损失

1—回采巷道；2—废石降落漏斗；3—两侧脊部损失；4—正面脊部损失；5—端壁

根据矿岩移动规律，在端部放矿后期，废石降落漏斗到达放矿口后继续放矿时，废石降落漏斗下部扩展越来越大，放出矿石的贫化率越来越高，放出矿石品位也相应越来越低。当最后放出的矿石品位达到截止放矿品位时，停止放矿。此时放出角以下的矿石在该放矿口放不出来，相邻几个放矿口放矿完毕后，在每一放出口两侧均留下一部分尖脊状的崩落矿石堆放不出来，这部分损失称为两侧脊部损失，如图 9-32（a）所示。

在回采巷道正面，因受装运设备铲取深度限制及废石降落漏斗的隔绝，还有一部分矿石在该回采巷道内放不出来，这部分矿石损失称为正面脊部损失，如图 9-32（b）所示。

采切巷道布置、结构参数与回采工艺对放矿脊部损失和贫化有直接关系。因此，要求采切巷道的布置应使爆下矿石层的轮廓尽可能符合放出体形态。此外，要合理选取结构参数，正确确定回采工艺。

9.4.2.3 合理布置回采巷道

回采巷道的合理布置可减少矿石损失，提高纯矿石回收率，可以从两方面采取措施：一方面尽量减少本分段的脊部损失矿量；另一方面在下分段将它最大限度地回收回来，为此，上下分段回采巷道应采用菱形交错布置，使每次崩落的矿石层为菱形体，且使它与放出椭球体轮廓相符，以大幅度减少矿石损失，按图 9-33 的布置，即可将上分段回采巷道两侧脊部和正面脊部损失的大部分矿石在下分段放出，减少矿石的损失与贫化。

若上、下分段回采巷道垂直布置，其崩落矿石层高度比菱形布置减少一半，纯矿石的放出椭球体高度也减少一半，纯矿石回收率大大降低。垂直布置不能将上分段两侧脊部损失矿石放出，下分段又留下一部分脊部矿石不能放出，这就大大增加了矿石损失（图 9-34）。

根据大庙铁矿试验统计，当上下分段回采巷道垂直布置时，在贫化率为 15% 的情况下，回收率仅为 45%。

当矿体厚度小于 15m，分条沿走向布置时，特别是倾角较缓时，回采巷道要靠近下盘布置，使矿层呈菱形崩落以减少矿石损失，沿脉回采巷道菱形布置示意图，如图 9-35 所示。

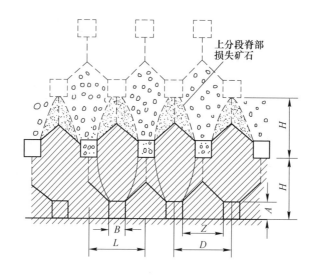

图 9-33　上下分段回采巷道菱形布置

H—分段高度；D—回采巷道中心间距；L—回采分条宽度；B—回采巷道宽度；
A—回采巷道高度；Z—回采巷道间矿柱宽度

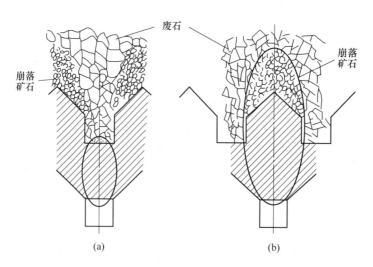

图 9-34　不同回采巷道布置方式矿石回收情况示意图

（a）垂直布置；（b）交错布置

9.4.3　无底柱分段崩落法的斜坡道方案

　　我国部分矿山采用无底柱分段崩落法时，大都采用采准联络斜坡道取代阶段之间的人行材料设备井。使用斜坡道采准联络便于无轨设备快速移动和出入不同分段；当出矿需要配矿时，也便于装运设备的调度。此外，斜坡道也便于无轨设备出井检修、保养及人员上下使用。

　　无底柱分段崩落法的采准联络斜坡道一般都布在下盘，沿走向斜坡道之间的距离约250~500m，其具体要视矿体走向长度及产量大小而定。斜坡道的坡度一般为 10%~20%，

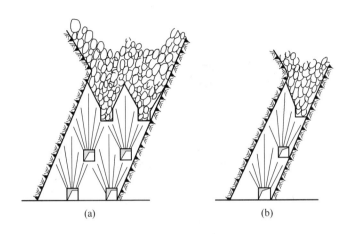

图 9-35 沿脉回采巷道菱形布置示意图
（a）双巷；（b）单巷

断面取决于设备规格。

图 9-36 所示为典型的斜坡道采准无底柱分段崩落法示意图。

9.4.4 无底柱分段崩落法综述

9.4.4.1 评价

A 分段崩落采矿法与房式采矿法的对比

在顶板围岩与覆岩都很稳固，其他条件相同，技术装备类似的条件下，崩落法与房式采矿法的生产能力、采矿工效、采切比、采矿成本等项指标都没有十分显著的差别，其差别主要在于贫化损失上。影响房式采矿法损失贫化指标的最主要因素是矿柱矿量所占的比重。根据一些矿山统计资料看出，当矿柱矿量小于 40% 时，采用房式采矿法比较合理；当矿柱矿量大于 45% 时，最好采用崩落法。至于矿柱矿量占 40%~45% 时，则应根据矿石的可选性、矿石品位、矿石价值等因素进行综合比较。可以采取封闭办法处理采空区的孤立小矿体，即使矿房与矿柱矿量各占一半，也应采用房式采矿法，因为此时矿柱回收比较容易，处理采空区费用很低。

B 无底柱分段崩落法与有底柱分段崩落法对比

无底柱分段崩落法的优点：

（1）不留底柱，结构简单，可省略大量的底部结构工程的掘进与维护工作，避免回采底柱的损失贫化。

（2）回采工艺简单，便于使用各种高效率的大型凿岩、运搬无轨自行设备，可实现回采工艺整体机械化。

（3）采切工作主要是掘进大断面水平巷道，易于实现机械化，多工作面作业，可提高掘进效率。

（4）在回采巷道中作业，工作安全；回采巷道的端部放矿，可减少处理卡斗的繁重而安全性差的二次破碎工作。

（5）同一分段内各回采巷道及上下分段之间均可同时进行回采，作业面多，灵活性

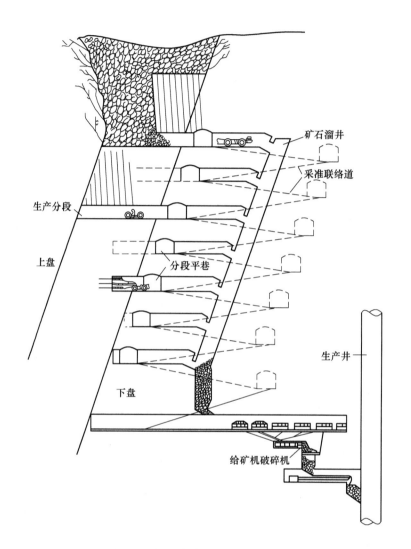

图 9-36　斜坡道采准无底柱分段崩落法

大，回采强度高，各项回采作业可在不同分段平行施工，互不干扰，便于管理。

（6）矿块分段回采，崩矿步距又小，易于实现不同品位矿石的分采分运及剔除夹石，并且便于开采矿体的不规则部分。

（7）地压管理简单。

无底柱分段崩落法的缺点：

（1）与有底柱崩落法相同，在覆岩下放矿，矿石贫化损失大。

（2）回采巷道为独头，若采用内燃设备则所需风量大，故通风条件差（特别是在开采深度增加时）。

（3）大型燃油自行无轨设备维护工作量大。

（4）典型方案每次爆破矿量小，放矿条件差，不便于集中强化开采。

9.4.4.2 无底柱分段崩落法的适用条件

无底柱分段崩落法的适用条件如下：

（1）地表允许陷落或垮山、滚石的矿山。

（2）矿石稳定，或是中稳以上，下盘或上盘围岩有一定的稳定性，允许开掘大断面巷道及溜矿井，不需特殊支护。

（3）矿体最好为厚与急倾斜。

（4）矿石价值与品位不高，可选性好或围岩含矿允许有较大贫化；矿石需分级回采或剔除夹石。

（5）崩落的矿石流动性好，易于放矿。

9.4.4.3 无底柱分段崩落法的主要技术经济指标

无底柱分段崩落法的主要技术经济指标见表9-5。

表 9-5 无底柱分段崩落法的主要技术经济指标

项目名称	大庙铁矿 （1983 年）	镜铁山铁矿 （1984 年）	梅山铁矿 （1984 年）	向山硫铁矿 （1984 年）
矿山年产量/万吨	60.7	207.3	125.7	67.0
采切比/米·万吨$^{-1}$	32.7	64.6	59.16	85.43
矿石回收率/%	83.69	86.98	82.13	66.65
矿石贫化率/%	25.09	13.85	16.38	10.56
中深孔凿岩效率/米·（台·班）$^{-1}$	48.0	18.9	42.3	26.3
装运（岩）机效率/吨·（台·班）$^{-1}$	118.1	62.9	140	77.2
装运（岩）机效率/万吨·（台·年）$^{-1}$	5.18	7.1	7.6	
铲运机效率/吨·（台·班）$^{-1}$			316	
铲运机效率/万吨·（台·年）$^{-1}$			13.3	
采矿工效/吨·（工·班）$^{-1}$	26.8	18.4	10.3	18.5
采矿炸药消耗/kg·t^{-1}	0.326~0.42	0.52	0.45	0.14

9.5 阶段崩落采矿法

阶段崩落采矿法是地下采矿方法中生产能力大、效率高、开采费用很低的一种采矿方法。有底柱阶段崩落采矿法与有底柱分段崩落采矿法的特点大致相同，主要不同之点在于阶段或矿块在高度方向不再划分为分段进行落矿和出矿，而是沿阶段全高崩落，并且只在阶段下部设底部结构出矿。

根据落矿方法的不同，阶段崩落采矿法又分为：阶段自然崩落采矿法和阶段强制崩落采矿法。

9.5.1　阶段自然崩落采矿法

9.5.1.1　概述

一般将阶段划分为矿块，在矿块底部进行大面积的拉底。由于矿块岩体的不完整性（必然有节理、裂隙、弱面或软弱矿物夹层等）和拉底空间上部矿石处于应力降低区，使得岩块间夹制力减弱或产生拉应力，从而矿石在自重和地压作用下发生自然崩落（图9-37、图9-38），实现落矿工艺。

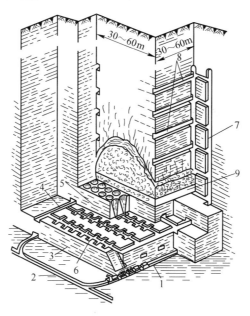

图 9-37　阶段自然崩落采矿法示意图

1—穿脉运输巷道；2—沿脉运输巷道；3—下底柱；4—电耙联络道；5—上底柱；
6—斗穿；7—检查天井；8—割帮巷道；9—拉底层

崩落过程的持续和控制，主要靠拉底、放矿和削弱破坏自然崩落过程中形成的自然平衡拱的拱脚带（图9-38中的 A、B）。为了削弱和破坏拱脚带，可在矿块四周或两侧掘进割帮巷道、切割槽或打深孔进行爆破（图9-38、图9-40）。割帮巷道还有控制崩落边界的作用。

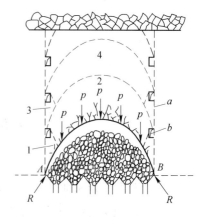

图 9-38　矿块自然崩落发展示意图

a—控制崩落边界；b—割帮巷道；
A,B—崩落拱拱脚；p—失去支撑的矿石重力；
1~4—崩落顺序；R—崩落拱拱脚应力

9.5.1.2　适用条件

（1）拉底后矿石能够自然崩落成适当的块度，或过大的块度在放矿过程中能压碎。矿块矿石的自然可崩落性是选用这一方法的关键条件。

矿块矿石的自然崩落性主要取决于矿体的物理力学性质和原岩应力，特别是其节理、裂隙、弱面、松软矿物、细脉夹层的分布和发育程度等。但是目前还不能用公式准确地表达原岩应力场、矿体物理力学性质与其自然崩落性之间的相关关系。实际生产中主要通过工业实验来确定这种关系。可以用岩体物理力学性质参数评分来概括矿块矿石的自然崩落性和进行岩体评分分级。

评分由 1 到 100，取决于 6 项指标，根据评分，岩体分为 6 级。评分累计越小，自然崩落性越好（图 9-39）。

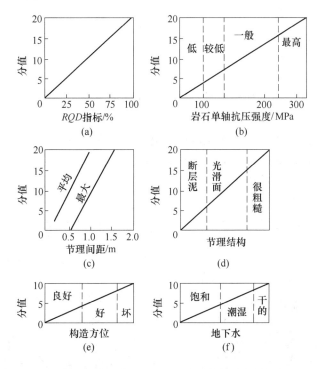

图 9-39 矿体物理力学性质参数评分图

(a) RQD 值；(b) 岩石单轴抗压强度；(c) 节理间距；(d) 节理结构；(e) 构造方位；(f) 地下水

确定岩体分级参数的 6 项指标是：RQD 值，平均与最大的节理间距、单轴抗压强度、弱面结构、构造方位、地下水。根据 6 项参数累计评分值将岩体分为 6 级情况表见表 9-6。

表 9-6 根据 6 项参数累计评分值将岩体分为 6 级情况表

参数评分值	大于 70	50~70	40~50	25~40	15~25	小于 15
分 级	非常坚固	比较坚固	中等坚固	不稳固	非常不稳固	破裂松散

为了获得岩体分级参数需进行大量调查研究和试验，并用数理统计方法进行数据处理和现场验证。近年来，根据人工地震波在岩体中传播时的振幅衰减变化情况来判定矿石的可崩性性质，已取得较大的发展。

（2）矿体厚度很大，不小于 30m；倾角最好接近 90°。水平和缓倾斜的矿体，其厚度也不应该小于 25~30m；矿体厚度小不仅会加大损失贫化和采切费用，且会导致自然崩落过程缓慢。

（3）矿体边界较规整，矿石品位低，无须分采分运。

（4）矿石崩落后，其上部覆岩也能自然崩落，且最好能崩落成比矿石块度大的大块，混入的废石最好也是矿化的。

（5）矿石不含自燃的矿物成分，无结块和氧化性。

9.5.1.3　采准切割

采切工程由阶段运输、底部结构、拉底与割帮巷道工程组成。阶段运输水平一般采用脉外环行运输系统。底部结构一般采用电耙道底部结构和格筛巷道底部结构，近年来也开始采用无轨自行设备底部结构。在自然崩落采矿法中一般底部结构所承受的地压很大，它的维护是比较重要的问题。电耙巷道一般采用厚度为 30~45cm 高标号混凝土浇灌，底板用钢轨加固。为了维护回风巷道，地压过大时，可使回风巷道低于耙矿水平 4~5m，并用风眼（小井）与电耙道联通。

拉底巷道通常是掘进一系列相互垂直的斗颈联络道，斗颈联络道之间留有临时矿柱支撑拉底空间。

为了减少割帮巷道工程，可在矿块四周掘进天井，在天井中开凿岩硐室用深孔爆破进行割帮（图 9-40）。因为设有凿岩天井，所以在必要时还可将采矿方法改变为阶段强制崩落法。凿岩天井也可以兼作检查天井。

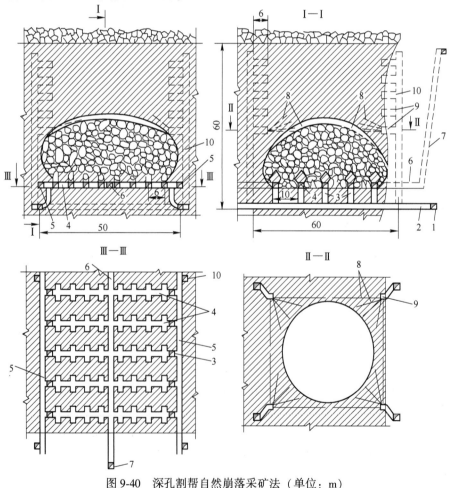

图 9-40　深孔割帮自然崩落采矿法（单位：m）

1—脉外运输平巷；2—穿脉；3—电耙溜井；4—电耙巷道；5—电耙联络道；
6—回风穿脉；7—回风天井；8—割帮深孔；9—凿岩硐室；10—凿岩天井

9.5.1.4 回采

回采工作分为 3 个阶段：矿块拉底、局部放矿控制矿块自然崩落、围岩覆盖下大量放矿。

矿块拉底即爆破拉底巷道间的临时矿柱，可采用中深孔爆破（图 9-41）。拉底可由矿块一侧开始向另一侧推进，也可由矿块中央开始向两侧推进。拉底空间逐渐扩大后，已形成的拉底空间附近的拉底巷道和炮孔，甚至其下部的电耙道均会受到压力支撑带的大地压。因此拉底速度不能过慢，应超过地压破坏拉底巷道和临时矿柱中炮孔的速度，否则会导致拉底不充分，给以后的矿块自然崩落造成严重困难。

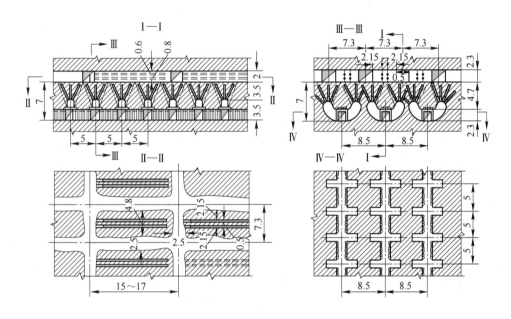

图 9-41 阶段自然崩落法的中探孔拉底（单位：m）

拉底过程中要放出部分崩落矿石。矿块下部全部拉开后，矿块开始由下而上全面自然崩落。

如果割帮工程布置适宜，拱脚带适时破坏，自然崩落会正常向上逐渐发展。当自然崩落的矿石填满已崩落空间，会阻碍上部矿石继续自然崩落。为了不妨碍自然崩落，需要不断放出崩落矿石（大约占崩落总量的 50%）。放矿速度的确定是影响这种采矿方法技术经济指标的重要因素。放矿速度过小，不仅产量小，而且给拉底结构的维护带来很大困难，造成支护费用大幅度升高。局部放矿速度过快，强度过大，会造成自由空间高度过大，有可能造成空间上部的矿石整体冒落，出现危害严重的空气冲击波，或造成矿块侧面已崩落的废石流入自由空间，隔断上部矿石，造成很大的矿石损失或贫化。局部放矿过程中最好始终使崩落矿石与工作面之间保持 2~3m 高的空间。各矿山矿岩条件不同，其放矿速度也不同，一般放矿速度应控制在每天 15~120cm 之间。

通过局部放矿进行控制，使矿块自然崩落由下向上一直发展到通风平巷水平，接触到上部崩落岩石，而后转入大量放矿。

无论是局部放矿或是覆岩下大量放矿都需要加强放矿管理，加强计量工作，严格按各漏斗的放矿计划进行放矿。

矿块四周皆为矿体时，矿块损失贫化最低，当矿块与已采空区崩落废石有几个接触面时，矿石损失贫化最大。

有时阶段不分为矿块进行回采，而分为盘区。盘区宽 20~60m，长 150~300m。盘区可沿走向布置，也可垂直走向布置。盘区开采多用于矿石非常不稳固和实行连续开采的矿体。

9.5.1.5　评价

自然崩落法的主要优点是：

（1）采矿成本低，因工人劳动生产率高，炸药、木材等材料消耗少。

（2）工作环境比较安全。

（3）条件适合时开采强度大，矿山生产能力大。

自然崩落法的缺点：

（1）适用条件非常苛刻。

（2）条件不太适合时，采矿方法灵括性小，可能造成很大矿损。

（3）对施工质量和管理要求非常严格，否则无法控制矿石的损失贫化。

9.5.2　阶段强制崩落采矿法

阶段强制崩落采矿法与阶段自然崩落采矿法的不同点在于其矿石是用深孔或中深孔（极少用药室）进行矿块全高（含上阶段的底柱）一次崩落，所以必须有足够的补偿空间，才能保证落矿质量。近年来国内外成功地采用了无补偿空间的挤压爆破落矿阶段强制崩落采矿法，这是这种采矿方法的重要发展。

阶段强制崩落采矿法多用于开采矿石中稳及中稳以上的极厚矿体，对围岩稳固性的要求可不限。矿体倾角是急倾斜，也可以是缓倾斜。当矿体倾角为 20°~60° 时，因覆岩下放矿条件的限制靠近下盘的矿体应布置底盘漏斗出矿。

根据补偿空间的位置和情况不同，阶段强制崩落采矿法可分为下列方案：向下部补偿空间落矿的阶段强制崩落采矿法（补偿空间在矿块下部，高可达 8~15m）、向侧面垂直补偿空间落矿的阶段强制崩落采矿法（补偿空间在矿块的一侧，一般高 35~40m，宽可达 10~12m）、无补偿空间（挤压爆破）阶段强制崩落采矿法。

9.5.2.1　向下部补偿空间落矿阶段强制崩落采矿法

向下部补偿空间落矿方案，如图 9-42 所示。

A　特点与矿块规格

这一方案与水平深孔落矿的有底柱分段崩落法很相近，但崩落矿体的高度大。矿块宽 20~50m，长 30~50m，阶段高 50~80m，地压大时矿块尺寸取小值。各部位尺寸见图 9-42。

B　采准切割

阶段运输水平多采用脉内外沿脉与穿脉的环行运输系统，在穿脉巷道装矿。穿脉巷道间距 30m，电耙道沿走向布置，间距 10~12m，斗穿对称布置，间距 5~6m。

在矿体下盘掘进矿块脉外天井，与电耙联络道连通。在矿块转角处开 1~2 个深孔凿岩天井及若干个凿岩硐室。凿岩天井与硐室位置应合理,使炮孔深度小、分布均匀及有利于硐室的稳固。

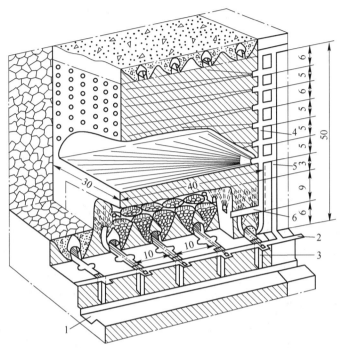

图 9-42 向下部补偿空间落矿阶段强制崩落采矿法(单位:m)

1—穿脉运输巷道;2—电耙联络道;3—电耙道溜井;4—凿岩天井;5—脉外矿块天井;6—拉底水平

C 回采

首先进行补充切割。补充切割的主要任务是用拉底构成补偿空间。补偿空间的体积为崩落矿石体积的 20%~25%。当矿石稳固性不够,为了防止大面积拉底后矿块提前崩落,可先在矿块下部开掘 2~3 个小补偿空间,并在小补偿空间之间留临时矿柱支撑拉底空间。临时矿柱的数目、尺寸和位置应根据矿体稳固性确定。

最常用的拉底方法有两种:一种是在扩喇叭口的切割小井中打上向中深孔实现拉底。若拉底高度不够,还可在临时矿柱内的凿岩小井中,打 1~2 排水平深孔并爆破,以增加其高度。另一种方法是在拉底水平开专门拉底凿岩巷道,并在其中打扇形深孔,以垂直层向拉底切割槽爆破。垂直层扇形深孔拉底,如图 9-43 所示。

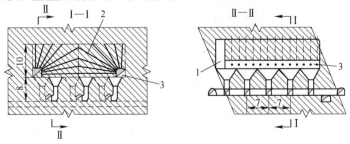

图 9-43 垂直层扇形深孔拉底(单位:m)

1—拉底空间切割槽;2—扇形深孔;3—拉底凿岩巷道

矿块凿岩与拉底平行作业。矿块凿岩时间的长短，取决于矿块规格、同时工作钻机数和钻机效率，一般为 3~5 个月。

矿块落矿的深孔、上阶段底柱中的炮孔及临时矿柱中的深孔同时装药爆破。先起爆拉底空间中临时矿柱内的炮孔。每层内的深孔可同时起爆也可微差起爆；层与层之间用分段间隔依次起爆。按放矿图表进行放矿。

9.5.2.2　向侧面垂直补偿空间落矿阶段强制崩落采矿法

向侧面垂直补偿空间落矿方案，如图 9-44 所示。

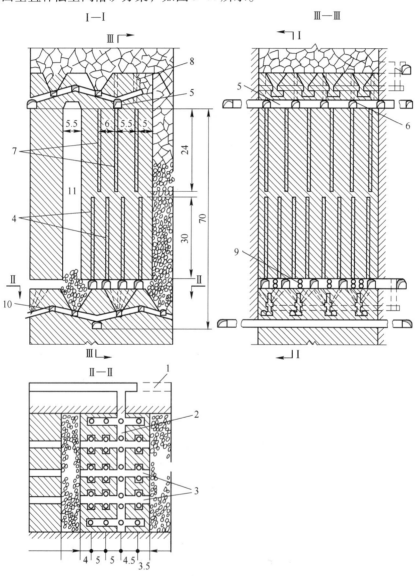

图 9-44　向侧面垂直补偿空间落矿阶段强制崩落采矿法（单位：m）

1—无轨设备斜坡道；2—穿脉凿岩巷道；3—凿岩和拉底巷道；4—上向平行深孔；

5—上部穿脉凿岩巷道；6—凿岩硐室；7—下向深孔；8—顶部上向深孔；9—水平拉底深孔；

10—底部结构检查回风巷道；11—切割立槽垂直补偿空间

A 特点与矿块规格

这种采矿方法适用于矿石稳固的厚大矿体。它与阶段矿房空场法很近似，只是其矿房尺寸比周边矿柱尺寸小很多。矿房的作用是充当周边矿柱爆破时的补偿空间。当矿体不适宜采用水平深孔落矿时（如果有很发育的水平层理、裂隙等），也应采用垂直层落矿。

阶段划分为矿块。阶段高 70~80m，矿块宽 25~27m。矿块可垂直走向布置，其长度等于矿体厚度。

B 采准切割

采用上下盘脉外沿脉巷道和穿脉装矿的环行运输系统. 底部结构是有检查巷道的振动放矿机底部结构。为了提高矿块下部采切巷道的掘进效率，采用无轨掘进设备，为此设有倾角为 12° 的斜坡道，将拉底水平与运输水平连通。

C 回采

垂直补偿空间位于矿块一侧，矿块另一侧为已崩落的矿石或废石。以切割天井为自由面，采用下向深孔扩成宽 4~6m，长为矿体厚度的垂直补偿空间。矿块落矿炮孔直径为 105mm。深孔采取上下对打。在上部凿岩巷道向下打三排深孔，在下部凿岩巷道向上打四排深孔。这样可缩短炮孔深度、减小深孔孔底的偏斜值、有利于深孔均匀布置、减少大块、增加装药密度和提高凿岩速度。采用微差起爆。为了拉底，矿块下部凿岩巷道之间留的临时矿柱用水平深孔爆破。

因为矿块凿岩时间很长，有的矿山为了防止和减少炮孔的变形和破坏，要求凿岩时做到：在相邻矿块落矿后的两个月内进行凿岩；先打靠近补偿空间一侧的深孔；靠近崩落区一侧深孔在装药之前最后钻凿；在平面上矿块凿岩推进方向应与补偿空间内爆破方向相反。

出矿可采用安装在运输穿脉巷道两侧的斗穿中的振动给矿机。为了处理卡漏和通风，设有专门的检查回风穿脉巷道。垂直补偿空间落矿方案的采切工作量小，千吨采切比只有 3m 左右，井下工人工班劳动生产率可达 20t 以上，矿块月生产能力可达 20 万吨。

9.5.2.3 无补偿空间侧向挤压爆破阶段强制崩落采矿法

这种采矿方法与侧向挤压爆破的分段崩落法非常相似，不同点是分段高度变成阶段高度。

这种采矿方法属于单步骤采矿法，它不再划分矿房（补偿空间）与矿柱，整个阶段的回采工艺是一样的，而无须用不同的方法分别开采矿房，顶柱、间柱、底柱等。

本法适用于厚大的急倾斜矿体，矿石中稳和中稳以上。

根据放矿方法不同，分为底部放矿和端部放矿两种方案。

A 侧向挤压爆破底部放矿的阶段强制崩落采矿法

侧向挤压爆破底部放矿的阶段强制崩落采矿法，如图 9-45 所示。

采用无轨自行设备底部结构出矿。脉内沿脉运输巷道断面 16m²。从运输巷道向两侧交错掘进装矿巷道，长 10~12m，断面 11m²。装矿巷道中心线与运输巷道中心线斜交 45°。在装矿巷道的端头两侧掘进斗穿、斗颈，断面 6m²，与堑沟巷道的底部连通。

采用垂直层落矿。在堑沟巷道和凿岩巷道中打上向扇形深孔。扇形深孔的排间距 25m，孔底距 2.5~3m。

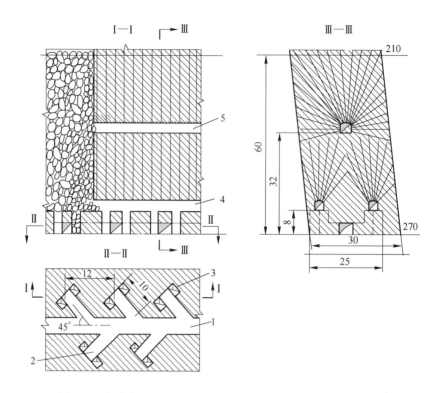

图 9-45　侧向挤压爆破底部放矿阶段强制崩落采矿法（单位：m）
1—沿脉运输巷道；2—装矿巷道；3—斗颈；4—堑沟巷道；5—凿岩巷道

采用铲斗容积为 2m³ 的 LK-1 型铲运机，在装矿巷道进行放矿和运搬。大块率 10%，放矿工劳动生产率为 190 吨/（工·班）。

B　侧向挤压爆破端部放矿的阶段强制崩落采矿法

侧向挤压爆破端部放矿的阶段强制崩落采矿法，如图 9-46 所示。此方案的工艺与有底柱端部放矿分段崩落法工艺基本相同。它采用前倾式倾斜层落矿，振动放矿机与振动运输机运搬。为了缩短炮孔深度在凿岩巷道中向上向下打扇形深孔。为了保护振动给矿机和保持出矿巷道上部临时矿柱的稳固性，临时矿柱用浅孔落矿。

9.5.2.4　阶段强制崩落采矿法综述

A　评价

有底柱阶段崩落法优点如下：

（1）工作比较安全，特别是垂直层落矿方案操作全部在水平巷道中进行，劳动条件好。

（2）劳动效率高，材料消耗少，矿石成本很低。

（3）回采强度大，可以实现单步骤连续回采。

（4）比有底柱分段崩落法采切工程量小。

有底柱阶段崩落法缺点如下：

（1）矿石损失与贫化率高，一般达 25%~30%。

（2）不能用选别回采处理夹石。

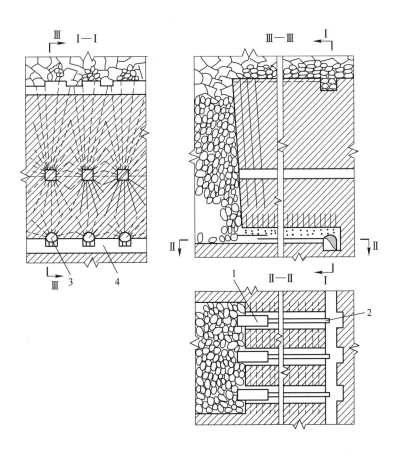

图 9-46 侧向挤压爆破端部放矿阶段强制崩落采矿法
1—振动给矿机；2—振动运输机；3—回采出矿巷道；4—运输巷道

（3）采切工作时间长，巷道维护时间长，地压大时巷道维护费高。

（4）放矿管理工作复杂。

B 适用条件

适用条件如下：

（1）矿体厚大，急倾斜矿体的厚度应在 15~20m 以上；倾斜和缓倾斜矿体的厚度应在 20~25m 以上；采用大型振动放矿机时，因设备生产能力很大，要求每个放矿口保证 20000t 以上的出矿量。

（2）矿石价值与品位低，围岩最好含矿。

（3）矿岩具有一定的稳固性，特别是水平层落矿方案拉底空间很大，矿岩稳固性不够，则难以维持，此外因放矿周期较长，矿岩稳固性差，则底部结构尤其是电耙道底部结构难以维护。

（4）矿石无结块性、自燃性，崩落后具有较好的流动性。

（5）覆盖岩石易于成大块自然崩落。

（6）地表允许陷落。

C　主要技术经济指标

有补偿空间的阶段强制崩落采矿法的主要技术经济指标见表 9-7。

表 9-7　阶段强制崩落采矿法技术经济指标

指标名称		桃林铅锌矿（1984 年）	小寺沟铜矿（1984 年）	苏"高山"矿务局
落矿与运搬方法		水平中深孔落矿 电耙出矿	垂直层与水平层 联合深孔落矿 2m³ 铲运机出矿	垂直层深孔落矿 振动放矿机出矿
矿块生产能力/t·d⁻¹		400~600	1500	1667~6667
凿岩工/个		40	60	
出矿工/个		47	125	
工作面工人/个		16	28~45	124
采切比/m（m³）·kt⁻¹		13.5（50）	6（60）	2.2
矿石贫化率/%		30	25	15.4
矿石损失率/%		20	15~20	2.4
炸药消耗 /kg·t⁻¹	一次破碎	0.4	0.42	0.36
	二次破碎	0.2	0.01	0.07

复习思考题

9-1　什么是崩落采矿法，崩落采矿法的适用条件是什么，崩落采矿法有哪几种类型？

9-2　单层崩落法的基本特点是什么，简述该方法的优缺点及适用条件。

9-3　有底柱分段崩落法的基本特点是什么，简述该方法的优缺点及适用条件。

9-4　无底柱分段崩落法的基本特点是什么，绘出无底柱分段崩落法典型方案图，标明巷道名称，说明该方法的采准切割过程以及如何进行回采的。简述该方法的优缺点及适用条件。

10　采矿方法选择

采矿方法在矿山生产中占有十分重要的地位，因为它对矿山生产的许多技术经济指标，如矿山生产能力、矿石损失率和贫化率、劳动生产效率、成本及安全等都具有重要的影响，所以采矿方法选择的合理、正确与否，直接关系到矿山企业的经济效果和安全生产状况。

10.1　采矿方法选择的基本要求

正确合理的采矿方法必须满足下列要求。

（1）遵守国家相关法律、法规要求。采矿方法选择必须遵守有关矿山安全、环境保护、矿产资源保护等方面的有关规定。

（2）安全和良好的卫生条件。安全是采矿方法选择的首要要求，必须保证工人在开采各环节（凿岩、装药爆破、顶板管理、通风、出矿、充填等）作业安全；当发生地下灾害（涌水、顶板冒落、采空区垮塌等）时，应能及时撤离作业区；保证地下各种设备、基本井巷、硐室和构筑物使用中不受到破坏；需保护的地表建（构）筑物不因采矿而受到破坏；避免因大规模地压活动可能造成的破坏。除上述具体安全目标外，还要保证为工人创造良好的工作环境，保证良好的通风质量和足够的作业空间。

（3）采矿强度和生产效率高。在保证安全的前提下，尽可能选择生产能力大、生产效率高的采矿方法。所选用采矿方法的生产能力尽可能保证在单中段布置的同时回采矿块数可以满足矿山生产能力要求，避免多中段同时生产。因为多中段同时生产不仅管理复杂，而且两中段之间风流难以控制，容易发生污风串联。

（4）损失率、贫化率低。不同采矿方法贫化率、损失率指标差别巨大，应尽可能选择贫化率低、回采率高的采矿方法，以尽可能提高资源回采率，延长矿山服务年限，同时提高入选矿质量，提高选矿回收指标。除极薄矿脉外，一般要求损失率和贫化率控制在10%～20%以内。

（5）经济效益好。经济效益主要取决于开采成本和销售价格以及相应税费。在销售价格和税费一定条件下，降低开采成本可以提高矿山经济效益。因此，应尽可能选择低成本采矿方法。但应该指出的是，要综合考虑回采率与成本之间的关系，不局限于单位矿石开采成本，以总效益最大化为原则。主要技术经济指标要留有余地，既要考虑技术进步，积极采用新工艺、新设备，又要留有应变空间。

（6）充分利用矿石中有用成分，尽可能提高出矿品位及伴生元素的回收率。对有特殊要求的矿种须考虑分采、分选的可能性。

（7）采准工程布置灵活性大，对矿体的适应性强，矿石损失和贫化小。

10.2　影响采矿方法选择的主要因素

A　矿床地质条件

采矿方法的选择受多种因素的影响，主要为矿床地质条件，它对采矿方法的选择起控制性作用，一般矿山根据矿体的产状、矿石和围岩的物理力学性质就可以优选出 1~2 种采矿方法。影响采矿方法选择的主要地质条件包括：

（1）矿石和围岩的物理力学性质，尤其是矿石和围岩的稳固性，是影响采矿方法选择的主要因素。因为矿岩稳固性决定着采场地压管理方法、采场构成要素、回采顺序及落矿方法等。矿岩稳固性对采矿方法选择的影响见表 10-1。

表 10-1　矿岩稳固性对采矿方法选择的影响

稳　固　性		较适应的采矿方法	可排除的采矿方法
矿石	围岩		
稳固	稳固	空场法、充填法	崩落法
稳固	不稳固	充填法、崩落法	空场法
中等稳固或不稳固	稳固	充填法、分段空场法、阶段空场法、分段崩落法、阶段崩落法	
不稳固	不稳固	下向进路充填法	空场法

（2）矿体倾角和厚度：矿体倾角主要影响矿石在采场中的运搬方式：急倾斜矿体既可来用机械运搬，也可采用重力运搬；倾斜矿体可考虑爆力运搬和机械运搬；缓倾斜矿体可来用电把运搬；而水平和微倾斜矿体则可采用无轨设备出矿。矿体厚度则主要影响落矿方法的选择以及矿块的布置方式等：薄矿体只能采用浅孔落矿，中厚以上矿体则可考虑中深孔、深孔落矿；薄矿体矿块只能沿矿体走向布置，而中厚至厚矿体既可沿走向布置，也可垂直走向布置；极厚矿体则一般垂直走向布置矿块。

矿岩稳固性、矿体厚度与倾角对采矿方法选择的影响见表 10-2。

表 10-2　根据矿岩稳固性、矿体厚度和倾角对采矿方法的影响

矿体倾角	矿体厚度	矿　岩　稳　固　性			
		矿石稳固 围岩稳固	矿石稳固 围岩不稳固	矿石不稳固 围岩稳固	矿石不稳固 围岩不稳固
缓倾斜	薄、极薄	全面法，房柱法	单层崩落法，垂直分条充填法	垂直分条充填法，全面法，单层崩落法	垂直分条充填法，单层崩落法
	中厚	分段矿房法，房柱法，全面法	分段矿房法，分层崩落法，有底柱分段崩落法，分层充填法，锚杆房柱法	分段矿房法，上向进路充填法，垂直分条充填法	有底柱分段崩落法，分层崩落法，垂直分条充填法

矿体倾角	矿体厚度	矿 岩 稳 固 性			
		矿石稳固 围岩稳固	矿石稳固 围岩不稳固	矿石不稳固 围岩稳固	矿石不稳固 围岩不稳固
缓倾斜	厚和极厚	阶段矿房法,分段崩落法、阶段崩落法,上向分层充填法	分段崩落法、阶段崩落法,上向分层充填法	上向进路充填法,分段崩落法,阶段崩落法	分段崩落法、阶段崩落法,分层崩落法,下向充填法,上向进路充填法
倾斜	薄、极薄	全面法,房柱法	垂直分条充填法,上向分层充填法,单层崩落法	上向进路充填法,分段矿房法,分段崩落法,全面法	分层崩落法,上向进路充填法,下向分层充填法,分段崩落法
倾斜	中厚	分段矿房法	有底柱分段崩落法,上向分层充填法	上向进路充填法,分段矿房法,有底柱分段崩落法	有底柱分侧面崩落法,下向分层充填法,上向进路充填法,分层崩落法
倾斜	厚和极厚	阶段矿房法,分段矿房法	分段崩落法、阶段崩落法,上向分层充填法	上向进路充填法,分段矿房法,分段崩落法、阶段崩落法,下向分层充填法	分层崩落法,上向进路充填法,下向分层充填法,分段崩落法、阶段崩落法
急倾斜	极薄	削壁充填法,留矿法	削壁充填法	上向进路充填法,下向分层充填法	下向分层充填法,上向进路充填法
急倾斜	薄	留矿法,分段矿房法,阶段矿房法	上向分层充填法,分层崩落法,分段崩落法	上向进路充填法,分段崩落法,分段矿房法	上向进路充填法,下向分层充填法,分层崩落法,分段崩落法
急倾斜	中厚	分段矿房法,阶段矿房法,分段崩落法	分段矿房法,上向分层充填法,分段崩落法	上向进路充填法,下向分层充填法,分层崩落法,分段矿房法	下向分层充填法,上向进路充填法,分层崩落法,分段崩落法、阶段崩落法
急倾斜	厚和极厚	阶段矿房法,分段崩落法、阶段崩落法	分段矿房法,分段崩落法、阶段崩落法,上向分层充填法	上向进路充填法,下向分层充填法,分层崩落法,分段崩落法、阶段崩落法	分段崩落法、阶段崩落法,下向分层充填法,上向进路充填法,分层崩落法

(3) 矿体形状和矿石与围岩的接触情况:主要影响落矿方法、矿石运搬方式和损失与贫化指标。如果矿岩接触面不明显,矿体形态变化较大,矿体间存在大的夹石,或矿体分支、尖灭再现现象严重,则不宜采用大直径中深孔或深孔作业,否则会因围岩混入造成较大的损失和贫化。

(4) 矿石的品位和价值。开采品位较高的富矿和贵重、稀有金属矿时,往往要求采用回采率高、贫化率低的采矿方法,即使这类采矿方法成本较高,但提高出矿品位和多回收资源所获得的经济效益往往会超过成本的增加额。反之,矿石的品位和价值相对较低时,则应采用成本低、效率高的采矿方法,如崩落法等。

(5) 矿体中品位分布情况及围岩含矿情况。矿体中品位分布不均匀且差别较大时,应考虑采用分采的可能性，同时还可将低品位矿石留作矿柱。如果围岩含矿，则回采过程中对围岩混入的限制可以适当放宽。

（6）矿体埋藏深度。与浅井或中深井开采相比，深井（如超过 800m）开采这一特殊环境将带来一系列安全问题，主要包括岩爆（即在压力作用下，岩石发生爆裂的现象）、高温、采场闭合和地震活动等，其中尤以岩爆为主要危害，此时应考虑采用充填法。

（7）矿石氧化性、自燃性和结块性。开采硫化矿床时，须考虑有无自燃危险的问题。高硫（硫含量 20%以上）矿石（特别是存在胶状黄铁矿时）发生自燃可能性较大，不宜采用积压矿石量大和积压时间长的采矿方法，如留矿法、阶段崩落法和阶段空场法等，而应优先考虑采用充填法。如果矿体中含硫量高、存在闪长岩破碎带、含水量大且存在高岭土等黏性矿物时，容易结块，也不宜采用积压矿石量大和积压时间长的采矿方法。

B 特殊要求

某些特殊要求可能是采矿方法选择的决定因素，具体如下：

（1）地表是否允许陷落。如果地表有重要工程（公路、铁路、村镇等）、水体（河流、湖泊等）及其他需要保护的因素（风景区、良田、文化遗址、森林），不允许陷落，则在采矿方法选择时应优先考虑能保护地表的采矿方法，如充填法。

（2）加工部门对矿石质量的特殊要求，如贫化率指标、矿石块度等。某些加工部门对矿石品位及品级有特殊要求，如直接入炉冶炼的富铁矿石、耐火原料矿石等，对品位及有害成分含量有较高要求，不允许有较大贫化率，特别是当工业品位临近入选或入炉品位时，更不允许有较大贫化，因此，应选择低贫化率的采矿方法；矿石块度关系到箕斗提升、矿车规格、选矿设备选型，其大小与大块率和采场凿岩爆破参数密切相关。如果矿石块度要求较小，则不宜采用大直径深孔或中深孔落矿，尤其是不宜采用扇形炮孔落矿。

（3）若开采含放射性元素的矿石，则应采用通风效果好的采矿方法。

10.3 采矿方法选择程序

采矿方法选择一般可分为以下 3 个步骤：

（1）采矿方法初选。

（2）技术经济对比分析。

（3）详细技术经济计算，综合分析比较。

一般情况下，在初选几个方案后，通过主要技术经济指标（生产能力、开采成本、贫化率、回采率、劳动生产率）和优缺点比较，就可确定采矿方法，即一般只需做到第二步就可以优选出矿山主体采矿方法。只有当技术经济对比分析，仍然无法确定哪一种采矿方法最优的情况下，对难分优劣的 2 种（最多 3 种）方案，进行详细技术经济计算，通过综合分析比较确定最优方案。

10.4 采矿方法初选

按照采矿方法选择基本要求，分析影响采矿方法选择的各主要因素，初步选择 2~3个技术可行、经济相对合理的采矿方法方案（最多不超过 3~5 个）。具体选择方法是：

（1）根据地质报告和现场踏勘所收集到的地质资料，对矿岩稳固程度、采场回采后形成的采空区体积、最大允许暴露面积和暴露顶板最大跨度等作出估计。必要时，可进行理论计算或数值模拟，确定采场规格，评价工艺稳定性。

（2）根据地质平面图、剖面图，将矿体按倾角、厚度进行分类（见表10-3，表中空白由统计人员选填），并确定各类矿体的分布区域。

（3）根据采矿方法选择要求和影响因素，以及方法1、方法2统计分析结果，对主要类别矿体提出2~3种技术可行、经济相对合理的采矿方法方案，对其他所占比例相对较小的矿体的采矿方法则本着方法尽量统一的原则进行确定。

（4）绘制选定采矿方法方案标准图，并给出采准切割和回采工艺的要点。

表 10-3 矿体倾角和厚度分类统计

项　目	水平与缓倾斜矿体 （0°~5°）	缓倾斜矿体 （5°~30°）	倾斜矿体 （30°~55°）	急倾斜矿体 （大于55°）
极薄矿体（小于0.8m）				
薄矿体（0.8~4m）				
中厚矿体（4~15m）				
厚矿体（15~40m）				
极厚矿体（大于40m）				

10.5　采矿方法技术经济对比分析

对提出的采矿方法方案进行技术经济对比分析，分析内容包括：

（1）采矿成本和主要材料消耗。

（2）劳动生产率。

（3）矿块的生产能力。

（4）矿石损失率和贫化率。

（5）安全条件。

（6）采矿设备和技术的难易程度。

（7）采准工作量（千吨采切比）。

（8）其他。

按照经济、安全和充分利用资源，以及满足国家需要等原则；全面衡量各种采矿方法方案的利弊，确定合理的采矿方法方案，绘制选用采矿方法的标准图，给出采场结构参数，包括：

（1）矿块布置（沿走向或垂直走向）。

（2）阶段高度。

（3）分段高度。

（4）分层高度。

（5）矿房长度和宽度。

（6）房间矿柱尺寸。

（7）顶柱和底柱尺寸。

（8）工作面形式，工作面长度。

（9）矿块底部结构形式（漏斗、堑沟或平底）、间距和布置方式。

（10）其他。

10.6　详细技术经济计算

如果通过采矿方法技术经济分析对比仍不能确定最终采矿方法方案，则需对 2~3 种难分优劣的采矿方法进行详细技术经济计算，计算内容包括：

（1）采出矿石成本、最终产品成本。

（2）年盈利、总盈利及其净现值。

（3）基建投资、投资收益率、投资回收期。

（4）敏感性分析。

复习思考题

10-1　阐述采矿方法选择的基本要求。

10-2　影响采矿方法选择的因素有哪些?

10-3　采矿方法选择的方法有哪些?

10-4　简述采矿方法选择的步骤。

参 考 文 献

[1] 解世俊. 金属矿床地下开采（修订版）[M]. 北京：冶金工业出版社，1986.

[2] 陈中经. 矿床地下开采 [M]. 北京：冶金工业出版社，1991.

[3] 钟义旆. 金属矿床开采 [M]. 北京：冶金工业出版社，1988.

[4] 刘念书. 金属矿床开采 [M]. 北京：冶金工业出版社，2012.

[5] 王运敏. 现代采矿手册（中册）[M]. 北京：科学出版社，2011.

[6] 中华人民共和国国家标准. 爆破安全规程（GB 6722—2011）. 国家质量技术监督局发布.

[7] 中华人民共和国国家标准. 金属非金属矿山安全规程（GB 16423—2006）. 国家质量技术监督局发布.

[8]《采矿手册》编辑委员会. 采矿手册（4）[M]. 北京：冶金工业出版社，1990.

[9] 戴俊. 爆破工程 [M]. 北京：机械工业出版社，2005.

[10]《采矿设计手册》编辑委员会. 采矿设计手册 [M]. 北京：中国建筑工业出版社，1988.

[11] 王新民，肖卫国，张钦礼. 深井矿山充填理论与技术 [M]. 长沙：中南大学出版社，2005.

[12] 古德生，李夕兵. 现代金属矿床开采科学技术 [M]. 北京：冶金工业出版社，2006.

[13] 张钦礼，王新民. 金属矿床地下开采技术 [M]. 长沙：中南大学出版社，2016.

[14] 李建波，江波，陈云祥. 金属矿床地下开采 [M]. 北京：冶金工业出版社，2011.

[15] 王青，任凤玉. 采矿学 [M]. 北京：冶金工业出版社，2013.

[16] 陈国山. 金属矿地下开采 [M]. 2 版. 北京：冶金工业出版社，2015.

[17] 任凤玉. 金属矿地下开采 [M]. 3 版. 北京：冶金工业出版社，2018.

[18]《中国冶金百科全书》编辑委员会. 中国冶金百科全书（采矿）[M]. 北京：冶金工业出版社，1998.

[19] 朱嘉安. 采掘机械和运输 [M]. 2 版. 北京：冶金工业出版社，2008.

[20] 王家齐. 空场采矿法 [M]. 北京：冶金工业出版社，1988.

[21] 熊国华，等. 无底柱分段崩落采矿法 [M]. 北京：冶金工业出版社，1988.

[22] 周爱民. 矿山废料胶结充填 [M]. 2 版. 北京：冶金工业出版社，2010.

[23] 刘念苏. 井巷工程 [M]. 北京：冶金工业出版社，2011.

[24] 东兆星. 井巷工程 [M]. 徐州：中国矿业大学出版社，2005.

[25] 王青，等. 采矿学 [M]. 北京：冶金工业出版社，2001.

[26] 吴超. 矿井通风与空气调节 [M]. 长沙：中南大学出版社，2010.

[27] 翁春林，叶加冕. 工程爆破 [M]. 2 版. 北京：冶金工业出版社，2008.

[28] 刘同友. 充填采矿技术与应用 [M]. 北京：冶金工业出版社，2001.

[29] 崔云龙. 简明建井工程手册（上、下册）[M]. 北京：煤炭工业出版社，2003.

[30]《留矿采矿法》编写组. 留矿采矿法 [M]. 北京：冶金工业出版社，1977.

冶金工业出版社部分图书推荐

书　名	作　者	定价(元)
稀土冶金学	廖春发	35.00
计算机在现代化工中的应用	李立清　等	29.00
化工原理简明教程	张廷安	68.00
传递现象相似原理及其应用	冯权莉　等	49.00
化工原理实验	辛志玲　等	33.00
化工原理课程设计(上册)	朱　晟　等	45.00
化工原理课程设计(下册)	朱　晟　等	45.00
化工设计课程设计	郭文瑶　等	39.00
水处理系统运行与控制综合训练指导	赵晓丹　等	35.00
化工安全与实践	李立清　等	36.00
现代表面镀覆科学与技术基础	孟　昭　等	60.00
耐火材料学(第2版)	李　楠　等	65.00
耐火材料与燃料燃烧(第2版)	陈　敏　等	49.00
生物技术制药实验指南	董　彬	28.00
涂装车间课程设计教程	曹献龙	49.00
湿法冶金——浸出技术(高职高专)	刘洪萍　等	18.00
冶金概论	宫　娜	59.00
烧结生产与操作	刘燕霞　等	48.00
钢铁厂实用安全技术	吕国成　等	43.00
金属材料生产技术	刘玉英　等	33.00
炉外精炼技术	张志超	56.00
炉外精炼技术(第2版)	张士宪　等	56.00
湿法冶金设备	黄　卉　等	31.00
炼钢设备维护(第2版)	时彦林	39.00
镍及镍铁冶炼	张凤霞　等	38.00
炼钢生产技术(高职高专)	韩立浩　等	42.00
炼钢生产技术	李秀娟	49.00
电弧炉炼钢技术	杨桂生　等	39.00
矿热炉控制与操作(第2版)	石　富　等	39.00
有色冶金技术专业技能考核标准与题库	贾菁华	20.00
富钛料制备及加工	李永佳　等	29.00
钛生产及成型工艺	黄　卉　等	38.00
制药工艺学	王　菲　等	39.00